Serhii Shevchenko

Vedantes de contacto e sem contacto

Serhii Shevchenko

Vedantes de contacto e sem contacto

E o seu efeito na vibração de máquinas centrífugas

ScienciaScripts

Imprint

Cover image: www.ingimage.com

This book is a translation from the original published under ISBN 978-3-659-78789-8.

Publisher:
Sciencia Scripts
is a trademark of
Dodo Books Indian Ocean Ltd. and OmniScriptum S.R.L publishing group

120 High Road, East Finchley, London, N2 9ED, United Kingdom
Str. Armeneasca 28/1, office 1, Chisinau MD-2012, Republic of Moldova, Europe
Managing Directors: Ieva Konstantinova, Victoria Ursu
info@omniscriptum.com

Printed at: see last page
ISBN: 978-620-8-34838-0

Shevchenko S.S.

VEDAÇÕES DE CONTACTO E SEM CONTACTO E O SEU EFEITO NAS VIBRAÇÕES DAS MÁQUINAS CENTRÍFUGAS

Conteúdo

Introdução. Classificação dos selos das máquinas rotativas

A selagem é o processo de assegurar a impermeabilidade (total ou parcial) a líquidos e gases de ligações fixas e móveis em máquinas, aparelhos, recipientes, condutas, estruturas, etc. *Os hermetizadores, ou vedantes*, são dispositivos técnicos que efectuam o processo de vedação. *A hermetologia* ocupa-se do desenvolvimento dos fundamentos teóricos da selagem e *a engenharia hermética* ocupa-se da criação de meios técnicos de selagem. A síntese destes ramos científicos levou ao desenvolvimento de um novo ramo da ciência - *a hermomecânica.*

Os processos de selagem são utilizados em todas as áreas da atividade humana. A abundância de objectos de vedação deu origem a uma grande variedade de modelos de unidades de vedação e respectivos sistemas, e a muitas novas tecnologias de vedação baseadas em vários processos físicos.

Olhando para os últimos anos e séculos, é fácil ver que, com o desenvolvimento da civilização, a necessidade de bombear e processar massas cada vez maiores de produtos líquidos e gasosos está a crescer constantemente. Os parâmetros individuais das unidades também aumentam, especialmente a pressão do meio bombeado e a velocidade do rotor, cujo crescimento assegura um aumento da pressão.

Estes processos, efectuados por bombas e compressores, consomem uma parte significativa da energia produzida no mundo. Ainda não existem alternativas às bombas e compressores. Por sua vez, os processos de bombagem são acompanhados por perdas inevitáveis de produtos bombeados, que são a principal fonte de poluição ambiental.

Por conseguinte, um dos problemas mais importantes e complexos da engenharia mecânica é o problema da vedação dos rotores das bombas centrífugas e dos compressores, nos quais o líquido ou o meio gasoso bombeado se encontra sob alta pressão, sendo necessário evitar a sua fuga através das inevitáveis folgas entre o veio rotativo e vibratório e a caixa estacionária. Este problema, em princípio, não tem solução direta, pelo que os vedantes do rotor se transformam em sistemas hidromecânicos complexos e multi-ligados, constituídos por várias fases de vedantes.

Uma vez que ocorrem perdas devido a vedações imperfeitas, a eficiência, fiabilidade e segurança das bombas e compressores são largamente determinadas pelo nível técnico dos sistemas de vedação.

As dificuldades na resolução dos problemas da hermomecânica crescem como uma avalanche com o aumento dos parâmetros de funcionamento e dos requisitos de segurança ambiental, fiabilidade e eficiência. Os problemas de vedação são de particular relevância em relação às tarefas urgentes de proteção do ambiente: de acordo com alguns dados, cerca de 60% das emissões para a atmosfera são fugas não controladas através de vedantes [14, 51, 52, 126]. Mesmo para líquidos agressivos, considera-se normal uma fuga através do vedante da caixa de empanque ao nível de 2,0 l/h. Isto equivale a 16 toneladas de fluido bombeado por ano através de apenas um vedante. Estas toneladas têm de ser recolhidas e neutralizadas, o que representa um grande custo adicional.

Atualmente, o nível da tecnologia de vedação é um indicador importante do desenvolvimento da indústria num determinado país. O progresso da energia térmica e nuclear, das indústrias mineira e química, da construção naval, da aviação e da astronáutica exige a capacidade de produzir vedações fiáveis de juntas fixas e, sobretudo, móveis. O nível técnico dos sistemas de vedação determina em grande medida a eficácia de vários sistemas tecnológicos, desde a bombagem de fezes e o tratamento de águas residuais até à energia nuclear e à tecnologia espacial.

As vedações das juntas móveis são os componentes mais importantes que determinam a fiabilidade, a eficiência e a segurança do equipamento de processamento. As falhas de emergência dos vedantes são, na maioria das vezes, a causa de grandes desastres provocados pelo homem (em estações de bombagem de petróleo e gás, em refinarias químicas e de petróleo, em tecnologia espacial e de foguetões, em centrais nucleares, etc.). A paragem forçada de linhas e sistemas tecnológicos devido a falhas nos vedantes causa enormes prejuízos económicos, e a reparação dos vedantes requer muito trabalho manual e materiais dispendiosos.

Assim, a fiabilidade e a estanquicidade das vedações são os factores mais importantes da segurança ambiental e da poupança de recursos e de energia.

A relevância e a complexidade dos problemas da hermomecânica em geral são igualmente caraterísticas dos vedantes do rotor das máquinas centrífugas. Uma caraterística distintiva destes vedantes é a sua capacidade de desempenhar simultaneamente as funções de suportes hidrostáticos com elevada capacidade de carga e, assim, determinar as condições de vibração do rotor - o indicador mais importante do estado técnico da máquina.

Esta monografia analisa a experiência acumulada na modelação, projeto, cálculo e aplicação prática de sistemas de vedação para rotores de máquinas centrífugas, e mostra formas de melhorar os seus projectos. Com base na construção de modelos de sistemas hidromecânicos "rotor - vedantes de ranhuras" e "rotor - sistema de descarga automática", foi avaliada a influência dos parâmetros dos vedantes nas caraterísticas de vibração das máquinas rotativas.

Os vedantes de rotor devem satisfazer duas condições principais para determinadas quedas de pressão, velocidades do veio, temperaturas e propriedades físicas do meio vedado: ter a estanquicidade necessária e maior fiabilidade. O resultado de encontrar um compromisso entre estes dois requisitos contraditórios foi a formação de duas classes de vedantes de rotor - com contacto e sem contacto.

Existem muitas classificações de dispositivos de vedação criadas por vários investigadores [23, 33, 68, 130]. Uma vez que esta monografia é dedicada às vedações de veios de máquinas rotativas, o autor propõe separar este segmento numa classificação distinta, apresentada na Fig. IN. 1. A classificação acima permite, na opinião do autor, sistematizar o estudo das unidades de vedação das máquinas centrífugas, estabelecer a relação entre os tipos de vedantes e determinar a lógica de construção do livro.

Para além da vedação propriamente dita, os sistemas de vedação têm uma influência crescente na segurança operacional global do equipamento, especialmente no que diz respeito às vibrações.

Para limitar a fuga do fluido bombeado ao longo do eixo rotativo, é gasta muita energia, que pode ser utilizada para melhorar as caraterísticas dinâmicas do equipamento.

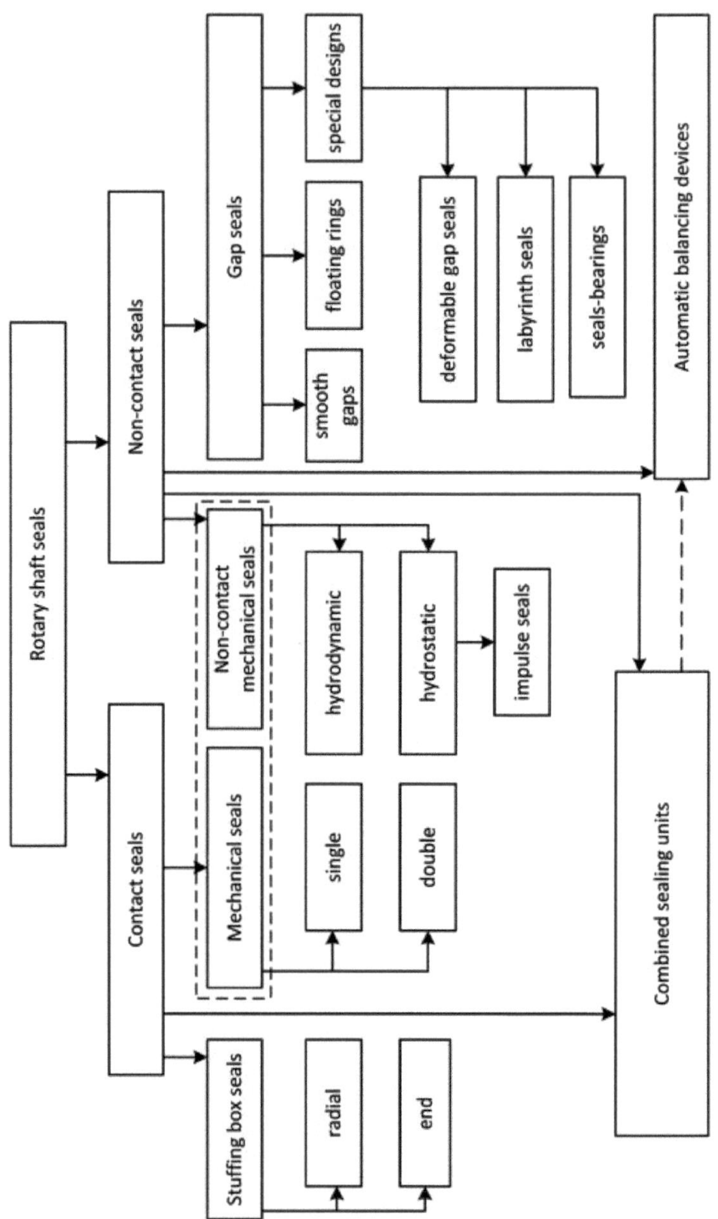

Fig. IN.1. Classificação dos selos das máquinas rotativas

Os vedantes propositadamente concebidos são capazes de funcionar simultaneamente como rolamentos hidrostáticos com elevada capacidade de suporte e, assim, determinar o estado de vibração do rotor - o indicador mais importante do estado técnico da máquina. Em particular, os vedantes radiais e axiais sem contacto, nos quais é estrangulada uma enorme queda de pressão, podem desempenhar o papel de suportes estáticos e dinâmicos. Este facto deve ser tido em conta na conceção de equipamentos de potência crítica.

Na tecnologia aeronáutica e espacial, onde, para além das elevadas pressões de vedação e velocidades do rotor, existem grandes restrições ao peso e às dimensões do equipamento, a utilização de vedantes como suportes dinâmicos é especialmente importante. Quando adequadamente concebidos, os vedantes sem contacto podem endurecer um rotor flexível, proporcionando a fiabilidade de vibração necessária para máquinas centrífugas.

Os processos nas folgas de vedação são determinados pelas propriedades dos líquidos e dos gases, pelos fenómenos físicos de transferência de calor e pelos processos de transferência de calor, pelas mudanças de fase, pelos processos de desgaste e corrosão, pelo equilíbrio das forças e momentos actuantes e pelo estado vibratório dos rotores.

Nos países industrializados, já se compreendeu amplamente a viabilidade económica da utilização de sistemas de vedação fiáveis. A produção de vedantes é uma indústria de engenharia altamente rentável e de alta tecnologia que tem a oportunidade de investir fortemente em investigação e desenvolvimento. Os fabricantes de máquinas centrífugas não poupam despesas para adquirir os vedantes mais avançados que cumprem todos os requisitos das normas internacionais e nacionais. Em última análise, este é um investimento direto na preservação do mundo que nos rodeia.

No mundo moderno, o desenvolvimento da selagem determina o nível de desenvolvimento técnico da sociedade. O nível de desenvolvimento da hermomecânica afecta diretamente o sector da energia e, em última análise, o desempenho económico e ambiental da sociedade. É impossível ocupar um lugar de destaque em vários Estados civilizados sem compreender a relação entre os problemas energéticos e ambientais com os sistemas de vedação de máquinas e equipamentos, a importância e a complexidade dos problemas da hermomecânica.

A compreensão da física dos processos dinâmicos nas vedações e no sistema de rotor como um todo torna muito mais fácil e rápido o ajuste fino das máquinas centrífugas recém-criadas. Esta compreensão está subjacente aos sistemas de vedação criados e permite, na fase de conceção, escolher concepções que proporcionem a margem necessária de estanquicidade e fiabilidade de vibração e, em caso de falhas, tomar medidas eficazes para as eliminar e prevenir no futuro.

Qualitativamente, as avaliações do impacto das vedações na dinâmica do rotor obtidas em modelos simples são também preservadas para modelos mais complexos, pelo que podem ser utilizadas com sucesso na prática da criação de máquinas centrífugas modernas. Além disso, estas estimativas podem servir como critério de conformidade com o "senso comum" dos resultados dos cálculos numéricos dos sistemas de vedação e da dinâmica dos rotores das máquinas centrífugas de vários estágios, efectuados com sistemas informáticos modernos. Naturalmente, a experimentação e a experiência de funcionamento continuam a ser o principal critério para a correção dos cálculos.

A análise da dinâmica do rotor tendo em conta a relação entre as vibrações radiais, angulares e axiais, mesmo para o modelo mais simples de rotor de disco único, requer a resolução de um sistema de equações diferenciais de ordem elevada. Tais sistemas só podem ser resolvidos numericamente. Por conseguinte, a análise e a avaliação qualitativa da influência das caraterísticas hidrodinâmicas dos vedantes no estado vibratório de uma máquina centrífuga são impossíveis sem a construção de modelos das próprias unidades de vedação e dos sistemas hidromecânicos em que estão incluídas.

É necessário identificar formas de melhorar os métodos existentes de conceção e cálculo de sistemas de vedação, desenvolvendo abordagens comuns para a criação de modelos de vedações e de sistemas de vedação complexos.

Ao criar uma metodologia para calcular as caraterísticas de amplitude e frequência de fase e os limites de estabilidade dos rotores de máquinas centrífugas multiestágio, é necessário ter em conta o efeito dos vedantes na dinâmica do rotor. Isto tornará possível realizar cálculos no projeto de vedantes com uma precisão aceitável para a prática da engenharia mecânica.

Chapter 1. Vedantes da caixa de empanque

1.1. Modelo físico do mecanismo de vedação

Embora a vedação por caixa de empanque seja uma das concepções mais antigas e mais simples, o mecanismo da sua ação de vedação é muito complexo e foi estudado há relativamente pouco tempo. Uma vedação de caixa de empanque simples normalizada (Fig. 1.1, *a*) é constituída por uma câmara anular no corpo 1, limitada pela superfície do veio 2 e preenchida com a gaxeta 3, comprimida axialmente pela manga de pressão 4 e pela pressão do líquido vedante.

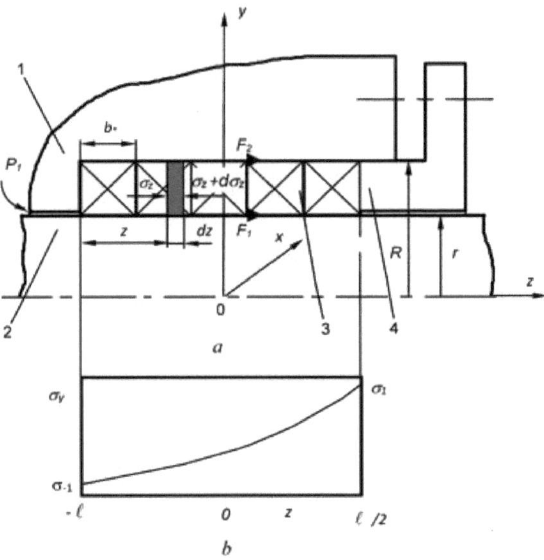

Fig.1.1. Modelo de caixa de empanque: *a* - diagrama de conceção, *b* - variação da pressão de contacto ao longo do comprimento do pacote de empanque

Para atingir a estanqueidade necessária, é necessário que a pressão de contacto, pelo menos numa parte do comprimento da embalagem, exceda a pressão do líquido selado. Quanto maior for este excesso, menor será a fuga, mas maior será a fricção da embalagem no eixo, a temperatura de contacto, a taxa de desgaste da embalagem e a superfície do eixo. Assim, um aumento da estanquidade conduz a uma redução inevitável da vida útil do vedante, e o principal fator que determina a estanquidade e a vida útil é a pressão de contacto do empanque no veio.

A tarefa de determinar a relação óptima entre o aperto e o recurso não tem uma solução inequívoca. Em cada caso particular, a força de aperto e, por conseguinte, o desempenho da vedação, depende da experiência e da intuição do pessoal operador. É precisamente esta incerteza que constitui a principal desvantagem das vedações tradicionais das caixas de empanque.

As fugas relativamente grandes (em comparação com os selos mecânicos) conduzem a perdas do produto bombeado; são também necessários custos significativos para a eliminação e neutralização de fugas, especialmente nas indústrias química e petroquímica. As perdas de energia por fricção nas vedações de caixas de empanque convencionais são uma ordem de grandeza superior às das vedações mecânicas. Estas deficiências são especialmente importantes do ponto de vista da segurança ambiental e da redução dos custos energéticos nas principais indústrias.

Para encontrar formas eficazes de eliminar as deficiências assinaladas, consideremos ideias modernas sobre o mecanismo de vedação das caixas de empanque.

O diagrama de pressão de contacto mostrado na Fig. 1.1, *b*, é definido imediatamente após o empanque ser comprimido pela manga de pressão e muda devido ao relaxamento da tensão e à fluência do material de empanque elastoviscoso se a pressão de vedação não exceder cerca de 0,4 MPa, e a força de compressão criar tensões radiais nos anéis internos superiores à pressão de vedação. Quando esta condição não é cumprida, os anéis internos da gaxeta são pressionados contra o eixo pela pressão do fluido. Como resultado, forma-se entre o eixo e o empanque uma fenda que se estreita em direção à saída e que se estende até cerca de 3/4 do comprimento do empanque. Na secção de saída, a embalagem entra em contacto com o veio, e esta secção desempenha o papel principal de vedação, uma vez que a maior parte da pressão de vedação é estrangulada sobre ela. Neste caso, a distribuição da pressão de contacto difere significativamente do diagrama mostrado na Fig. 1.1, *b*.

Como indicado em [17], a pressão de contacto da gaxeta no eixo a uma baixa pressão de vedação caracteriza o estado pré-tensionado da gaxeta. A distribuição das tensões axiais e radiais ao longo do comprimento do conjunto de gaxetas é descrita pelas equações

$$\sigma_z = p_1 e^{-a_1 \bar{z}}, , \sigma_r = k\sigma_z \quad (1.1)$$

em que , ; $a_1 = \frac{R}{r_m} kn\left(f_1 + \frac{r}{R} f_2 \right) k = \nu/(1-\nu)$ ν é o coeficiente de

Poisson para o empacotamento

material; R, r, e r_m são os raios exterior, interior e médio do conjunto

de embalagem;

$n = l/b$ é o número de anéis de vedação; l é o comprimento do

conjunto de embalagem; b é o tamanho de a

lado da secção quadrada da embalagem; $f_{1,2}$ são os coeficientes de

atrito da embalagem

ao longo da caixa de empanque e do veio.

Para uma região de pressões de vedação relativamente grandes, são necessárias apenas forças mínimas de pré-aperto. Além disso, a estanquidade da vedação é assegurada pela compressão do conjunto de empanque com a pressão de vedação. A tampa, neste caso, desempenha o papel de um impulso axial duro [18].

Durante o funcionamento da bomba, a pressão de vedação p_1 actua sobre os anéis internos. Se $p_1 > p_{zl}$, então o empanque será empurrado para longe do eixo e do fundo da caixa de empanque (Fig. 1.2).

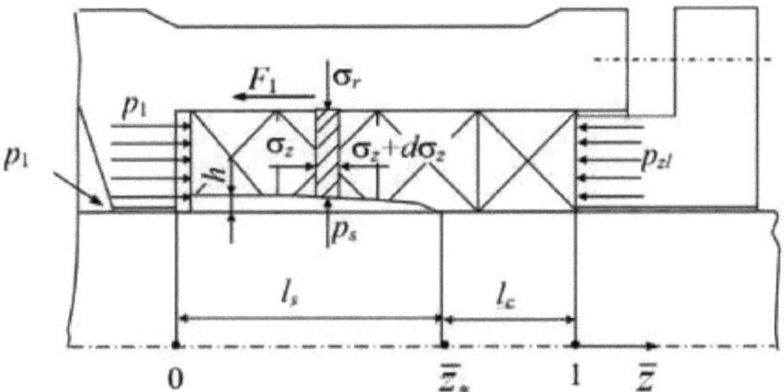

Fig. 1.2. Um diagrama de tensões num conjunto de embalagem

Numa determinada área l_s , forma-se um pequeno intervalo h no qual o fluido em fuga está sob a pressão hidrostática de comprimento variável $p_{.s}$

Os resultados dos estudos da distribuição da pressão de vedação ao longo do comprimento do conjunto de gaxetas (Fig. 1.3) apresentados em [16] mostraram que do lado do fluido que está sendo vedado, há uma área onde a pressão de vedação na folga varia ligeiramente. O empanque nesta zona ou não cria grandes pressões de contacto ou é completamente espremido para fora do veio. Numa outra área, cujo comprimento diminui com o aumento da pressão de vedação, ocorre o principal estrangulamento da pressão de vedação. Nesta área, são criadas as pressões máximas de contacto do empanque no veio, excedendo a pressão de vedação. A natureza da distribuição da pressão do fluido nesta área é semelhante à de uma vedação de caixa de empanque a baixa pressão.

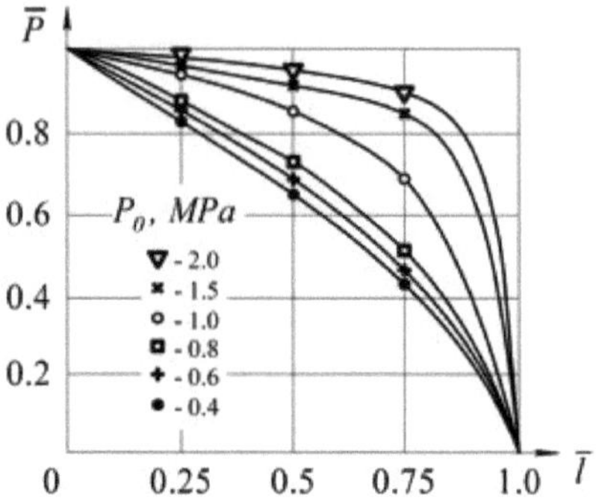

Fig. 1.3. Distribuição da pressão de vedação ao longo do comprimento de contacto na conceção standard da vedação da caixa de empanque

Experiências mostraram que a distribuição da pressão do fluido ao longo do comprimento do selo depende pouco da distribuição inicial da pressão de contacto da embalagem criada pelo mecanismo de pressão e é determinada apenas pela pressão do fluido selado [10, 113]. É essencial que a pressão total do líquido selado actue sobre a face final da embalagem. Isto explica a presença de um intervalo suficientemente grande entre o fundo da câmara e o pacote de empanque aquando da desmontagem das juntas de alta pressão. Foi estabelecido que um aumento na não-uniformidade da queda de pressão do líquido ao longo do comprimento de contacto do empanque com o eixo à medida que a pressão do líquido selado aumenta é um padrão geral.

A análise dos resultados da investigação [10, 16, 17, 18] mostra que o mecanismo de vedação é determinado pelo estado de tensão-deformação do empanque sob a influência da carga externa e da pressão na fenda.

Também foi estabelecido que a pressão máxima de contacto no nó não só excede o valor da pressão do líquido nesta zona, mas também pode exceder a pressão total selada. Um aumento do número de anéis de empanque leva a um aumento da pressão de contacto.

A partir daqui, o modelo do mecanismo de vedação de uma caixa de empanque é logicamente formado como uma combinação de duas resistências hidráulicas localizadas sequencialmente: uma resistência de pré-comutação, que é semelhante a um estrangulador ranhurado, e uma vedação de contacto, em que o veio é diretamente vedado. Neste caso, a zona de pré-comutação, que está sob a ação de uma pressão de vedação quase total, cria tensões significativas no conjunto de empanque [94]. Quando este último é deformado, surgem tensões de contacto na secção de trabalho. Os valores destas tensões são determinados pela pressão de selagem, pelas propriedades físico-mecânicas e pelo tamanho do empanque. Um papel significativo é desempenhado pelas formas das superfícies de apoio e pelo padrão de aplicação de carga determinado pelo projeto de vedação da caixa de empanque.

Os valores das tensões de contacto na secção de trabalho podem ser comparáveis ou exceder os valores da pressão de vedação antes do conjunto de empanque. O mecanismo de fuga, neste caso, será semelhante ao mecanismo de fuga através do vedante da caixa de empanque a baixa pressão.

No modelo de vedação da caixa de empanque, a camada filtrante é a superfície de empanque em contacto com o eixo. A altura da microrrugosidade da camada é determinada pela estrutura entrançada e pelo diâmetro das fibras da embalagem entrançada.

A zona de contacto da gaxeta com o eixo é a soma das microrregiões onde ocorrem as pressões de contacto que separam as microrregiões preenchidas com o fluido a ser vedado (Fig. 1.4). O aspeto da área de contacto de um sistema de canais em labirinto, através do qual ocorre a fuga, é determinado pela folga na estrutura do empanque, pela excentricidade do veio, pelos efeitos termo-hidráulicos locais e por outros factores. A secção transversal destes canais diminui com o aumento da pressão de contacto. Fisicamente, o mais próximo deste mecanismo de estrangulamento é a filtração de fluido através de uma camada de corpo poroso [64, 113].

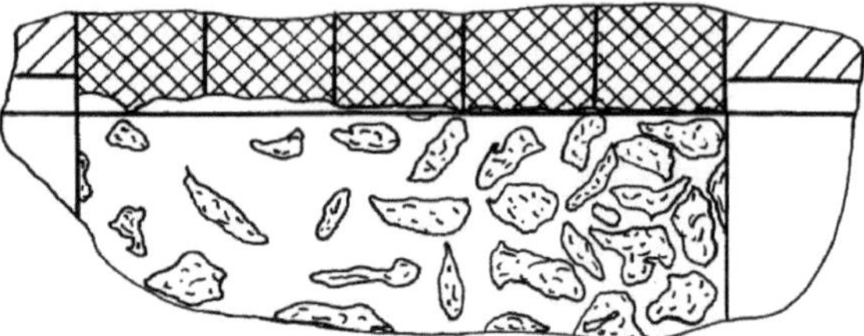

Fig. 1.4. Um modelo físico do mecanismo de vedação

Os estudos efectuados mostraram que as tensões na embalagem, criadas pela tampa da caixa de empanque, são significativas apenas a baixas pressões do líquido selado. Se esta pressão for superior a 0,4 MPa, a tampa da caixa de empanque deixa de desempenhar o papel de elemento de pressão e transforma-se num batente, que percebe a pressão de empanque causada pela pressão do fluido. Neste caso, a pressão de contacto é determinada pelo estado de tensão-deformação do empanque sob a ação da pressão do fluido a vedar. Isto permite-nos concluir que o mecanismo de vedação é determinado pelo estado de tensão-deformação do empanque sob a ação de uma carga externa e da pressão na fenda.

1.2. Cálculo do estado de tensão da embalagem

As principais caraterísticas de uma vedação de caixa de empanque: a fuga do fluido a vedar, a perda de potência devido ao atrito e o estado térmico são determinados pelo comprimento da área de contacto direto do empanque com o veio e pelo valor da pressão de contacto [59]. É necessário resolver o problema da hidroelasticidade i.e., as equações do movimento do fluido e as equações do estado tensão-deformação do empanque viscoelástico para as determinar. A equação de equilíbrio axial de um elemento de empacotamento em anel tem a forma

$$A\sigma_z - (A + dA)(\sigma_z + d\sigma_z) - F_1 = 0 \qquad (1.2)$$

em que . $A = \pi\left[R^2 - (r+h)^2\right], dA = -2\pi(r+h)dh, F_1 = 2\pi R f_1 \sigma_r dz$

Dado que o empanque pré-moldado se encontra num estado comprimido entre o veio rígido e a caixa, as suas pequenas deformações circunferenciais podem ser negligenciadas. Excluindo as tensões circunferenciais, uma vez que elas são distribuídas uniformemente em torno da circunferência de um anel elementar, escrevemos a condição de equilíbrio na direção radial

$$2\pi R dz \sigma_r = 2\pi r dz p_s, \quad \sigma_r = p_s r/R$$

Desprezando o produto dos diferenciais na equação (1.2), bem como o rácio h/r em relação à unidade, reduzimos a equação de equilíbrio à forma

$$\frac{d\sigma_z}{\sigma_z} = -a_2 d\overline{z}, \quad a_2 = -\frac{r}{r_m}\left(nf_{1'}\frac{p_s}{\sigma_z} - \frac{1}{b}\frac{dh}{d\overline{z}}\right) \qquad (1.3)$$

Depois de calcular a folga e a pressão hidrostática a partir da equação (1.3), podemos encontrar os limites $\overline{z}_*$ da área da folga l_s e da área de contacto l_c , bem como as tensões radiais na área de contacto.

Calculamos o espaço e a distribuição da pressão selada no mesmo. Dentro de pequenas deformações, a embalagem pré-pressionada pode ser considerada um material linearmente elástico. A deformação radial relativa de um empanque deste tipo com o módulo de elasticidade *E*, no qual já existem tensões radiais p_c , é obtida pela fórmula

$$\frac{h}{b} = \frac{p_s - p_c}{E} \qquad (1.4)$$

No limite da área da fenda e da área de contacto, $p_{s*} = p_{c*}$ e a fenda é zero.

A pressão de contacto na fronteira destas zonas $p_{c*} = p_{c*}^{(0)} + p_{c*}^{(1)}$. Utilizando (1.3), encontramos

$$p_c = kp_1\left[e^{-a_1\bar{z}} + \frac{p_{z1}}{p_1}e^{-a_1(1-\bar{z})}\right]. \qquad (1.5)$$

As estimativas numéricas mostram que, na área de contacto l_c, o valor p_c não muda mais do que 10%. Por conseguinte, aceitamos que, na zona de contacto, $p_c = p_{c*} = \text{const}$ e a derivada do intervalo é

$$\frac{dh}{d\bar{z}} = b\frac{dp_s}{E}. \qquad (1.6)$$

Para calcular a pressão do fluido na fenda, utilizamos a fórmula de Hagen-Poiseuille para um canal plano de comprimento dz e a condição de continuidade do fluxo

$$q = -\frac{\pi r h^3}{6\mu}\frac{dp_s}{dz} = \text{const}.$$

Assim, a folga e a pressão são determinadas pela solução conjunta das equações da elasticidade e da hidromecânica, ou seja, a solução do problema da hidroelasticidade estática.

Substituindo o valor do intervalo (1.4) na equação anterior, obtém-se a equação

$$qd\bar{z} = -\frac{\pi r b^3}{6\mu l E^3}(p_s - p_{c*})^3 dp_s,$$

cuja solução deve satisfazer as condições ; $\bar{z} = \bar{z}_*$, $p_s = p_{c*}$ $\bar{z} = 0$, $p_s = p_1$ Integrando a equação anterior sobre o comprimento do intervalo, temos

$$q(\bar{z}_* - \bar{z}) = \frac{B}{E^3}(p_s - p_{c*})^4, \quad q\bar{z}_* = \frac{B}{E^3}(p_1 - p_{c*})^4,$$

$$B = \pi r b^3/24\mu l \qquad (1.7)$$

Dividindo a primeira igualdade pela segunda, obtém-se a distribuição da pressão hidrostática ao longo do comprimento da fenda e o gradiente de pressão

$$p_s = p_{c*} + (p_1 - p_{c*})(1 - \bar{z}/\bar{z}_*)^{1/4}, \quad \frac{dp_s}{d\bar{z}} = -\frac{p_1 - p_{c*}}{4\bar{z}_*}(1 - \bar{z}/\bar{z}_*)^{-3/4}.$$

(1.8)

Notamos que na fronteira das áreas do conjunto de empacotamento $\bar{z} = \bar{z}_*$, o gradiente de pressão e a derivada do intervalo (1.6) tornam-se zero. Na área de contacto, o fluxo tem o carácter filtrado e, portanto, de acordo com a lei de Darcy, a pressão do fluido diminui linearmente ao longo do comprimento da área. Assim, as equações (1.8) descrevem a distribuição da pressão do fluido ao longo do comprimento do conjunto de empanque de uma caixa de empanque radial.

A Fig. 1.5 mostra os resultados do cálculo dos diagramas de pressão de contacto num modelo de vedante normalizado a uma pressão de fluido de 1,0 MPa.

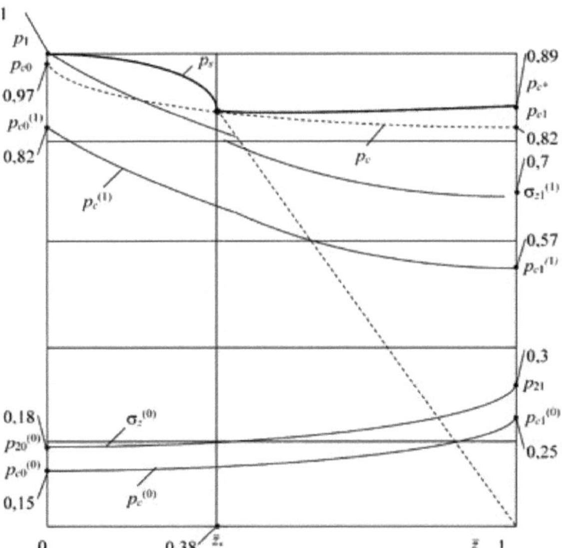

Fig. 1.5. Gráficos das alterações dos componentes individuais da

pressão

É de notar que o comprimento da área de contacto do empanque com o veio varia significativamente em função da pressão do fluido. A partir de um certo valor, a pressão do líquido pode exceder o valor das pressões de contacto geradas para um determinado empanque.

Vamos comparar os indicadores $a_{1*} = a_{2*}$, usando as expressões (1.1), (1.5) e (1.8) no limite das áreas. Após algumas transformações, obtemos o comprimento relativo da área da lacuna

$$\bar{z}_* = \frac{a_1 + \ln\left(\frac{b}{r}\frac{p_1}{p_{z1}}\right)}{a_2 + a_1} \qquad (1.9)$$

A fórmula (1.9) permite-nos determinar as condições em que a lacuna não se forma $\left(\bar{z}_* \leq 0\right)$ e se espalha ao longo de todo o comprimento do conjunto de empacotamento $\left(\bar{z}_* \geq 1\right)$

$$-a_1 \leq \ln\left(\frac{b}{r}\frac{p_1}{p_{z1}}\right) \leq a_2$$

O comprimento da área da folga torna-se zero, ou seja, a gaxeta entra em contacto com o eixo ao longo de todo o comprimento do conjunto de gaxetas se

$$\ln\left(\frac{b}{r}\frac{p_1}{p_{z1*}}\right) = -a_0, \text{or} \quad \frac{p_{z1*}}{p_1} = \frac{b}{r}e^{a_0}$$

Conhecendo o comprimento da área da folga (1.9) e utilizando a segunda fórmula em (1.7), podemos calcular a fuga do fluido que está a ser vedado através do vedante da caixa de empanque

$$q = \frac{B}{\bar{z}_* E^3}\left(p_1 - p_{c*}\right)^4. \qquad (1.10)$$

A fórmula (1.10) mostra que, à medida que a pressão do fluido aumenta, a fuga aumenta até um determinado valor máximo e depois diminui gradualmente até zero. A experiência de funcionamento mostra que uma tal diminuição da fuga provoca uma deterioração acentuada das condições de lubrificação e, consequentemente, a fusão da impregnação e a destruição das fibras de vedação da caixa de empanque. O valor da pressão do fluido para o qual a fuga se aproxima de zero pode ser considerado como o máximo admissível para o empanque em causa e para o projeto da vedação da caixa de empanque.

O modelo proposto do mecanismo de vedação permite também explicar a diminuição monotónica do nível de fuga ao longo do tempo, conhecida pela experiência de funcionamento e descrita por vários investigadores em [59, 64]. Este fenómeno tem pouca relação com a capacidade de rodagem de um par de fricção, uma vez que este pode durar centenas de horas. Uma das principais razões é a fluência do material da gaxeta devido à pressão do fluido a ser vedado, levando a um lento aumento da área real de contacto da gaxeta com o eixo.

Como a análise mostrou, a vedação da caixa de empanque pode ser representada por duas secções consecutivas. A primeira é um estrangulamento anular com uma folga variável e a segunda é a área de contacto direto entre o empanque e o veio. Basicamente, a área de contacto desempenha as funções de um vedante. É formada devido à compressão da gaxeta durante a instalação e devido à sua deformação pela pressão do líquido selado na área da folga. As fugas através da área de contacto são semelhantes ao fluxo de filtração. O papel do corpo poroso é desempenhado pelo sistema de microcanais em labirinto formado pelas superfícies do eixo e da gaxeta trançada. As micro-fendas também surgem de efeitos hidrodinâmicos devido à rotação do veio, aos seus batimentos e às vibrações radiais e angulares.

Assim, a presença de uma folga entre o veio e o empanque, que se estende até cerca de 3/4 do comprimento do empanque, bem como a impossibilidade de a vedação da caixa de empanque funcionar sem fugas, o que proporciona a lubrificação e o arrefecimento da zona do microcanal do labirinto, justifica a classificação das vedações da caixa de empanque como *vedações de contacto condicional*.

1.3. Vedação de caixa de empanque com uma caixa de empanque móvel radialmente

Os deslocamentos radiais e angulares do eixo do veio em relação ao eixo da caixa de empanque conduzem ao aparecimento de pressões de contacto adicionais $\Delta\sigma_y$ que variam em torno da circunferência e do comprimento do conjunto de empanque pré-comprimido.

Para a sua avaliação aproximada, consideramos deformações adicionais do empacotamento pré-comprimido (Fig. 1.6). Se denotarmos a sua espessura no estado não deformado por b_*, então com o desalinhamento do eixo e, a espessura da secção média $z = 0$ correspondente à coordenada angular ϕ pode ser representada pela expressão

$b_0 = b_* (1 - \varepsilon \cos \phi)$, em que $\varepsilon = e/b_*$.

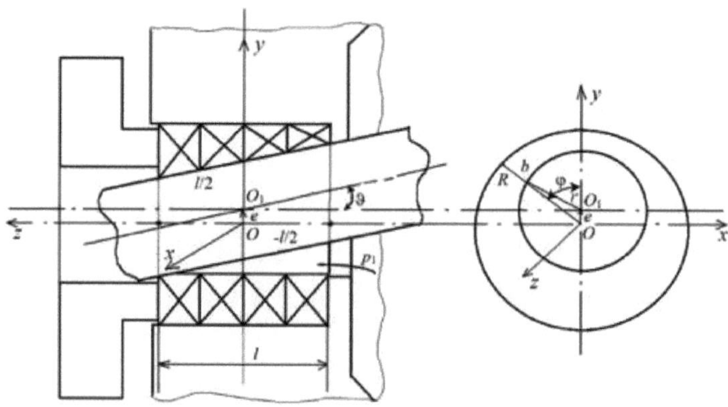

Fig. 1.6. Deformações da caixa de empanque no caso de desalinhamento combinado do veio e da caixa

A alteração da espessura do empanque ao longo do comprimento do conjunto de empanque, causada pelo ângulo ϑ entre os eixos de intersecção do eixo e da manga, é estimada pelo termo $-\vartheta z \cos\phi$ (correção do desalinhamento), o ângulo é considerado positivo se o eixo do eixo for rodado no sentido contrário ao dos ponteiros do relógio. A espessura do engaxetamento resultante ao longo do comprimento e da circunferência do conjunto de engaxetamento é expressa pela fórmula

$$b = b_*\left[1-(\varepsilon-\theta\bar{z})\cos\phi\right], .\theta = \vartheta\ {}^{l}\!/_{2b_*}$$

A tensão de compressão radial relativa é

$$(b_* - b)/b_* = \varepsilon_y = (\varepsilon - \theta_{\bar{z}})\cos\phi .$$

Se negligenciarmos as pequenas deformações circunferenciais, então as equações (1.1) tomam a forma

$$\sigma_y - \nu(\sigma_x + \sigma_z) = E(\varepsilon - \theta\bar{z})\cos\phi, .\ \sigma_x - \nu(\sigma_y + \sigma_z) = 0$$

Excluindo as tensões circunferenciais, obtém-se

$$\sigma_y = \sigma_{yo} + \Delta\sigma_y, \Delta\sigma_y = \frac{E}{1-\nu^2}(\varepsilon - \theta\bar{z})\cos\phi \ (1.11)$$

Aqui, σ_{y0} é determinado pela fórmula (1.1) e é independente da coordenada circunferencial.

Os diagramas de ambos os componentes da pressão de contacto no sistema de coordenadas polares são apresentados na Fig. 1.7.

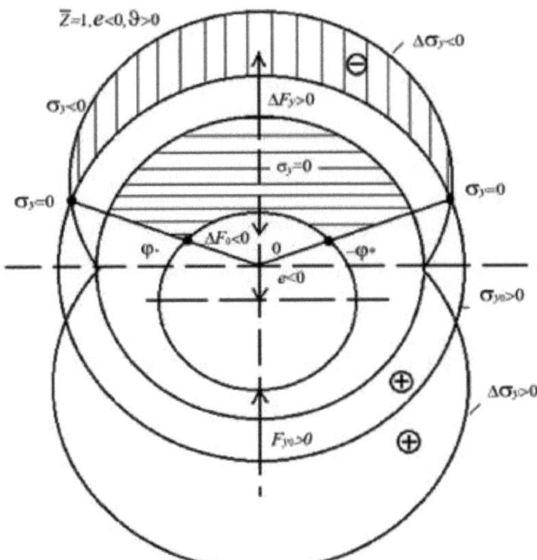

Fig. 1.7. Diagramas dos componentes da pressão de contacto em torno

da circunferência do veio

A expressão resultante permite-nos encontrar os coeficientes das rigidezes radial e angular do conjunto de empacotamento de acordo com os resultados do cálculo da força de pressão radial e do momento restaurador. A projeção sobre o eixo *Oy* da força de pressão elementar é $dF_{y0} = -\sigma_y r \cos\phi d\phi dz$, e o seu momento relativo ao eixo *Ox* é $dM_{x0} = -zdF_y$. Integramos estas expressões tendo em conta (1.11) sobre toda a superfície interna do conjunto de empacotamento

$$F_{y0} = k_{r0}e\,, M_{x0} = k_{\vartheta 0}\vartheta \tag{1.12}$$

em que os coeficientes de rigidez radial e angular são

$$k_{r0} = -\frac{\pi r l}{b_*}\cdot\frac{E}{1-\nu^2},.k_{\vartheta 0} = \frac{\pi r l^3}{12 b_*}\cdot\frac{E}{1-\nu^2} \tag{1.13}$$

O módulo de elasticidade da embalagem E é um valor condicional porque aumenta à medida que a embalagem é comprimida.

Uma avaliação preliminar do efeito do desalinhamento no valor da pressão de contacto mostra que o aumento máximo da pressão devido ao desalinhamento é 2-3 vezes superior à pressão constante σ1 em torno da circunferência (ver Fig. 1.7). Um aumento tão acentuado da pressão provoca um aumento local da temperatura de contacto e reduz a vida útil de uma junta de estanquidade da caixa de empanque. Além disso, do lado diametralmente oposto (para $\varphi = \pi$), a pressão total de contacto torna-se negativa, isto é, devem ocorrer tensões de tração no empanque. Uma vez que isto é impossível (não existe qualquer constrangimento bilateral entre o empanque e o veio), forma-se um espaço nas áreas com pressão de contacto negativa entre o veio e o empanque. Estas áreas de separação afectam a magnitude das forças e momentos radiais (1.12), a potência de atrito, bem como o desempenho da vedação, em particular, as fugas e o estado térmico.

A posição das secções em que ocorrem tensões máximas de tração (segundo a regra de sinais $\Delta b = b_* - b < 0$ aqui aceite) é vista na

Fig. 1.8: uma tal secção é $\overline{z}_m = 1$ se tanto o desvio como os desalinhamentos angulares tiverem sinais diferentes ($\varepsilon\theta<0$) e a secção $\overline{z}_m = -1$ quando $\varepsilon\theta>0$. A coordenada angular correspondente é $\varphi_m = \pi$ para $\varepsilon>0$ e $\varphi_m = 0$ para $\varepsilon<0$. A Fig. 1.9 mostra varreduras da superfície interna do conjunto de empacotamento, mostrando áreas de pressões de contacto nulas para várias combinações de desalinhamentos de deslocamento e angulares. Subsequentemente, ao calcular as caraterísticas integrais das vedações das caixas de empanque associadas à pressão de contacto σ_y , estas áreas devem ser excluídas da consideração.

Ao mesmo tempo, deve ter-se em conta que a fenda formada entre o empanque e o veio, se estiver localizada do lado da câmara com o fluido a ser vedado, é preenchida com o mesmo fluido sob pressão, o que causa tensões adicionais no empanque e expande as áreas sem contacto. A sua expansão é também facilitada por efeitos hidrodinâmicos nas folgas devido à rotação do veio e às suas vibrações radiais e angulares.

Para estimar o valor das áreas sem contacto, resolvemos um problema mais simples: encontramos os pontos $\pm\ \varphi_*$ e z_* , localizados nos vértices do triângulo curvo *B* (Fig. 1.9, *c*), que limita a região de pressão de contacto nula. Posteriormente, esta região pode ser representada aproximadamente como um triângulo isósceles, como mostra a Fig. 1.9, *c*, por linhas tracejadas ou um retângulo de área igual.

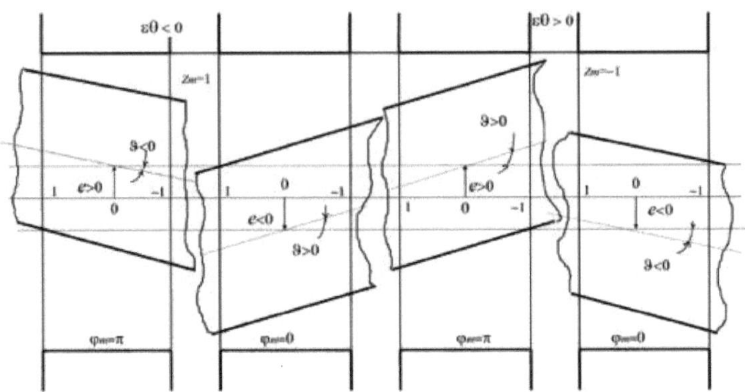

Fig. 1.8. Posição das secções de possível separação do veio da embalagem

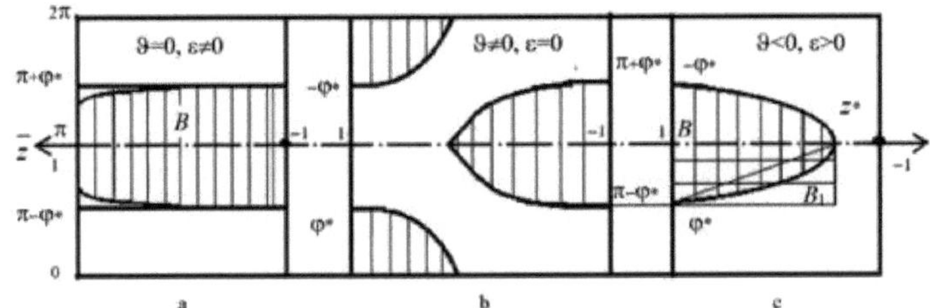

Fig. 1.9. Formas das zonas de pressões de contacto nulas

Igualando a zero a expressão da pressão de contacto (1.11) nas secções extremas $z_m = \pm 1$, nas quais as áreas de separação têm a maior extensão angular, encontramos as coordenadas angulares correspondentes a essas áreas

$$\phi_* = \pm \arccos \Phi \left(\Phi \geq 0 \right) \quad , \quad \phi = \pi + \phi_* \left(\Phi \leq 0 \right) \quad ,$$

$$\Phi = -\exp\left[a(1 \pm 1) \right] / S(\varepsilon \mp \theta) \quad ,(1.14)$$

em que . $S = E / \sigma_{-1}\left(1 - \nu^2\right)$

Na expressão (1.14), o sinal superior refere-se à secção transversal z = 1, e o inferior refere-se à secção transversal z = -1. No módulo, o cosseno não pode ser superior à unidade; por conseguinte, as zonas de pressão de contacto nula só são possíveis para as combinações dos parâmetros de desvio do veio e de desalinhamento angular (ε, ϑ) em que $|\Phi|\leq 1$. Por sua vez, decorre de (1.14) que, na secção transversal direita (z = -1), esta condição é satisfeita quando os desalinhamentos de offset e angular têm os mesmos sinais ou um destes parâmetros é zero: $\varepsilon\vartheta\geq 0$. Na secção transversal esquerda $z = 1$, estes parâmetros têm de ter sinais opostos. Valores positivos de Φ correspondem a $\varphi_m = 0$, ou seja, valores negativos de desalinhamento de offset ($\varepsilon<0$); em $\varepsilon>0$, $\varphi_m = \pi$ e $\Phi<0$.

A coordenada z^* do terceiro vértice da área B situa-se no plano dos eixos de intersecção do veio e da caixa de empanque, isto é, em $\varphi_m = 0$ ou π. Igualando a zero a pressão de contacto (1.11), obtém-se a equação transcendental relativa a z*

$$\sigma_{-1}\exp\left[a\left(1-\bar{z}_*\right)\right]-\mp\left(\varepsilon-\theta z_*\right)E\Big/\left(1-\nu^2\right). \quad (1.14)$$

Uma vez que o índice do expoente é sempre inferior à unidade, é possível encontrar uma solução aproximada para esta equação expandindo a função exponencial numa série e preservando apenas os termos lineares . $\exp\left[a\left(1+\theta\overline{z_*}\right)\right]\approx 1+a\left(1+\theta\overline{z_*}\right)$

Neste caso, obtém-se

$$\overline{z}_* = \left(1+a\pm S\varepsilon\right)/\left(\pm S\theta - a\right). \quad (1.15)$$

Os sinais superiores na fórmula (1.15) correspondem a $\varphi_m = 0$ ($\varepsilon<0$), e os inferiores a $\varphi_m = \pi$ ($\varepsilon>0$). As componentes da força de pressão e do seu momento

$$\Delta F = -\int_{(B)}\sigma_y\cos\phi dB\,,\Delta M = \int_{(B)}\sigma_y z\cos\phi dB \quad (1.16)$$

entram na expressão (1.12). De facto, elas não existem, uma vez que a pressão de contacto na área B é nula. Assim, como valores ajustados das forças e momentos radiais, se não tivermos em conta a pressão do fluido que preenche a fenda formada, temos de aceitar

$$F_y = F_{y0}-\Delta F\,,M_x = M_{x0}-\Delta M \quad .(1.17)$$

O cálculo dos integrais (1.16), mesmo que a área B seja representada como um triângulo isósceles, conduz a expressões excessivamente pesadas. Considerando a proximidade dos pressupostos do cálculo proposto (em primeiro lugar, a hipótese das propriedades linearmente elásticas do empacotamento), substituímos a área de pressão de contacto nula pelo retângulo igual $r\phi_*(1-\overline{z}_*)l/2$ (B_1 na Fig. 1.9, *c*). Para que os resultados da integração possam ser utilizados para as áreas B localizadas nas metades direita ($z=l/2$) e esquerda ($z = -l/2$) do conjunto de empacotamento, designamos os limites de integração ao longo do comprimento do conjunto de empacotamento por α_1 e α_2. Para a metade esquerda, ,$(\varepsilon\theta<0)\alpha_1=\overline{z}_*\ \alpha_2=1$; para a direita, ,$(\varepsilon\theta>0)\alpha_1=-1\ \alpha_2=\overline{z}_*$. Os limites de integração sobreφ são de 0 aφ_* para $\varepsilon<0$ e de π a $\pi+\varphi_*$ para $\varepsilon>0$.

Quando o sinal de desalinhamento do desvio muda, todos os resultados permanecem inalterados se o sistema de coordenadas for rodado em torno do eixo *Oz* em 180 °, ou seja, direcionar o eixo *Oy* contra o vetor de desalinhamento do desvio.

O primeiro termo de pressão de contacto σ_{y0} (1.11) depende apenas da compressão preliminar do empacotamento. Os integrais correspondentes ($\varepsilon<0$):

$$\Delta F_0=-\frac{rl}{2}\int_0^{\phi_*}\int_{\alpha_1}^{\alpha_2}\sigma_{e0}\cos\phi d\phi d\overline{z}\,,\ \Delta M_0=\frac{rl^2}{4}\int_0^{\phi_*}\int_{\alpha_1}^{\alpha_2}\sigma_{y0}\overline{z}\cos\phi d\phi d\overline{z}$$

após a integração, obtém-se

$$\Delta F_0=-\frac{\sigma_{-1}e^a rl\sin\phi_*}{2a}(e^{a\alpha_2}-e^{a\alpha_1}),$$

(1.18)

$$\Delta M_0=\frac{\sigma_{-1}e^a rl^2\sin\phi_*}{4a^2}\left[e^{a\alpha_2}(a\alpha_2-1)-e^{a\alpha_1}(a\alpha_1-1)\right]$$

Quando a área de pressão de contacto nula se situa na parte inferior do intervalo (ε>0), o sinal do seno muda e as expressões (1.18) mudam de sinal.

Se os expoentes forem expandidos numa série, e apenas os termos lineares forem retidos, então a fórmula (1.18) será um pouco simplificada

$$\Delta F_0 = \mp \frac{\sigma_{-1} e^a r l \sin\phi_*}{2}(\alpha_2 - \alpha_1),$$

$$\Delta M_0 = \pm \frac{\sigma_{-1} e^a r l^2 \sin\phi_*}{4})(\alpha_2^2 - \alpha_1^2) \qquad (1.19)$$

Os sinais superiores correspondem a ε<0, e os inferiores, a ε>0.

As correcções (1.19) representam a pressão imaginária do empanque no veio a partir do lado da folga maior, ou seja, são dirigidas contra as forças e momentos restauradores (1.12), pelo que, de acordo com as fórmulas (1.17), aumentam a força e o momento resultantes.

Após a integração do segundo termo (1.11), em que o desalinhamento combinado é tido em conta, obtém-se

$$\Delta F_y = -\frac{E}{1-\nu^2}\frac{rl\phi_*}{4}\left(1+\frac{\sin 2\phi_*}{2\phi_*}\right)\left[(\alpha_2 - \alpha_1)\varepsilon - 0,5(\alpha_2^2 - \alpha_1^2)\theta\right]$$

,

(1.20)

$$\Delta M_x = \frac{E}{1-\nu^2}\frac{rl^2\phi_*}{16}\left(1+\frac{\sin 2\phi_*}{2\phi_*}\right)\left[(\alpha_2^2 - \alpha_1^2)\varepsilon - \frac{2}{3}(\alpha_2^3 - \alpha_1^3)\theta\right]$$

.

As expressões (1.20) podem ser representadas em termos dos coeficientes de rigidez radial (k_{rr}), angular ($k_{\vartheta\vartheta}$) e transversal $(k\,k)_{r\vartheta} = {}_{\vartheta r}$

$$\Delta F_y = k_{rr}\, e + k_{r\vartheta}\, \vartheta\,, \quad \Delta M_x = k_{\vartheta r}\, e + k_{,\vartheta\vartheta}\, \vartheta \qquad (1.21)$$

em que os coeficientes de rigidez, após substituição dos correspondentes limites de integração em $\overline{z}$, assumem a forma

$$k_{rr} = -\frac{E}{1-\nu^2}\frac{rl\phi_*}{4b_*}\left(1+\frac{\sin 2\phi_*}{2\phi_*}\right)(1 \mp \overline{z}_*),$$

$$k_{r\vartheta} = \pm \frac{E}{1-\nu^2}\frac{rl^2}{16b_*}\phi_*\left(1+\frac{\sin 2\phi_*}{2\phi_*}\right)\left(1-\overline{z}_*^2\right),$$

$$k_{\vartheta\vartheta} = \quad -\frac{E}{1-\nu^2}\frac{rl^3}{48b_*}\phi_*\left(1+\frac{\sin 2\phi_*}{2\phi_*}\right)\left(1\mp\overline{z}_*^3\right).$$

Nestas fórmulas, o sinal superior refere-se à metade esquerda do conjunto de empacotamento $\left(\overline{z}_m = 1\right)$, e o inferior à direita . $\left(\overline{z}_m = -1\right)$

Ao contrário das correcções (1.19), as expressões (1.21) obtêm-se somando as pressões negativas $\Delta\sigma_y$ que actuam condicionalmente na zona sem contacto *B* na direção dos factores de força principais (1.12). Por isso, têm sinais opostos (1.19) e, quando se utilizam as fórmulas (1.17), reduzem a força e o momento restauradores. Assim, os componentes (1.19) e (1.21) compensam-se parcialmente um ao outro.

A existência de uma zona de fraco contacto da gaxeta com o veio conduz a um aumento das fugas e o desejo de as limitar leva o pessoal de manutenção a aumentar a compressão axial da gaxeta, o que conduz a um aumento ainda maior da pressão de contacto local.

Como se pode ver em (1.11), para a ausência de separação em toda a superfície de contacto, é necessário que se cumpra a condição $\left(\sigma_{y0}\right)_{\min} > \left(\Delta\sigma_y\right)_{\max}$ ou

$$\sigma_1 \geq E\left(\varepsilon+\vartheta\right)/\left(1-\nu^2\right) \qquad (1.22)$$

De (1.22), conclui-se que o desalinhamento combinado não deve exceder o valor

$$\varepsilon+\vartheta \leq \sigma_1\left(1-\nu^2\right)/E. \qquad (1.23)$$

Note-se que a rigidez radial da vedação da caixa de empanque (k_{r0} =1,19·107 N/m) é comparável às rigidezes dos rolamentos (aproximadamente 3· 10^7 N/m) e do veio (cerca de 4,5· 10^7 N/m). Consequentemente, as vedações da caixa de empanque podem exercer um efeito nas caraterísticas vibratórias do rotor, embora este efeito seja instável, uma vez que as caraterísticas elásticas do empanque podem mudar significativamente durante o funcionamento.

Ao analisarmos o efeito do desalinhamento, devemos ter em mente que tanto os desalinhamentos de deslocamento como os angulares são aleatórios, mudando periodicamente de parâmetros. Por isso, durante o funcionamento, o empanque sofre cargas alternadas, proporcionais aos parâmetros de desalinhamento e que provocam a sua destruição acelerada.

A experiência de funcionamento das vedações das caixas de empanque indica que a sua vida útil é significativamente reduzida devido a desalinhamentos angulares e excentricidades do veio. Isto explica-se pelo facto de os conjuntos de empanque terem uma grande rigidez radial, e mesmo pequenas deformações radiais são acompanhadas por um aumento acentuado das pressões de contacto.

Nos projectos de vedantes de caixa de empanque com conjuntos de empanque móveis radialmente e auto-alimentados (em relação ao veio) [107, 108], uma caixa de empanque axialmente móvel que proporciona a equalização da pressão ao longo do comprimento, juntamente com o empanque e os anéis restritivos, tem liberdade de movimento radial. Sob a ação das forças da pressão de contacto circunferencial não uniforme, toda a vedação da caixa de empanque tende a tomar uma posição concêntrica em relação ao eixo, na qual a assimetria axial das pressões de contacto é eliminada.

As versões de vedantes de caixa de empanque com alinhamento automático para diferentes condições de funcionamento são apresentadas na Fig. 1.10. Nas versões *a-c* são permitidas fugas externas do fluido que está a ser vedado. Na versão *b*, a caixa de empanque está localizada fora do corpo da bomba, o que melhora a remoção do calor para a atmosfera circundante. Nas versões *c, d*, o fluido de arrefecimento é fornecido à caixa de empanque e, na última versão, bloqueia a saída do fluido que está a ser vedado. Estas versões caracterizam-se por uma remoção de calor mais eficiente e pela facilidade de substituição do empanque, uma vez que tanto o empanque como a caixa de empanque são removidos do corpo da bomba. A condição para o auto-alinhamento de uma caixa de empanque é o excesso da força de centragem radial e do momento restaurador, respetivamente, sobre a força de atrito total. Tal momento surge se as forças de atrito nas correias das extremidades de contacto dos anéis de restrição diferirem em magnitude devido à descarga da junta interna pela força axial p_1 A .1

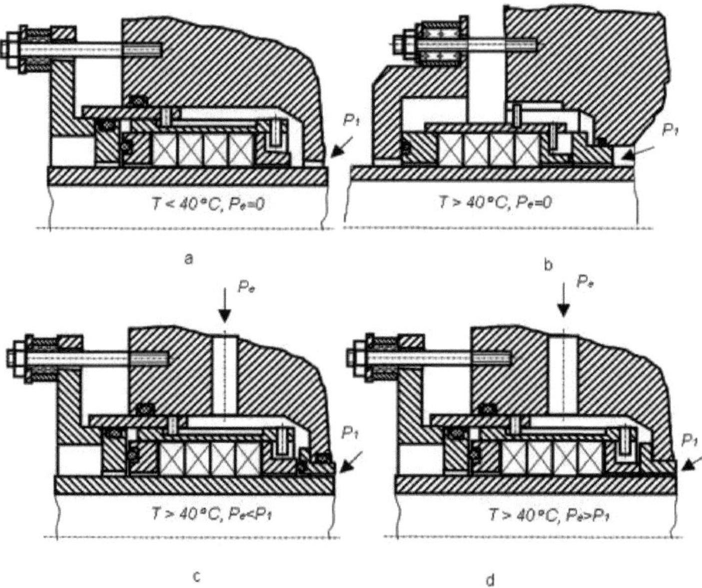

Fig. 1.10. Modelos de vedantes de caixas de empanque autocompensantes

A força de atrito no anel externo é $F_{R2} = f\, \sigma_x$ A, e no anel interno, $F_{R1} = f\,(\sigma_x\ A - p\ A_1\ )$. Assumiremos que a pressão radial é constante ao longo do comprimento do conjunto de empanque (devido à mobilidade axial da caixa de empanque) e é selecionada a partir da condição σ_{y0} = σ_{-1} = k_1 p_1 , em que $k_1 \geq 1$ é o fator de segurança que fornece a estanquidade necessária. Utilizando a relação entre as tensões axiais e radiais, obtém-se

$F_{R2} = f k_1 A p_1 /k$, $F_{R1} = F_{R2} (1- \kappa k /k_1)$, $F_R = F_{R1} + F_{R2} = 2F_{R2} (1- \kappa k /2k_1)$. (1.24)

As forças de atrito produzem o momento em relação ao eixo Ox, tendendo a rodar o eixo da manga em relação ao eixo do veio

$$M_{Rx} = (F_{R2} - F_{R1}) L/2 = \kappa f A p_1 L_1 /2,$$

em que $\kappa = A_1 /A$; L é a distância entre as superfícies de fricção das extremidades.

A partir das condições de auto-alinhamento $F_{y0} \geq F_R$, $M_{x0} \geq M_{Rx}$, encontramos os valores mínimos do desalinhamento paralelo relativo ε_* e do parâmetro de desalinhamento angular θ_*, nos quais uma caixa de empanque sob a ação da força de centragem F_{y0} e do momento M_{x0} começa a seguir os deslocamentos radiais e angulares do veio

$$\varepsilon_* = 2f(1+R/r)\frac{k_1 b_* p_1}{klE}(1-\nu^2)(1-\kappa k/2k_1),$$

(1.25)

$$\theta_* = 3f(1+R/r)\frac{\kappa b_* L p_1}{l^2 E}(1-\nu^2) \quad (1.26)$$

Assim, a mobilidade radial evita as áreas de separação da embalagem do veio e a formação de pontos de contacto com o aumento da pressão.

O modelo físico do mecanismo de vedação de uma caixa de empanque, formulado no artigo, permitiu explicar as principais caraterísticas do seu funcionamento.

Estudos demonstraram que o alinhamento das pressões de contacto não só ao longo do comprimento do conjunto de empanque, mas também à volta da circunferência, é uma reserva significativa para aumentar a vida útil do vedante da caixa de empanque.

O desenvolvimento de novas concepções eficazes de vedantes de caixas de empanque permite eliminar as principais desvantagens da conceção normalizada, mantendo simultaneamente as suas principais vantagens - facilidade de manutenção e custo relativamente baixo.

1.4. Vedantes mecânicos da caixa de empanque

A mudança mais radical na conceção de um vedante de caixa de empanque tradicional, quando é aplicada uma pressão de empanque constante, consiste em passar para um vedante de face de empanque. Este tipo de conceção apresenta as vantagens de uma vedação mecânica de faceamento: funcionamento automático, cargas específicas definidas em contacto e boa dissipação de calor, sem necessidade de compensar as excentricidades e os desalinhamentos do veio [20, 65]. Durante o período de criação dos primeiros projectos de vedantes de face de empanque, não existia uma metodologia para o seu cálculo e projeto, o que se devia principalmente à falta de estudos dos processos que ocorrem no par de faces, bem como à complexidade das propriedades físicas e mecânicas do empanque da caixa de empanque. Estudos pormenorizados do processo de selagem, cujos resultados se encontram descritos em trabalhos [17, 18, 20], permitiram construir o seu modelo físico e abordar a criação de um método prático para o cálculo de vedantes de empanque de face.

1.4.1 Esquema de uma junta de estanquidade facial e suas caraterísticas

Uma junta de estanquidade rotativa é uma junta de estanquidade rotativa mecânica em que um dos anéis de vedação é substituído por uma caixa de empanque (Fig. 1.11).

A vedação é conseguida através da pré-compressão da face do anel de empanque 3, localizado na manga axialmente móvel 2, contra a peça de suporte 4. Tal como nas juntas de estanquidade rotativas mecânicas, a pré-compressão é efectuada pelo elemento elástico 1 e, durante o funcionamento, é utilizada a pressão do meio vedante, o que permite uma pressão de contacto óptima nas condições de projeto, selecionando um fator de carga adequado.

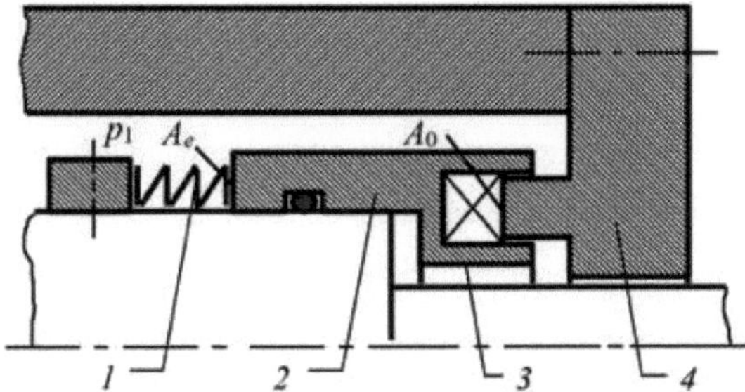

Fig. 1.11. Esquema de uma junta de estanquidade rotativa

Ao desenvolver selos de vedação de face, é possível utilizar todas as melhores soluções de projeto acumuladas pela prática dos selos de face mecânicos. Assim, as juntas de estanquidade rotativas podem combinar com êxito as vantagens das juntas de estanquidade rotativas mecânicas e das juntas de caixa de empanque com a sua simplicidade e custo relativamente baixo [106].

O par de fricção, tal como nas vedações tradicionais de caixas de empanque, é formado por superfícies metálicas sólidas e superfícies elásticas-plásticas macias. Nos vedantes de caixa de empanque tradicionais, as superfícies de fricção são cilíndricas, com a superfície sólida condutora de calor (eixo ou manga de proteção) a rodar e a caixa de empanque (que tem uma fraca condutividade térmica) imóvel. Nos empanques de face, as superfícies de fricção são planas (correias anulares) e, tal como nos empanques de face mecânicos, tanto a superfície sólida como a macia podem rodar. A área de fricção reduzida e a dissipação de calor melhorada permitem que os vedantes de face de empanque funcionem de forma fiável com indicadores de carga mais elevados (pressão de selagem e velocidade de fricção p_1 v), com pequenas fugas próximas da gota e maior recurso em comparação com os vedantes de caixa de empanque tradicionais. As juntas de estanquidade rotativa requerem um consumo de embalagem dezenas de vezes inferior, uma vez que, em vez de um conjunto de embalagens, é utilizado um anel e o seu recurso aumenta. A vida útil das vedações de caixa de empanque tradicionais é largamente determinada pelo desgaste do eixo, que não pode ser compensado eficazmente pela deformação lateral da gaxeta. Numa junta de estanquidade de face, o desgaste do anel de suporte não afecta a estanquidade do conjunto e a magnitude do desgaste não é praticamente limitada.

Uma vez que uma das superfícies de contacto é um empanque macio, não é necessária a maquinação de precisão dos pares de fricção. É necessária para os vedantes mecânicos faciais em que a falta de planicidade admissível das superfícies de contacto não é superior a 0,9 μm. O desempenho das juntas de estanquidade rotativas mecânicas é perturbado pelas deformações de força e temperatura do par de fricção, mesmo que o seu valor se situe entre 1-3 μm, e as juntas de estanquidade rotativas não são sensíveis às deformações elásticas dos elementos estruturais. Tal como nos vedantes mecânicos de face, o anel de suporte e/ou o casquilho de enchimento têm liberdade de movimentos axiais e angulares capazes de compensar os desalinhamentos tecnológicos e operacionais.

A substituição de um vedante mecânico danificado requer que a bomba seja desligada do acionamento, o que perturba o alinhamento da unidade. Numa junta de vedação frontal, o anel de vedação de desgaste é enrolado a partir de uma peça da embalagem e é removido ou inserido na câmara anular da manga da caixa de empanque sem desmontar a bomba.

A aplicação prática das caraterísticas e vantagens enumeradas permite alargar significativamente o âmbito de utilização das vedações de caixas de empanque, mantendo simultaneamente uma elevada fiabilidade e estanquicidade.

1.4.2 Modelo físico de uma junta de estanquidade rotativa

A análise dos resultados das experiências descritas em [16, 104] permitiu lançar as bases para a construção de um modelo físico do mecanismo de vedação de um vedante de face de embalagem [106].

Durante o funcionamento do vedante, a embalagem é afastada da superfície metálica de contacto pela pressão do fluido. Neste caso, forma-se uma fenda confusora, cujo comprimento é proporcional à razão entre a pressão de selagem e a pressão de pré-compressão do empanque. Fora da fenda, na área onde a gaxeta entra em contacto direto com a superfície de acoplamento, a pressão de contacto aumenta, e esta área desempenha o papel principal de vedação. As fugas são principalmente devidas ao fluxo de filtração através de microlabirintos de pares de fricção. Tendo em conta a variedade de empanques, líquidos a selar e condições de funcionamento, procuraremos uma solução aproximada para o problema da distribuição da pressão no par de contacto. Ao construir um modelo computacional, a escolha de hipóteses simplificadoras deve ser limitada pela exigência de que não distorçam a imagem qualitativa da distribuição de pressão.

Considere o diagrama de carga do anel de gaxeta de um selo de gaxeta (Fig. 1.12). Ao analisar o estado de tensão-deformação, o empanque é considerado como um material elástico isotrópico com caraterísticas físicas e mecânicas (módulo de elasticidade e coeficiente de Poisson), independentes do valor da carga.

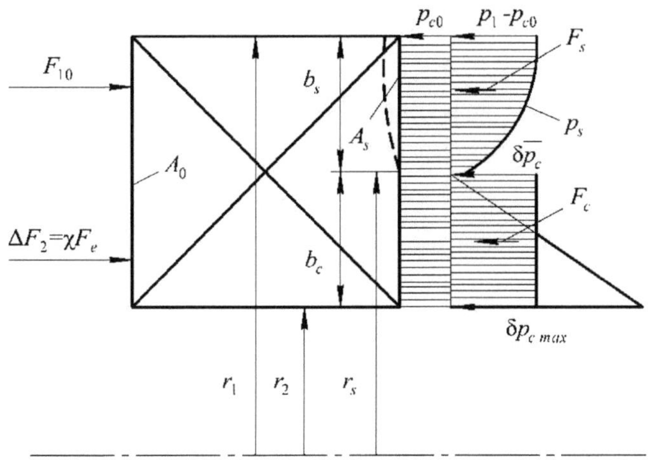

Fig. 1.12. Diagrama de carga

A carga externa da embalagem é efectuada em duas fases: a pré-compressão pela força F_{10} dos elementos elásticos durante a instalação do vedante na bomba e a carga final pela força da pressão do líquido a vedar. A força F_{10} cria a pressão de pré-contacto . $p_{c0} = F_{10} / A_0$

A partir da condição de compatibilidade das deformações axiais dos elementos elásticos e da embalagem, foi determinado que parte ΔF_2 da força de pressão $F_e = p_1 A_e$ do líquido a ser selado, que é transmitida à embalagem e é equilibrada pela força de pressão hidrostática F_s na fenda e pela força de pressão de contacto adicional : F_c

$$\Delta F_2 = \chi F_e = F_s + F_c, \qquad (1.27)$$

em que $\chi = k_2/(k_1 + k_2)$ é o coeficiente de transferência, ou o coeficiente de carga básico que mostra a quantidade de força externa F_e que é transferida para o embrulho; k_1, k_2 são os coeficientes de rigidez dos elementos elásticos e do embrulho, respetivamente.

A partir da igualdade (1.27), depois de calcular a força F_s , encontramos a força de pressão de contacto F_c que surge na área de contacto direto.

A pressão hidrostática na fenda é determinada resolvendo simultaneamente a equação de deformação axial para o empanque e a equação de fluxo de pressão radial. Ao calcular as deformações do empanque, deve ter-se em conta que o empanque é pré-comprimido pela força F_{10} e é um elemento pré-carregado. A deformação do empanque, ou o tamanho da folga, é determinada pela fórmula

$$h(r) = b(p_s - p_{c0})/E, \qquad (1.28)$$

em que $b = r_1 - r_2 = b_s + b_c$ é a altura da secção transversal do anel de empanque.

Assim, para além da presença de microcanais, a formação da fenda só é possível quando a pressão p_1 à entrada do vedante excede a pressão de contacto p_{c0} devido à força de pré-compressão da embalagem. À medida que a pressão hidrostática p_s diminui, a fenda estreita-se e, quando se torna igual à pressão de contacto p_{c0} , a embalagem entra em contacto com a superfície de contacto (secção b_c).

1.4.3 Vedantes de vedação da face de computação

O caudal do fluxo de pressão radial através do canal anular plano com uma abertura h e um comprimento dr , no qual a pressão dp_s é estrangulada, pode ser representado pela fórmula de Hagen-Poiseuille

$$Q = \frac{\pi h^3 r}{6\mu dr} dp_s$$

e, tendo em conta (1.28), chegamos à equação diferencial

$$Q\frac{dr}{r} = \frac{\pi E b^3}{6\mu}\left(\frac{p_s - p_{c0}}{E}\right)^3 \frac{dp_s}{E} \qquad (1.29)$$

com condições de fronteira $r = r_1: \quad p_s = p_1; \quad r = r_s: \quad p_s = p_{c0}$ (o líquido que está a ser selado é fornecido pelo lado do raio exterior).

Integrando (1.29), obtém-se

$$Q\frac{24\mu}{\pi E b^3}\ln\frac{r_1}{r} = \psi_1^4 - \psi^4, \qquad Q\frac{24\mu}{\pi E b^3}\ln\frac{r_1}{r_s} = \psi_1^4, \qquad (1.30)$$

onde $\psi = (p_s - p_{co}) / E, \quad \psi_1 = (p_1 - p_{c0}) / E.$

A partir da segunda expressão (1.30), podemos encontrar o caudal se conhecermos o comprimento da fenda (raio) r_s

$$Q = \frac{\pi E b^3}{24\mu \ln\frac{r_1}{r_s}}\psi_1^4 \qquad (1.31)$$

ou, utilizando o caudal medido, podemos determinar o comprimento da fenda

$$r_s = r_1\left(1+\frac{\pi E b^3}{24\mu Q}\psi_1^4\right)^{-1}$$

Se excluirmos o caudal da fórmula (1.30), dividindo a primeira expressão pela segunda, obtemos a lei da distribuição da pressão na fenda

$$\psi = \psi_1\left(1-\ln\frac{r}{r_1}\Big/\ln\frac{r_s}{r_1}\right)^{1/4}.$$

Uma vez que o rácio dos raios sob os sinais dos logaritmos é próximo da unidade, na expansão dos logaritmos numa série, retemos apenas os termos lineares $\ln r/r_1 \cong r/r_1 - 1$. A fórmula para a distribuição da pressão também assumirá uma forma mais conveniente para a integração

$$\delta p_s = p_s - p_{c0} = E\psi_1\left(\frac{r-r_s}{b_s}\right)^{1/4} \quad (1.32)$$

em que $b_s = r_1 - r_s$ é a largura da faixa anular na qual se forma um espaço entre a embalagem e o anel de suporte.

Substituindo a pressão obtida na fórmula (1.28), encontramos a lei de variação do intervalo ao longo do raio

$$h(r) = b\frac{p_1 - p_{c0}}{E}\left(\frac{r-r_s}{b_s}\right)^{1/4}. \quad (1.33)$$

Tendo integrado a pressão (1.31) sobre a fenda, obtém-se a força hidrostática F_s, que equilibra parcialmente a carga externa : $\Delta F_2 = \chi F_e$

$$F_s = 1,6\pi r_s b_s \left(p_1 - p_{c0}\right)\left(1 + \frac{5}{9}\frac{b_s}{r_s} + \frac{5r_m}{4r_s}\frac{p_{c0}}{p_1 - p_{c0}}\right).$$

Agora, a partir da condição de equilíbrio (1.27), podemos encontrar a força de pressão de contacto adicional F_c que actua na correia anular $b_c = r_s - r_2$ onde o empanque contacta com o anel de suporte

$$F_c = \chi F_e - F_s,$$

bem como a pressão adicional de contacto com o meio

$$\delta \overline{p}_c = F_c \;/\pi\left(r_s^2 - r_2^2\right).$$

Após algumas transformações, reduzimos a última expressão à forma

$$\delta \overline{p}_c = \frac{p_1}{1 - \alpha}\left[k\chi - 0,8\alpha\left(1 - \frac{p_{c0}}{p_1}\right)\right], \qquad (1.34)$$

em que . $\alpha = A_s / A_0$, $A_s = 2\pi r_s b_s$, $k = A_e / A_0$

A pressão de contacto total na embalagem na zona de contacto direto

$$\overline{p}_c = p_{c0} + \delta\overline{p}_c.$$

É possível obter uma estimativa aproximada da pressão de contacto adicional máxima se assumirmos que a pressão $\delta\overline{p}_c$ na área de contacto direto varia linearmente de zero até ao valor máximo $\delta p_{c\max}$ (ver Fig. 1.12).

A abordagem simplificada utilizada, baseada na análise de deformações uniaxiais, não permite construir a distribuição da pressão de contacto ao longo do raio. Para isso, é necessário considerar o problema estático da hidroelasticidade, tendo em conta o estado volumétrico de tensão-deformação do empacotamento. Este problema é resolvido por métodos numéricos.

A fórmula (1.34) permite estimar o valor da pressão de contacto adicional e a sua irregularidade e dá também uma ideia qualitativa da influência dos principais parâmetros da junta nas condições de funcionamento do empanque.

Efectuemos um cálculo estimativo da distribuição da pressão hidrostática e da folga ao longo do raio da junta de face de uma junta de estanquidade rotativa. Por exemplo, considere-se uma junta de estanquidade rotativa com parâmetros típicos: r_1 = 0,06 m, r_s = 0,05 m, μ = 5-10^4 N-c/m^2 , E = 300 MPa, p_1 = 1,6 MPa, α = 0,5, k = 0,9, χ = 0,8. Os resultados dos cálculos, usando as fórmulas (1.32) e (1.33), são mostrados na Fig. 1.13. O caudal calculado pela fórmula (1.31) é de 3-10^{-7} m^3 /s, o que é próximo dos valores obtidos experimentalmente Q=2-10^{-7} - 3-10^{-7} m^3 /s [113].

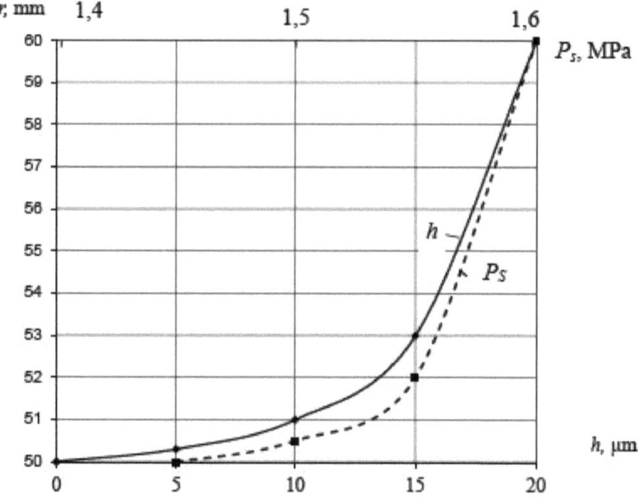

Fig. 1.13. Distribuição da pressão hidrostática e da folga ao longo do raio da junta de face

A irregularidade da pressão de contacto ao longo do raio, causada pela pressão da gaxeta pela pressão de selagem na secção de entrada, provoca um desgaste prematuro das zonas sobrecarregadas, razão pela qual, para as vedações de extremidade de gaxetas, o problema da equalização da pressão de contacto ao longo da largura do cinto de selagem continua a ser relevante [18].

1.5. Vedantes mecânicos com binário de fricção auto-ajustável

Uma desvantagem orgânica dos selos mecânicos e dos selos mecânicos de caixa de empanque é a dependência da pressão de contacto da pressão a selar. Por este motivo, a gama de funcionamento fiável de tais vedantes está limitada a uma área relativamente estreita perto do valor de projeto da pressão de vedação. Esta desvantagem é eliminada nos projectos de vedantes com momento autorregulador no par de fricção [55, 115].

1.5.1 O modelo de vedante auto-ajustável e o princípio de funcionamento

Nas juntas auto-ajustáveis (Fig. 1.14) [112, 114], o funcionamento automático é assegurado devido à introdução de uma retroação negativa entre o momento de atrito no contacto e a força de compressão do par de atrito.

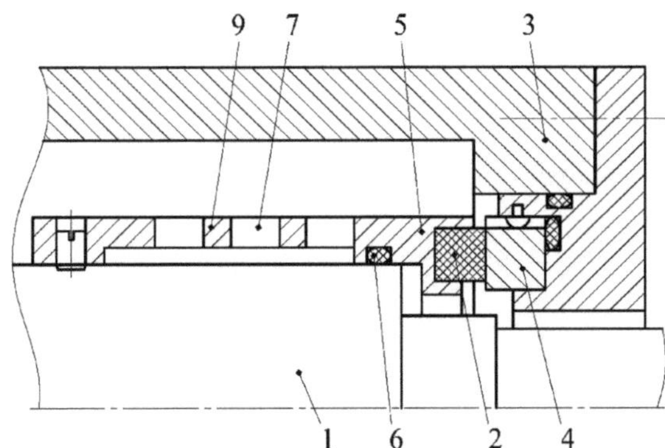

Fig. 1.14. Vedação mecânica auto-ajustável

Sob a influência de um aumento da queda de pressão a ser vedada ou do aparecimento de uma zona de lubrificação esgotada no contacto final, o modo de fricção do fluido muda para fricção de limite ou seca. No par de contactos "anel 2 - anel 4", existe um momento de forças de fricção deslizantes. Sob a ação deste momento, a velocidade de rotação do anel 2 torna-se inferior à velocidade de rotação da manga 5 fixada no veio 1 e que roda com ele. O anel 2 é travado e, em consequência, a manga dividida 5 é torcida, o que provoca uma diminuição do seu comprimento axial. A pressão na junta diminui, a micro-fenda no par de fricção aumenta, a camada de lubrificação é restaurada, o modo de fricção líquida entra em ação e a manga ranhurada 5, torcida num determinado ângulo, faz regressar o anel 2 à sua posição original. Se a manga ranhurada 5 for fixada na caixa 3, o mecanismo de funcionamento do vedante é semelhante.

A Fig. 1.15 mostra um diagrama funcional de um vedante auto-ajustável [55].

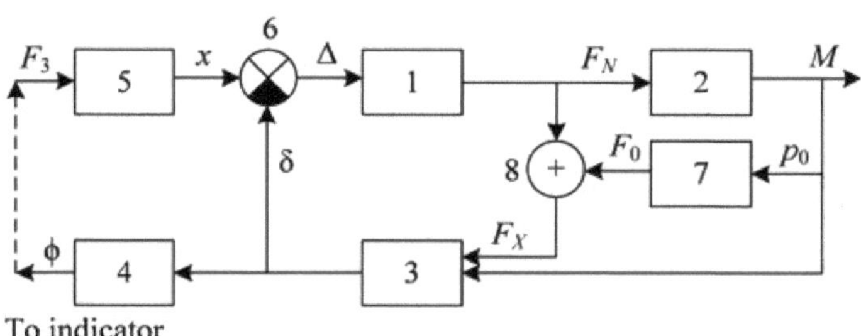

Fig. 1.15. Esquema de funcionamento de um vedante auto-ajustável

O esquema inclui os seguintes componentes: 1 - anel do par de atrito, cuja deformação axial corresponde à força de compressão axial F_N; 2 - elementos de um par de atrito em contacto entre si e com o meio a vedar (a força de compressão F_N é convertida no momento de atrito M entre as superfícies de vedação); 3 - corpo de regulação - elementos elásticos, cuja deflexão axial depende da força axial F_x e do momento M que actua sobre eles; 4 - dispositivo de medição - um suporte, cujo ângulo de rotação depende da deformação axial dos elementos elásticos; 5 - um dispositivo de regulação - um mecanismo de pressão, actuando sobre o qual a força de aperto F_3 durante a regulação define o seu deslocamento axial necessário x, que determina o valor ótimo do momento de atrito M (a magnitude do momento é avaliada pelo valor do ângulo de rotação do suporte); 6 - elemento de comparação - anel de pressão, cuja diferença de deslocamentos axiais determina a deformação dos anéis do par de atrito; 7 - conversor da pressão selada P_0 em força de pressão adicional F_0 - área de carga do anel de pressão; 8 - anel de pressão, que é afetado pelas forças axiais F_n e F_0 , cuja soma F_x é transferida para os elementos elásticos.

De um modo semelhante, o binário de atrito pode ser ajustado em várias concepções de vedantes de contacto. O princípio de regulação proposto permite várias versões, que diferem no mecanismo de conversão da rotação do anel axialmente móvel no seu deslocamento axial, ou seja, no mecanismo de realimentação [116].

1.5.2 Cálculo das caraterísticas estáticas dos vedantes auto-ajustáveis

Considere-se o cálculo das caraterísticas estáticas utilizando o exemplo de vedantes mecânicos de caixas de empanque com autorregulação do binário de atrito [55] (Fig. 1.16, *a*).

A realimentação em tais vedantes é assegurada pelo facto de um dos anéis do par de fricção não estar rigidamente fixado de rotação em relação à caixa, mas estar ligado a ela por elementos elásticos localizados obliquamente em ângulo com o eixo longitudinal do veio.

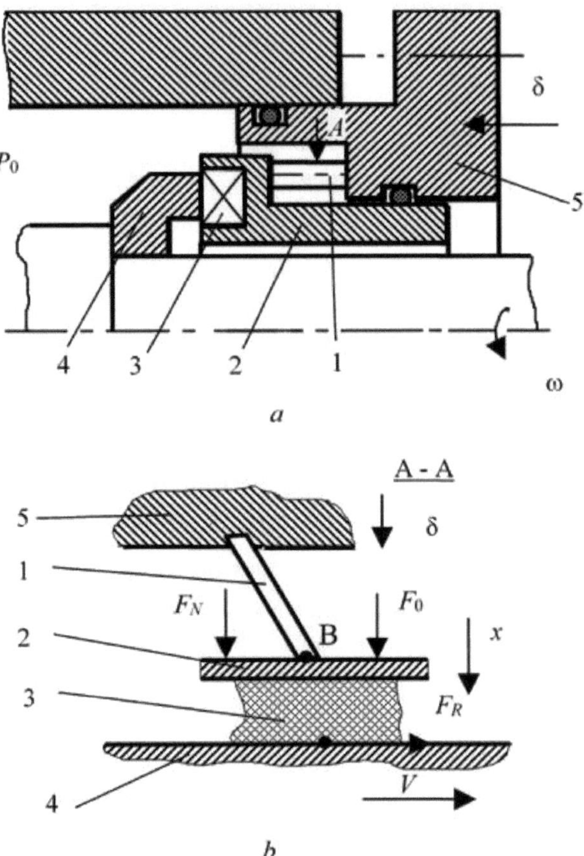

Fig. 1.16. Modelo de junta de estanquidade rotativa mecânica com binário de atrito auto-regulável

O anel, sob a ação do binário de atrito, roda no sentido de rotação do eixo. Os elementos elásticos que se dobram ao mesmo tempo arrastam-no ao longo do eixo na sua direção, reduzindo a pressão de pré-carga e o momento de atrito no contacto. Assim, os elementos elásticos fornecem um feedback negativo entre a força de atrito e a pressão de contacto [55].

O mecanismo de autorregulação é visível na Fig. 1.16 *b*. No estado de equilíbrio, a componente horizontal da força de reação do elemento elástico 1, que liga a tampa de pressão 5 e a manga axialmente móvel 2 com a gaxeta elástica pré-comprimida 3 nela colocada, equilibra a força de atrito F_R que ocorre no contacto da gaxeta com o disco de suporte 4. Com um aumento da força de compressão F_N ou da força da pressão de vedação F_0 , a força de atrito aumenta em conformidade, o que provoca uma deflexão adicional do elemento elástico, descarregando assim o empanque e reduzindo o atrito (o ponto B na Fig. 1.16, *b* desloca-se para cima).

Ilustraremos o método de cálculo utilizando um modelo mais simplificado de um vedante mecânico (Fig. 1.17). O elemento de sector $R\ d\varphi$ do empanque elástico 2, com um coeficiente de rigidez k, é pressionado contra o disco de suporte 1 por elementos elásticos 4.5 localizados vertical e horizontalmente (com coeficientes de rigidez k_1 , k_2) e pela força de pressão $F_0 = A_1 P_0$ do fluido a vedar. A manga 3 da caixa de empanque é impedida de rodar por hastes rígidas inclinadas 6, que estão articuladas à manga 3 e à tampa 7. As hastes 6 implementam um feedback entre a força de atrito e a força de pressão normal da embalagem no disco 1: a força de atrito tende a rodar as hastes no sentido contrário ao dos ponteiros do relógio, superando os esforços dos elementos elásticos, o que leva a uma diminuição da pressão de contacto e, consequentemente, da força de atrito.

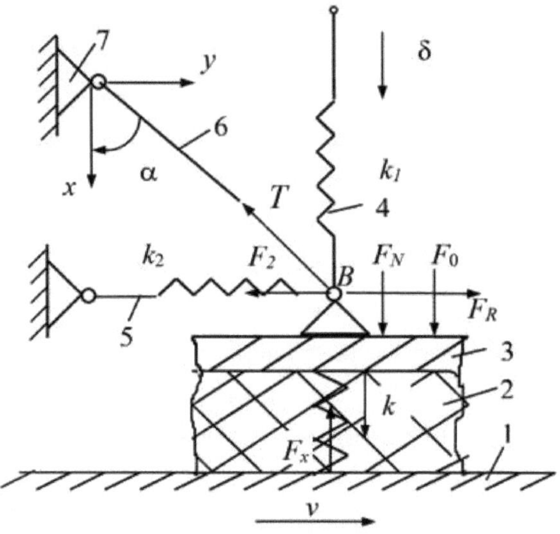

Fig. 1.17. Modelo de cálculo simplificado de uma vedação mecânica auto-ajustável

A força de fricção variável F_R é controlável, a variável de controlo é a deformação dos elementos elásticos 4, a influência externa é a pressão a selar ou a força de pressão.

Vamos escrever as condições de equilíbrio do empacotamento nas direcções vertical e horizontal e a lei do atrito seco:

$$F_0 + F_N = F_x + T\cos\alpha\,,\,,\,, F_R = F_2 + T\sin\alpha \;\; F_R = fF_x$$

(1.35)

$$F_N = k_1(\delta - u_1),\,,\,,.F_2 = k_2 u_2 \;\; F_0 = A_1 P_0 \;\; F_x = k u_1$$

(1.36)

$$u_1 = x - x_0,\,,\,, x = l\cos\alpha \;\; x_0 = l\cos\alpha_0$$

(1.37)

$$u_2 = y - y_0,\,,\,, y = l\sin\alpha \;\; y_0 = l\sin\alpha_0$$

onde os índices 0 marcam os valores iniciais das quantidades correspondentes;

u_1 - deformação axial do anel do par de fricção;

u_2 - deslocação horizontal do ponto B.

Como estado inicial, vamos considerar o estado sem carga do par de atrito, quando as influências externasδ e P_0 são iguais a zero.

Em que

$$u_{10} = u_{20} = 0 \ ,$$

$$F_{x0} = F_{R0} = F_{N0} = F_{20} = 0 \ .$$

A partir das equações (1.35), encontramos

$$F_x = \frac{(F_N + F_0)\,\text{tg}\,\alpha + F_2}{f + \text{tg}\,\alpha}$$

e utilizando as fórmulas para as forças (1.36), determinamos a deformação do anel do par de atrito

$$u_1 = \frac{(k_2\delta + F_0)\,\text{tg}\,\alpha + k_2 u_2}{k(f + \text{tg}\,\alpha) + k_1\,\text{tg}\,\alpha}$$

A última expressão, tendo em conta (1.37), reduz-se a uma equação transcendental para : α

$$l(\cos\alpha - \cos\alpha_0)\left[k(f + \text{tg}\,\alpha) + k_1\,\text{tg}\,\alpha\right] = (k_1\delta + F_0)\,\text{tg}\,\alpha + k_2 l(\sin\alpha - \sin\alpha_0)$$

. (1.38)

Após a aplicação de uma carga externa, o anel do par de atrito é comprimido e as hastes 6 são rodadas num ângulo : $\delta\alpha$ $\alpha = \alpha_0 + \delta\alpha$. Uma vez que a compressão axial de um anel num estado de tensão de volume é pequena em comparação com a sua espessura original, a alteração do ângulo também é pequena. Nesta base, a equação (1.38) pode ser linearizada perto do estado inicial sem carga, passando para a equação em variações:

$$-l\sin\alpha_0\left[k(f + \text{tg}\,\alpha_0) + k_1\,\text{tg}\,\alpha_0\right]\delta\alpha = (k_1\delta + \delta F_0)\,\text{tg}\,\alpha_0 + k_2 l\cos\alpha_0\delta\alpha$$

,

de onde se conclui

$$\delta\alpha = \frac{k_1\delta + A_1 P_0}{l\cos\alpha_0}\,\frac{1}{k(f + \text{tg}\,\alpha_0) + k_1\,\text{tg}\,\alpha_0 + k_2\,\text{ctg}\,\alpha_0}. \quad (1.39)$$

No estado inicial sem carga, a força de atrito é zero, pelo que, a partir da fórmula

$$F_R = fF_x = fkl(\cos\alpha - \cos\alpha_0),$$

encontrar

$$\delta F_R = -fkl \sin\alpha_0 \delta\alpha,$$

e tendo em conta (1.39)

$$\delta F_R = \Phi \delta F_R^*, \qquad (1.40)$$

em que , . $\delta F_R^* = \dfrac{f(k_1\delta + A_1\delta P_0)}{1 + k_1/k}$

$$\Phi = \left[\left(1 + \frac{k_2}{k + k_1} ctg^2\alpha_0\right)\left(1 + \frac{k}{k_2} f \operatorname{tg}\alpha_0\right)\right]^{-1}$$

Se o ângulo inicial de instalação dos tirantes $\alpha_0 = 0$, então o coeficiente de transmissão Φ torna-se igual a zero, uma vez que toda a carga externa é percebida pela força de tração dos tirantes e não é transferida para os anéis do par de atrito. Temos outro caso extremo quando α_0 = 90°. Neste caso, não há feedback e $\Phi = 1$, ou seja, toda a carga externa é transferida para os anéis do par de atrito, e o incremento da força de atrito próximo do estado sem carga após a linearização ter sido efectuada é diretamente proporcional ao incremento da carga externa.

1.6. Potência de fricção e cálculo térmico de vedantes de embalagem

1.6.1 Junta de vedação radial

Perda de potência devido ao atrito do empanque contra o eixo numa junta de estanquidade radial

$$N = F_R \omega \text{ r},$$

em que a força de atrito elementar $dF_R = rf\, d_2 \sigma_y \varphi\, dz$.

Se não tivermos em conta as possíveis zonas de pressão de contacto nula, então, tendo em conta (1.11), após a integração obtemos

$$N_0 = \frac{\pi r^2 l\omega f_2}{a}\sigma_{-1}e^a(e^a - e^{-a}) = 2\pi r^2 lf_2\omega\sigma_{-1}e^a\frac{\text{sh}\,a}{a} = N_c e^a(\text{sh}\,a)/a$$

, (1.41)

em que N_c é a potência de atrito, desde que a pressãoσ_{-1} seja constante em toda a superfície de contacto.

Tendo em conta o comprimento real da zona de contacto, calculado pela fórmula (1.15), obtém-se uma equação para calcular a potência gasta para vencer o atrito na zona de contacto

$$N = 2\pi\omega r^2 lf_2 p_{c*}(1 - \bar{z}_*). \quad (1.42)$$

A pressão de contacto incluída na fórmula (1.42) para calcular a potência é determinada pela expressão (1.5).

Como decorre da fórmula (1.10), o fluxo através do vedante é proporcional à quarta potência da diferença de pressão $p_1 - p_{c*}$ e é inversamente proporcional ao cubo do módulo de elasticidade do material de embalagem. Uma vez que a pressão de contacto p_{c*} é determinada de forma aproximada, e que o módulo de elasticidade depende do tipo e da dimensão da embalagem, das forças de pré-compressão, das propriedades do fluido a selar e do estado de temperatura do conjunto, e também se altera devido ao esgotamento e à lavagem da impregnação, a fórmula (1.10) permite obter apenas valores indicativos. Resultados mais fiáveis são dados pela fórmula (1.42) para calcular as perdas de potência devidas ao atrito.

Neste caso, as tensões adicionais devidas aos deslocamentos radiais e angulares do eixo do veio em relação ao eixo da caixa de empanque$\Delta\sigma_y$ não afectam o valor da potência de atrito, uma vez que são anti-simétricas: se a pressão de contacto adicional aumenta de um lado, então diminui na mesma proporção no lado diametralmente oposto. A presença de áreas de separação de gaxetas melhora a lubrificação e, consequentemente, reduz as perdas por atrito. No entanto, com alterações periódicas no desalinhamento e tensões alternadas no empanque, o trabalho das forças de fricção interna pode aumentar a temperatura final no contacto.

O atrito leva ao aquecimento das superfícies de contacto e, se a remoção de calor for insuficiente, a temperatura pode exceder os valores permitidos. No empanque, a impregnação anti-fricção queima-se e (ou) é lavada, o que provoca um aumento do coeficiente de atrito e um novo aumento da temperatura. O empanque é destruído e só um aumento acentuado da fuga restabelece o regime térmico de equilíbrio. Particularmente perigosos são os desalinhamentos que causam aumentos de temperatura locais significativos.

Se a conceção da caixa de empanque não previr medidas de arrefecimento especiais, o calor é removido principalmente pelo líquido selado que flui através da caixa de empanque. Por conseguinte, quanto maior for a fuga, menor será a temperatura das superfícies de fricção e mais fáceis serão as condições de trabalho. As tentativas de melhorar a estanquidade através de uma compressão excessiva do empanque conduzem a uma falha rápida da vedação devido ao sobreaquecimento.

É fácil obter uma estimativa aproximada da temperatura média na zona de atrito sem ter em conta o desalinhamento se a remoção de calor através das superfícies de confinamento do veio e do empanque for negligenciada, ou seja, considerar que a remoção de calor é efectuada apenas por fuga através do vedante:

$$N_Q = \rho c Q \Delta t \qquad ,(1.43)$$

em que ρ, c são a densidade e a capacidade térmica específica do líquido a vedar, Q são as fugas, Δt é o incremento da temperatura média das superfícies de contacto em relação à temperatura do fluido na área de entrada da zona de atrito.

No modo térmico estacionário $N_0 \approx N_q$. Comparando (1.41) e (1.43), obtém-se

$$\Delta t = N_0 / \rho\, cQ = [2\pi\, r_2\, l\omega\, f2\sigma_{-1} / a\rho\, cQ]\, \text{sh}\, a. \qquad (1.44)$$

O coeficiente de atrito f_2 da gaxeta ao longo do eixo depende não só do tipo de gaxeta e do líquido a ser vedado, do material e do acabamento da superfície de contacto do eixo, mas também de factores operacionais como a pressão de vedação, a pressão de compressão, a velocidade periférica do eixo. Com um aumento da compressão e da velocidade circunferencial, o coeficiente de atrito aumenta, e com um aumento da pressão a vedar, diminui. Para vários empanques e condições de funcionamento, o coeficiente de atrito pode variar entre 0,01 e 0,12. Para cálculos aproximados, f_2 = 0,03-0,08, f_1 = 0,05-0,15 pode ser considerado.

Uma análise mais detalhada do estado térmico requer que se tenha em conta a troca de calor por convecção entre as secções do veio localizadas fora do empanque com o líquido e o ar circundantes. É também necessário ter em conta a não uniformidade da densidade do fluxo de calor ao longo do comprimento da zona de fricção do empanque ao longo do veio. Como regra, uma manga de proteção substituível é colocada na secção do eixo sob o empanque, e o fluxo de calor para o eixo é transmitido principalmente através dos cintos de segurança, nos quais a manga entra em contacto com o eixo. Neste caso, o esquema de cálculo térmico é ainda mais complicado. Uma tarefa importante para a prática é determinar o aumento local da temperatura devido a excentricidades e distorções relativas. Em projectos reais, ocorrem microflares pontuais, que explicam a presença de cores matizadas na superfície do veio e a queima da embalagem.

A análise efectuada refere-se aos modos em que existe uma secção com uma folga entre a embalagem e o veio. O caso em que a folga se estende ao longo de todo o comprimento da embalagem não tem importância prática, uma vez que fugas inaceitavelmente elevadas são inerentes a tal regime. No outro caso extremo, quando a embalagem está em contacto com o eixo ao longo de todo o comprimento da embalagem, a operação de vedação é acompanhada por perdas por fricção inaceitavelmente grandes e temperaturas elevadas.

Note-se que a precisão dos resultados do cálculo é determinada não só pelo método de cálculo, mas, em primeiro lugar, pela precisão das caraterísticas mecânicas iniciais da embalagem, bem como pelas suas propriedades de relaxamento. Considerando a grande variedade de materiais, métodos de tecelagem, tamanhos e condições de trabalho da embalagem, é possível ter apenas valores indicativos para parâmetros tão importantes como o coeficiente de Poisson e a pressão lateral, o módulo de elasticidade e o coeficiente de condutividade térmica. Uma vez que a gaxeta é apenas um dos elementos do produto final - vedante da caixa de empanque, para prever e aumentar a sua vida útil, recomenda-se o fornecimento de conjuntos completos de vedantes prontos a usar, equipados com o pacote de gaxetas necessário para condições de funcionamento específicas.

1.6.2 Perda de potência no vedante mecânico da caixa de empanque

Para efeitos de comparação, determinamos a perda de potência devida ao atrito na zona de contacto direto da junta mecânica da caixa de empanque

$$N_c = N_{c0}\left[1+\frac{p_1}{p_{c0}}(k\chi-0,8\alpha)-0,2\alpha\right],\quad N_{c0}=0,5\pi f p_{c0}\omega b(r_1+r_2)(r_s+r_2)$$

.(1.45)

Os cálculos mostram que a potência de atrito do fluido é uma ordem de grandeza inferior às perdas na área de contacto [55].

Por exemplo, para a velocidade do rotor ω=300 s^{-1} e o coeficiente de atrito $f=0$,02, o cálculo efectuado com a fórmula (1.45) dá N_c =0,478 kW. Para efeitos de comparação, note-se que, numa vedação de caixa de empanque tradicional com três anéis de empanque, para os mesmos parâmetros, as perdas de potência por atrito calculadas de acordo com a fórmula (1.42) são de 2,15 kW, ou seja, quatro vezes e meia as perdas numa vedação de empanque frontal. A poupança substancial de energia é outra vantagem importante das juntas de estanquidade rotativas.

Pode ver-se pela fórmula (1.45) que, para além do coeficiente de atrito e da velocidade periférica, a potência de atrito é significativamente influenciada pela pressão de pré-compressão do empanque e pela pressão do líquido a vedar, bem como pelo coeficiente de carga k e pelo coeficiente de carga principal χ. A potência calculada pode ser utilizada para avaliar o estado térmico de um vedante de empanque, tal como é feito para os vedantes mecânicos.

É possível obter uma estimativa aproximada da temperatura na zona de atrito da vedação mecânica da caixa de empanque de acordo com a fórmula (1.43) se negligenciarmos a remoção de calor através das superfícies do disco de suporte e da embalagem da caixa de empanque, ou seja, se assumirmos que a remoção de calor é efectuada apenas por fugas através da vedação.

$$\Delta t = \frac{N_c}{\rho c Q}. \qquad (1.46)$$

Infelizmente, o caudal através de uma junta de estanquidade rotativa, que está incluído em (1.46), não pode ser estimado teoricamente, razão pela qual, nos cálculos de projeto, tem de ser tomado com base na experiência de funcionamento dessas juntas em condições semelhantes. Mais frequentemente, resolve-se o problema inverso: a partir da igualdade (1.46), determina-se o caudal Q_* , que é necessário para que a temperatura média na superfície de contacto não ultrapasse o valor admissível Δt_* para evitar que o empanque arda.

Os resultados obtidos dão uma ideia qualitativa do que está a acontecer na superfície de fricção do empanque e permitem uma abordagem mais razoável para o desenvolvimento de vedantes de empanque fiáveis e económicos.

O parâmetro mais importante que determina o projeto e o seu desempenho é o fator de carga (ao contrário dos selos mecânicos), cujo valor, em regra, deve ser próximo da unidade. Podem distinguir-se duas áreas de pressões vedadas:

- zona de baixa pressão P <0,5 MPa; nesta zona, a vedação fiável é assegurada por factores de carga k =0,9-1,1;

- zona de alta pressão P > 0,5 MPa; nesta zona, o fator de carga deve ser k >1.

Descrevem-se o esquema e o modelo físico de uma junta de estanquidade rotativa, que permitem explicar as suas principais caraterísticas. Durante o funcionamento de uma junta de estanquidade rotativa, a junta é afastada da superfície metálica de contacto pela pressão do fluido. Como resultado, forma-se uma fenda confusora. O seu comprimento é proporcional à razão entre a pressão de selagem e a pressão de pré-compressão do empanque. Fora da fenda, na área de contacto direto da gaxeta com a superfície de acoplamento, a pressão de contacto aumenta, e esta área desempenha o papel principal na vedação. As fugas são principalmente devidas ao fluxo de filtração através de microlabirintos irregulares no par de fricção.

1.6.3 Potência de fricção e conceção térmica em vedantes mecânicos com binário de fricção auto-ajustável

A potência de atrito na superfície de contacto final de um vedante com um raio médio rm à velocidade de rotação ω pode ser calculada utilizando a fórmula

$$N_R = F_R r_m \omega . \qquad (1.47)$$

De interesse prático é a análise do efeito da autorregulação na redução das perdas de potência devidas ao atrito num vedante de contacto. Colocando a expressão (1.40) na fórmula (1.47), obtém-se uma dependência para calcular a redução da potência de atrito num vedante auto-regulável

$$\delta N_R = \delta F_R^* \Phi r_m \omega .$$

Pode ser obtida uma estimativa aproximada da temperatura na zona de atrito se negligenciarmos a remoção de calor através das superfícies do disco de suporte e da caixa de empanque, ou seja, se assumirmos que a remoção de calor é efectuada apenas por fuga através da junta:

$$N_Q = \rho c Q \Delta t \qquad ,(1.48)$$

em que ρ , c são a densidade e o calor específico do fluido que está a ser vedado, Q são as fugas, é o aumento da temperatura média das superfícies de contacto em relação à temperatura do fluido à entrada da zona de atrito. Comparando (1.47) e (1.48), obtém-se

$$\Delta t = \frac{F_R}{\rho c Q} r_m \omega = \frac{fkl \cos \alpha_0}{\rho c Q} r_m \omega \quad . \quad (1.49)$$

Regra geral, a fuga através do vedante a uma pressão de contacto constante depende da pressão que está a ser vedada. Em regimes laminares, $Q = gP_0$, onde g é a condutividade do vedante. Infelizmente, o fluxo através da junta, que está incluído em (1.49), não pode ser estimado teoricamente, pelo que, nos cálculos de projeto, tem de ser tomado com base na experiência de funcionamento de juntas semelhantes em condições semelhantes. Mais frequentemente, resolve-se o problema inverso: a partir da igualdade (1.49), determina-se o caudal Q_*, que é necessário para que o aumento da temperatura média na superfície de contacto não exceda o valor admissível t .Δ*

Os estudos realizados mostraram [20, 69] que os vedantes de contacto equipados com um sistema de pré-carga auto-regulável podem manter automaticamente o modo de atrito ótimo no par de contactos durante muito tempo, reduzindo as perdas de potência por atrito e aumentando significativamente a vida útil das unidades.

Os vedantes auto-ajustáveis podem ser especialmente eficazes em bombas auto-ferrantes, que funcionam a seco durante um certo tempo durante os arranques, e os vedantes funcionam em modo de fricção a seco.

1.7. Conclusões

Os estudos sobre as vedações das caixas de empanque mostraram que o seu funcionamento estável só é possível no regime líquido de atrito entre as superfícies de contacto, ou seja, na presença de alguma folga e, consequentemente, de fugas. Assim, quando funcionam no modo nominal, estão *condicionalmente* em contacto.

Os resultados do estudo do processo de vedação na conceção normalizada da vedação da caixa de empanque mostraram que as principais desvantagens da conceção normalizada são:

- distribuição desfavorável da pressão de contacto, em que, na zona de pressão máxima de contacto na tampa da caixa de empanque, a pressão do líquido selado é mínima, o que provoca um aumento do atrito e do desgaste local;

- carga desigual nos anéis de empanque, que aumenta à medida que a pressão do meio vedante aumenta e também provoca desgaste sob o anel exterior mais carregado;

- falta de automatismo de funcionamento do vedante, ou seja, falta de relação entre a pressão do líquido vedante e a pressão de contacto a baixas pressões;

- remoção insatisfatória do calor devido à baixa condutividade térmica do empanque colocado entre o veio e o corpo;

- sensibilidade aos batimentos do eixo e ao seu desalinhamento com o corpo.

Os novos projectos de vedantes de bucins devem resolver uma ou mais destas desvantagens. Ao mesmo tempo, os projectos modificados devem satisfazer um certo número de requisitos gerais:

- a possibilidade de substituir o empanque sem desmontar a bomba, uma vez que esta é uma das principais vantagens deste tipo de vedante;

- admissibilidade da regulação da fuga por um mecanismo de pressão (de preferência sem parar a bomba);

- assegurar o funcionamento do vedante numa vasta gama de pressões do meio vedante;

- a simplicidade de conceção e as dimensões axiais mínimas do vedante;

- preservação da eficiência em caso de desalinhamento e batidas do veio.

Os estudos de novas concepções de vedantes de caixas de empanque mostraram que o alinhamento das pressões de contacto não só ao longo do comprimento do conjunto de empanque, mas também em torno da circunferência, constitui uma reserva significativa para aumentar a vida útil do vedante da caixa de empanque. O desenvolvimento de novas concepções eficazes de vedantes de caixas de empanque permite eliminar as principais desvantagens da conceção normalizada, mantendo as suas principais vantagens - facilidade de manutenção e custo relativamente baixo

As vedações mecânicas de caixas de empanque podem ser efectuadas com um anel de empanque fixo ou rotativo. No entanto, deve ter-se em conta que, depois de o empanque ser pressionado para dentro do furo, a sua rigidez pode mudar à volta da circunferência. Em particular, a rigidez na junção depende da qualidade da instalação e pode diferir significativamente da média em torno da circunferência. Se o empanque não rodar, então uma reação constante adicional ocorre neste local, actuando sobre o anel rotativo e causando os seus deslocamentos axiais e angulares. Se o empanque rodar, então a reação também roda com ele. Uma vez que o anel axialmente móvel tem uma inércia significativa, esta reação rotativa não tem um efeito percetível no funcionamento do vedante.

Os vedantes de contacto concebidos com sistema de autorregulação da pré-carga mantêm automaticamente o modo de fricção ideal no par de contactos durante muito tempo, o que reduz as perdas de potência devidas à fricção e aumenta significativamente a vida útil das unidades.

Chapter 2. Vedantes mecânicos

2.1. Fundamentos dos selos mecânicos

2.1.1 O princípio de funcionamento e o diagrama estrutural da vedação mecânica

A junta de estanquidade rotativa simples (Fig. 2.1) é constituída por um anel de estanquidade rotativo 2 e por anéis de estanquidade rotativos 3, axialmente móveis, feitos de material resistente ao desgaste, que se encontram encapsulados 1 e 5. A pressão de contacto preliminar entre os anéis é obtida através da força da mola 6 e depois aumentada devido à força de pressão do líquido vedado. A folga entre o veio e o anel axialmente móvel 3 é vedada pelo vedante secundário 4. O binário necessário para vencer o atrito nas superfícies de contacto final é transferido do veio para o anel rotativo através de um dispositivo de acionamento (pino 7 e saia do anel com uma ranhura longitudinal).

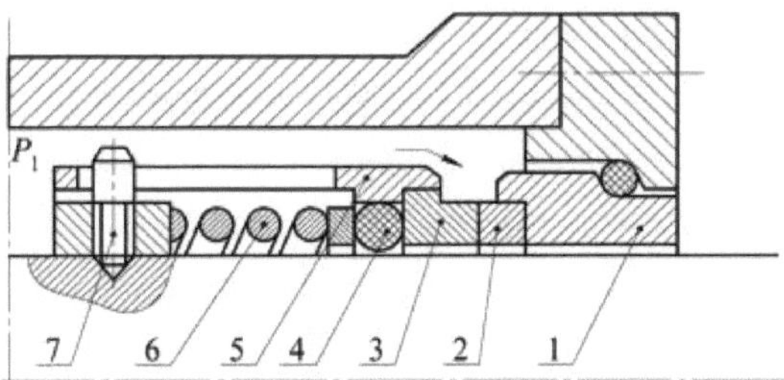

Fig. 2.1. Diagrama da vedação mecânica

A vedação é concluída como resultado da compressão das superfícies de extremidade dos anéis de desvio 2 e de rotação 3. Com o aumento da pressão de contacto, a vedação é aumentada, mas, juntamente com isso, as perdas de potência por fricção aumentam, aumentando assim o desgaste das superfícies de fricção, o seu aquecimento e as deformações de temperatura. Consequentemente, a eficiência de desempenho de uma vedação é determinada pela pressão de contacto e pelo processo físico de deteção e rotação das superfícies de extremidade uma da outra. Apesar da aparente simplicidade externa da montagem de vedantes mecânicos, os processos que ocorrem na junção das superfícies de extremidade de duas peças (uma das quais roda com o rotor) são extremamente complicados. Isto deve-se ao efeito e à comunicação simultâneos dos processos de fricção, hidrodinâmica e calor, bem como às alterações na forma das superfícies de contacto na junta de vedação quando os parâmetros de carga da junta são alterados.

De acordo com os dados experimentais disponíveis [111], o desempenho do vedante pode ser apresentado mais simplesmente da seguinte forma. Quando o conjunto é preenchido com um líquido, as fugas são inevitáveis, resultando no aproveitamento do calor do par de fricção e, em condições normais, é estabelecido um equilíbrio térmico. Com o aumento das perdas de potência por atrito (por exemplo, devido a um aumento da velocidade periférica), a temperatura na camada aumenta, e pode chegar o momento em que o líquido nesta camada começa a ferver. Em regra, isto acontece na região adjacente à câmara externa de baixa pressão, onde a temperatura é máxima, uma vez que a temperatura do líquido aumenta à medida que flui no espaço livre da região de alta pressão para a de baixa pressão. Formam-se as fases líquida e de vapor, e a linha de fronteira entre elas pode deslocar-se radialmente. A região da fase líquida diminui à medida que as perdas de potência por fricção aumentam.

Na interface, ocorre uma vaporização intensa devido à energia de fricção. Assim, a temperatura na fenda estabiliza, especialmente porque a formação de vapor reduz a força de atrito viscoso. Em condições desfavoráveis, a fase líquida pode diminuir tanto que a camada líquida na fenda perde a sua continuidade. Isto leva a um aumento acentuado da temperatura, e o funcionamento normal do vedante é perturbado. Por conseguinte, se for permitida uma fuga visível, é necessário assegurar uma boa rejeição de calor para evitar a formação de vapor. Para que os vedantes funcionem sem fugas visíveis, é necessário estabilizar a posição da interface de fase. Assim, devido à pequena velocidade periférica e aos líquidos viscosos, até a rejeição de calor pode ser adequada. Com velocidades elevadas, é necessário assegurar um arrefecimento fiável dos pares de fricção. As principais dificuldades de cálculo das juntas mecânicas e de previsão do desempenho são condicionadas pela complexidade dos processos de fricção e de desgaste. Neste caso, a prática está consideravelmente à frente da teoria: o imediatismo do problema da vedação do rotor obriga-nos muitas vezes a procurar cegamente e a encontrar as soluções adequadas de conceção construtiva e de processo para vários parâmetros dos líquidos vedados, as suas pressões, velocidade periférica, temperatura, requisitos de fiabilidade, durabilidade e vedação a um custo economicamente razoável.

A junta de estanquidade rotativa é um sistema dinâmico [95], cujo diagrama estrutural simplificado (Fig. 2.2) dá uma ideia da interação dos seus principais componentes, da natureza das suas funções de transferência, das acções externas e das saídas do sistema, e permite determinar os problemas computacionais das funções de transferência dos componentes e estimar a reação do sistema às influências externas.

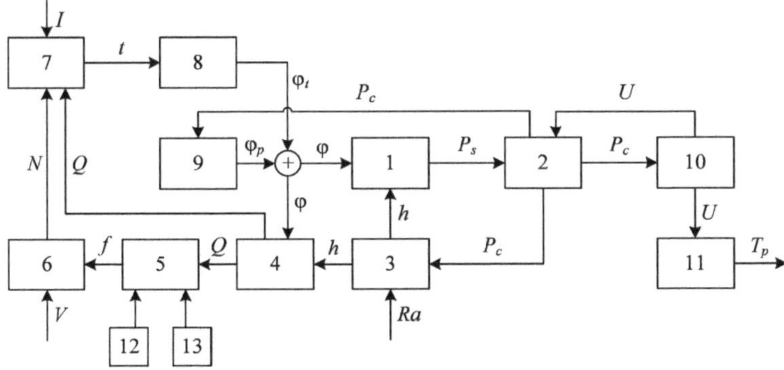

Fig. 2.2. Diagrama de blocos funcionais da vedação mecânica: *1* - pressão hidrostática na folga; *2* - pressão de contacto; *3* - folga final; *4*

- fugas; *5* - modo de atrito; *6* - perdas por atrito; *7* - estado térmico; *8* - deformações de temperatura; *9* - deformações de força; *10* - desgaste; *11* - recurso; *12* - propriedades anti-fricção dos materiais; *13* - propriedades do meio vedado

Vamos introduzir as seguintes definições:

I - eficiência de rejeição de calor;

t - temperatura;

k - coeficiente de carga;

P_1 - pressão selada;

N - perda de potência de fricção;

P_c - pressão de contacto;

P_s - pressão hidrostática no espaço livre

φ - deformações de temperatura;

h - folga final;

U - desgaste;

v - velocidade periférica;

f - coeficiente de atrito;

R_a - a rugosidade da superfície de fricção;

T_p - recurso de montagem

A complexidade dos processos de hidroelasticidade térmica, fricção e desgaste não permite uma definição exacta da maioria das funções de transferência dos componentes do sistema. Por conseguinte, o cálculo tem de ser limitado a estimativas aproximadas e a uma comparação das vedações recentemente concebidas com análogos comprovados em utilização.

Ao mesmo tempo, o diagrama de blocos mostra as tarefas de cálculo, que se reduzem à determinação das funções de transferência dos elementos e à avaliação da resposta do sistema a influências externas. Como reação, pode tomar-se o recurso T_p do vedante ou o desgaste linear U das superfícies de contacto final.

Os artigos [23, 33, 67, 68] apresentam uma abundância de dados experimentais sobre o atrito e o desgaste dos vedantes mecânicos que permitem prever aproximadamente a durabilidade dos vedantes durante a fase de projeto. Com base em ideias sobre os processos de atrito e desgaste, são propostas fórmulas de conceção para avaliar os indicadores de desgaste, contendo uma série de coeficientes que têm de ser determinados experimentalmente para materiais e condições de atrito específicos. Infelizmente, as dependências propostas com base em dados empíricos não são universais. O critério de modo adimensional [67] $G = \mu\omega \times r_c / p_c h$, correspondente ao número inverso de Sommerfeld, pode ser utilizado como uma caraterística operacional universal das juntas.

As fórmulas mais fundamentadas e aceitáveis para o cálculo da intensidade de desgaste para cálculos de engenharia são dadas no livro de referência [74]. No entanto, as caraterísticas físicas e mecânicas especiais incluídas nestas fórmulas (o parâmetro da curva de fadiga por atrito, o fator de correção para o número de ciclos correspondente à separação da partícula de desgaste, o coeficiente que caracteriza o estado de tensão na zona de contacto, etc.) estão parcialmente sistematizadas apenas para alguns materiais estruturais comuns em condições de atrito seco. Não existem ainda tais caraterísticas para os materiais antifricção dos pares de fricção dos selos mecânicos na presença de uma película intermédia do líquido de selagem.

O principal fator que determina o desgaste do par de fricção de um vedante mecânico é a pressão de contacto, que, por sua vez, depende não só dos parâmetros de conceção e funcionamento, mas também de uma série de processos internos que acompanham o desempenho do vedante. Em particular, as deformações de força e temperatura, que são determinadas pela forma geométrica dos anéis de vedação, pelas perdas de potência por fricção e pelas condições de rejeição de calor, podem ter um efeito significativo nos processos do par de fricção. Por conseguinte, para conceber com êxito os selos mecânicos como sistemas dinâmicos, devem ser utilizadas ferramentas computacionais desenvolvidas com base no estudo dos processos físicos que neles ocorrem.

2.1.2 Classificação dos selos mecânicos

A conceção do vedante e as suas caraterísticas são determinadas por factores operacionais, principalmente a pressão do líquido de vedação e a velocidade circunferencial média. O produto é utilizado como indicador geral. E. Mayer [67] subdivide condicionalmente as juntas de estanquidade rotativas em quatro grupos (Tabela 2.1.), o que permite apresentar em termos gerais as dificuldades associadas à estanquidade dos rotores de bombas específicas. Se os selos do primeiro e do segundo grupos são produzidos em série, os selos do quarto grupo, e muitas vezes do terceiro, exigem uma conceção e um fabrico individuais.

Tabela 2.1 - Classificação dos selos mecânicos por carga

Grupo	Grau de carga	Pressão, MPa	Velocidade, m/s	Parâmetro , $p_1 v$ MPa · m/s
I	Baixa	$\leq 0,1$	≤ 10	≤ 1
II	Média	$\leq 1,0$	≤ 10	≤ 5
III	Elevado	$\leq 5,0$	≤ 20	≤ 50
IV	Extra alto	$> 5,0$	> 20	> 50

Uma classificação semelhante de acordo com as caraterísticas operacionais [56], que também inclui as caraterísticas do meio que está a ser selado, é dada na Tabela 2.2. De acordo com esta classificação, os grupos de carga correspondentes têm parâmetros mais elevados em comparação com a Tabela 2.1. No caso das vedações para fins especiais, os parâmetros de carga não estão regulamentados.

Tabela 2.2 - Classificação por caraterísticas operacionais

Objetivo		Grau de carga	Pressão, MPa	Circunferencial velocidade, m/s	Fator $p_1 v$, MPa·m /s
	Para neutros	baixo	≤ 0.8	≤ 30	≤ 8

Objetivo geral	e ambientes agressivos	média	≤ 1.6		≤ 48
		elevado	≤ 20		> 48
	Para ambientes altamente agressivos	não regulamentado			
Objetivo específico	Para os media com inclusões abrasivas				
	Para altas temperaturas e tecnologia criogénica				

A variedade de condições de funcionamento e de requisitos de vedação deu origem a uma miríade de modelos que, no entanto, podem ser classificados de acordo com um número limitado de caraterísticas básicas de conceção (Fig. 2.3).

Nesta classificação, apenas são apresentados os diagramas principais de juntas de estanquidade rotativas simples, a partir dos quais podem ser combinados conjuntos mais complexos de secções múltiplas com secções ligadas em série ou em paralelo.

Uma classificação mais pormenorizada deve ter em conta as caraterísticas dos elementos individuais da junta de estanquidade rotativa: juntas secundárias, elementos elásticos, dispositivos de bloqueio, geometria das superfícies das extremidades de contacto, métodos de remoção de calor, etc.

Ao projetar vedantes mecânicos, é aconselhável tomar um indicador de durabilidade como critério de otimização, por exemplo, um recurso médio, ou seja, a expetativa matemática do tempo de funcionamento até ao estado limite, quando a continuação do funcionamento se torna tecnicamente impossível ou impraticável. Outros requisitos importantes - estanquicidade, funcionamento sem falhas, perda mínima de potência devido ao atrito, dimensões permitidas e custo - devem ser considerados como limitações no problema de otimização.

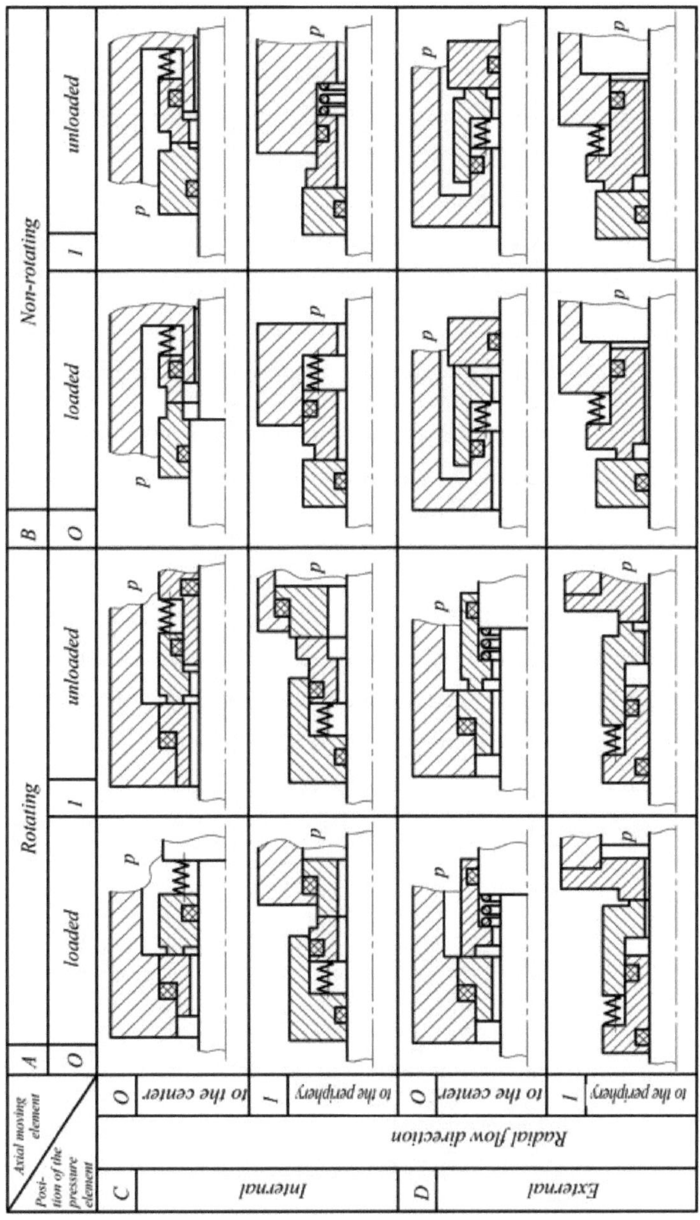

Fig. 2.3. Classificação das vedações mecânicas de contacto de acordo com [111]

A durabilidade dos vedantes mecânicos é determinada pela resistência ao desgaste dos materiais do par de fricção, pelas condições de funcionamento e pela pressão de contacto, que, por sua vez, depende de uma série de factores de conceção e de funcionamento. Para além do fator de carga e da direção do fluxo radial, os factores de conceção incluem a forma geométrica da secção radial dos anéis de vedação, o seu diâmetro e o método de fixação. Os principais factores operacionais são a velocidade do rotor, as propriedades físicas, a pressão e a temperatura do meio que está a ser vedado, o teor de impurezas abrasivas no mesmo e a magnitude e natureza das vibrações do rotor.

2.1.3 Cálculo das cargas no par de atrito do vedante mecânico

A condição para o equilíbrio axial do anel axialmente móvel da vedação mecânica (Fig. 2.4) é escrita como

$$F + F_n = F_c + F_s \pm F_m, \qquad (2.1)$$

em que F - força de pressão axial, que pressiona o anel axialmente móvel contra a sede, $F = p\,S_{11} + p\,S_{22}$; F_n - a força do elemento elástico; $F_c = p\,S_{cc}$ - a força da pressão de contacto; F_s - a força exercida pela pressão hidrostática P_s na folga final; F_m - a força de atrito no vedante secundário que impede o deslocamento do anel axialmente móvel numa direção ou noutra.

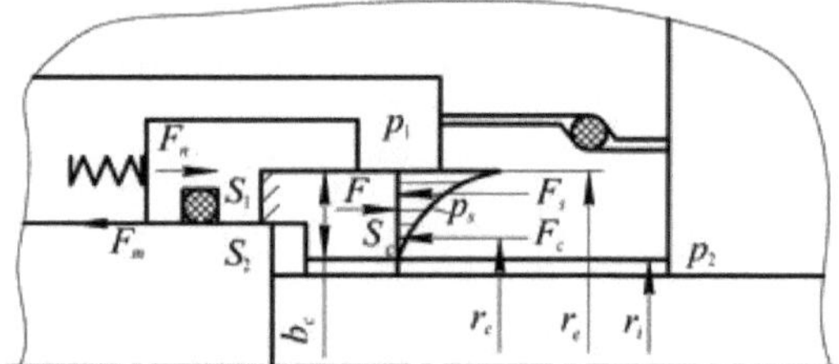

Fig. 2.4. Esquema das forças que actuam no anel axialmente móvel de uma junta de estanquidade rotativa

Os sinais quadrados S_1 e S_2 são considerados positivos se as forças de pressão que actuam sobre eles aumentarem a pressão de contacto no par de atrito e negativos se as forças de pressão correspondentes abrirem a junta terminal. (Fig. 2.5)

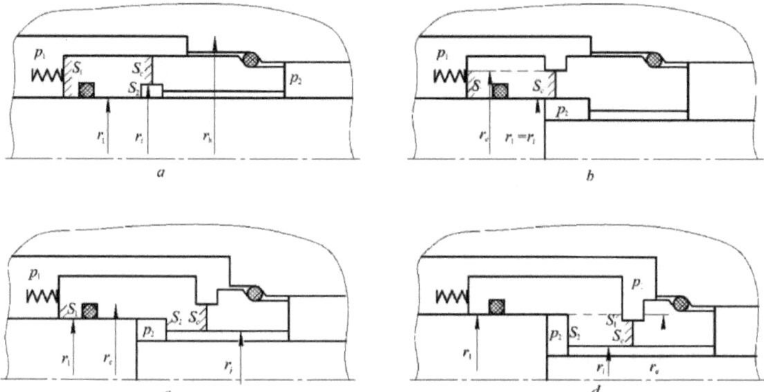

Fig. 2.5. Para a definição do fator de carga

Tendo em conta a regra de sinais aceite $S_c = S_1 + S_2$, uma expressão para a força F pode ser escrita como

$$F = \Delta p S_c (k + p_2 / \Delta p). \qquad (2.2)$$

Aqui $\Delta p = p_1 - p_2$ - pressão excedente selada; ; ;

$k = S_1 / S_c = b_1 r_1 / b_c r_c \; b_1 = r_e - r_1, b_c = r_e - r_i \; r_p = 0.5(r_e + r_1)$

$r_c = 0.5(r_e + r_i)$. ;Se $S_2 > 0$, então $k < 1$ (vedação equilibrada) se $S_2 < 0$, então $k > 1$ (vedação carregada). Se a pressão a jusante não for nula ($p_2 > 0$), então $k_e = k + p_2 / \Delta$ p deve ser considerado como um coeficiente de carga efetivo.

A força de pressão hidrostática que abre a junta de topo é determinada pela distribuição da pressão na folga e pode ser obtida através da soma das forças de pressão elementares em toda a área de contacto S :$_c$

$$F_S = \int_{(S_c)} p_s ds = \overline{p}_s S_c, \qquad (2.3)$$

em que a pressão hidrostática média da folga

$$\overline{p}_s = \frac{1}{S_c} \int_{(s_c)} p_s dS.$$

Uma vez que a folga da extremidade corresponde à rugosidade da superfície de contacto, ainda não foi possível determinar teoricamente a distribuição da pressão na folga. Apenas com folgas relativamente grandes $(h_0 / \overline{R} > 3-5)$, correspondendo ao regime de lubrificação líquida e peculiar às vedações hidrostáticas, a pressão no canal final muda da área de entrada para a área de saída de acordo com a lei próxima da linear:

$$p_s = p_2 + \Delta p \frac{r - r_1}{r_2 - r_i}.$$

Com o seguinte

$$\overline{p}_s = 0.5(p_1 + p_2). \qquad (2.4)$$

Tendo em conta a força hidráulica, a equação de equilíbrio pode ser escrita como $p_c S_c = \Delta p S_c k_e - \overline{p}_s S_c + F_n - F_m$, sendo

$$p_c = \Delta p k_e - \overline{p}_s + \frac{F_n - F_m}{S_c}. \qquad (2.5)$$

O sinal da força de atrito depende do facto de esta impedir ou não que as superfícies de contacto se fechem umas com as outras sob carga. A força de um elemento elástico é normalmente considerada um pouco maior do que a força de atrito; por conseguinte, o último somatório no equilíbrio (2.5) é pequeno e pode ser negligenciado. Para um modo de atrito líquido (2.4), pode ser escrito como

$$p_c = \Delta p(k - 0.5) + (F_n + F_m) / S_c, \qquad (2.6)$$

o que significa que a pressão de contacto é completamente determinada pelo fator de carga k e pela pressão excedente selada Δp . Depreende-se de (2.6) que, com *k<0,5*, existe o perigo de abertura da junta de topo. Por isso, toma-se k = 0,55÷0,85 para as juntas equilibradas e para as juntas carregadas k = 1,1÷1,2.

Para as juntas com fugas por gotejamento, E. Mayer [67], com base numa generalização dos resultados de experiências, apresenta um diagrama (Fig. 2.6) que caracteriza a dependência da pressão hidrostática do intervalo médio entre as microrrugosidades das superfícies de contacto e do fator de carga. Entre as superfícies dos pares de atrito, existem pontos de contacto, e as deformações totais dos anéis, que são medidas pelo ângulo φ de rotação das suas secções, não excedem os valores $\varphi b_c / r_e \leq 1.2 \cdot 10^{-4}$.

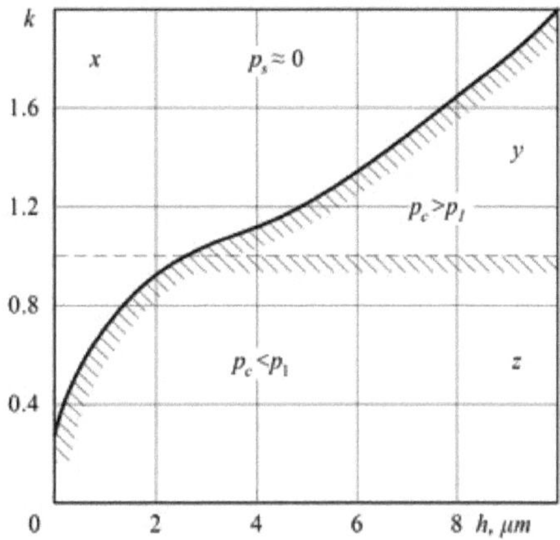

Fig. 2.6. Dependência da pressão hidrostática na folga da extremidade e no fator de carga [67]:

x - área de atrito limite; *y, z* - áreas de atrito misto

Devido à falta de métodos exactos para estimar a pressão na fenda, no futuro, utilizaremos o diagrama (Fig. 2.6). Na região *x* (a região de atrito limite) $\overline{p}_s \approx 0$ e

$$p_c = \Delta p k_e + (F_n - F_m) / S_c. \tag{2.7}$$

Em zonas de atrito misto, (*y, z*) $\overline{p}_s$ será determinado pela fórmula (2.4) e a pressão de contacto - pela fórmula (2.6).

O espaço livre médio entre as superfícies rugosas na presença de marcas de contacto ($p_c > 0{,}15$ MPa) pode ser avaliado pela fórmula [67]

$$h_0 = 0.5\left(\frac{R_{a1}}{K_1^2} + \frac{R_{a2}}{K_2^2}\right), \tag{2.8}$$

em que $K_{1,2}$ - coeficientes de suavidade da superfície dos anéis axialmente móveis e dos anéis de base, respetivamente, $K_{1,2} = \frac{R_{a_{1,2}}}{R_{\max 1,2}}$; para os selos mecânicos $1 \geq K \geq 0.67$. A uma pressão de contacto elevada, quando se observa uma interpenetração irregular, os valores exactos das folgas são determinados a partir da fórmula

$$h = \frac{1}{20}\left(\frac{R_{a_1}}{K_1} + \frac{R_{a_2}}{K_2}\right). \qquad (2.9)$$

Se a diferença $F_n - F_m$ for negligenciada, para o modo de atrito limite em $p_2 = 0$, resulta da fórmula (2.5) que o coeficiente da carga é igual à razão entre a pressão de contacto média e a pressão selada: . $k = p_c / p_1$

2.1.4 Desenvolvimento de um modelo de conceção fechada de vedantes mecânicos

Com base na análise dos fundamentos físicos do funcionamento dos selos mecânicos, é proposto um modelo de capacidade de vedação e de suporte, que permite resolver os problemas de conceção dos selos mecânicos.

Consideremos o modelo geral de uma junta de estanquidade rotativa normal, em cuja junta de contacto, formada pelas superfícies curvas dos anéis de estanquidade, se forma um confusor ou difusor da fenda na direção radial.

Ao projetar um vedante mecânico convencional, o projetista necessita de dependências para estimar a fuga esperada através do vedante, a magnitude da força de fricção e a possível durabilidade do conjunto. Estas dependências e estimativas calculadas podem ser obtidas com base num modelo de trabalho fechado que contenha uma descrição matemática dos processos que ocorrem na fenda de vedação e um determinado critério para a sua otimização.

Existem várias hipóteses sobre os mecanismos de formação da força portadora durante o atrito de superfícies lubrificadas:

- cunha térmica (alteração da densidade do lubrificante devido ao aumento da temperatura ao longo do percurso);

- uma cunha viscosa (alteração da viscosidade do lubrificante devido a um aumento de temperatura ao longo da trajetória de movimento);

- representação de microrrugosidades sob a forma de microrolamentos escalonados;

- formação de uma força de apoio devido à ação de impacto das microrrugosidades;

- desvio das superfícies de deslizamento em relação ao paralelismo.

O mecanismo mais significativo para a ocorrência de uma força de apoio é a influência do desvio das superfícies de deslizamento em relação ao paralelismo. A razão para tais desvios, segundo os investigadores [23, 33, 37, 67, 68,], podem ser as deformações térmicas e mecânicas das superfícies de vedação que ocorrem durante o funcionamento da junta de estanquidade rotativa, bem como os erros iniciais destas superfícies obtidos durante o funcionamento, as operações de acabamento no fabrico dos anéis ou a montagem do nó de vedação.

A transição de uma junta de estanquidade rotativa da fase de repouso para a fase de funcionamento com um veio rotativo, até atingir o modo de velocidade nominal, está associada a vários processos que, normalmente, ficam fora dos modelos conhecidos que descrevem o funcionamento das juntas de estanquidade rotativas. Assim, nos modelos conhecidos do funcionamento das juntas de estanquidade rotativas, apenas o modo estacionário com determinados parâmetros de carga se torna objeto de descrição e estudo, sem considerar a influência dos processos que precedem esta fase [33, 68].

Examinemos os processos que ocorrem na fenda de vedação de uma vedação mecânica típica do veio da bomba sem carga. O processo de trabalho na junta de estanquidade rotativa desde o momento em que o veio começa a rodar até ao estabelecimento de um modo de funcionamento estacionário está associado ao desenvolvimento de vários fenómenos não estacionários na junta de estanquidade e no corpo dos anéis de estanquidade com uma transição gradual dos parâmetros para os estabelecidos no modo de funcionamento nominal.

Consideramos as seguintes condições iniciais:

- pressão do meio líquido p_1 na câmara de vedação é igual à pressão atmosférica;

- a pressão diferencial através do vedante é 0;

- A pressão de contacto $p_c = f(F_n, S_c)$ na junta das superfícies de vedação dos anéis é determinada pela força dos elementos elásticos F_n e pela área nominal de contacto S_c das superfícies de vedação dos anéis;

- a temperatura nos anéis de vedação é igual à temperatura do meio que está a ser vedado . $T_k = T_c$

Após o acionamento ser ligado e o anel rotativo começar a mover-se, o trabalho de vedação está associado a um aumento da velocidade de deslizamento e a fenómenos de atrito não estacionário das superfícies de vedação. Entre as superfícies dos anéis, inicialmente pressionadas uma contra a outra pela força axial criada pelos elementos elásticos da mola, durante o seu movimento relativo - sob as condições de interação de contacto - surgem fenómenos associados à rejeição do anel axialmente móvel por uma certa quantidade da superfície do anel axialmente estacionário (devido à interação do momento circunferencial e das forças de travagem do atrito de contacto entre as superfícies de vedação dos anéis). O momento inicial do movimento relativo das superfícies dos anéis ocorre em condições de quase completa ausência de lubrificação entre as superfícies de vedação. No entanto, as forças de atrito nas superfícies de contacto provocam um movimento axial frequente do anel axialmente móvel, assegurando assim o fluxo de lubrificante entre as superfícies de vedação. A fricção das superfícies em pontos de contacto individuais leva à geração de calor e ao aquecimento desigual dos anéis ao longo da altura. As alterações de temperatura resultantes nas superfícies de vedação dos anéis dependem do valor da pressão de contacto na junção das superfícies e da velocidade de deslizamento no par de fricção: $T_k = f(p_c, u_\phi^*)$, onde u_ϕ^* é a velocidade de deslizamento periférica no par de anéis em fricção (variável na fase inicial da operação de vedação).

A partir do impacto de uma diferença de temperatura axial local nos corpos dos anéis, ocorre uma deformação próxima da axissimétrica com uma semelhança de onda ligeiramente pronunciada na direção circunferencial com uma deformação axial $\Delta_i = f(T_k)$ com dimensões de fracções de micrómetros, associada a uma rotação local das secções dos anéis relativamente ao eixo longitudinal de simetria na direção da queda de temperatura. O aparecimento de uma semelhança de onda fracamente pronunciada das superfícies de vedação dos anéis e o número de ondas nos seus diâmetros exteriores são o resultado da ação desigual de forças de molas individuais ou de um único elemento elástico (mola central, fole, membrana), do ângulo de intersecção dos eixos longitudinais dos anéis rotativos e não rotativos, do parâmetro de não paralelismo do deslizamento dos anéis e também da velocidade relativa de deslizamento no par de fricção.

Existe também uma diferença de temperatura ao longo da largura dos anéis, levando a um aumento local (em fracções de micrómetros) da superfície de cada um dos anéis perto do raio interior do ombro de vedação. Na fenda final, forma-se uma forma cónica com ondulação irregular da conjugação das superfícies de vedação, com uma dimensão da fenda no diâmetro exterior dos anéis em fracções de micrómetros e cavidades locais da mesma ordem de dimensões axiais entre as superfícies de vedação, formadas pelas protuberâncias e depressões desorganizadas resultantes. As razões para o aparecimento destas últimas podem também ser a anisotropia local dos materiais dos anéis, a micro ondulação obtida durante as operações de acabamento, a relaxação de tensões nos corpos dos anéis associada a uma alteração do seu estado térmico e a simetria não axial tanto dos corpos dos anéis de vedação como dos elementos da sua interface com as peças adjacentes.

O regime estacionário inicial de atrito quase seco passa para a fase de atrito limite com um aumento contínuo da velocidade de deslizamento e com uma diminuição gradual da interação de contacto das superfícies devido à entrada do lubrificante nas cavidades formadas entre as superfícies de vedação durante o seu deslocamento relativo.

O meio a ser vedado preenche e liberta as cavidades que surgem e desaparecem, remove o calor gerado das superfícies de vedação dos anéis e aquece-se a si próprio. Com um aumento adicional da velocidade de deslizamento na junta de topo, ocorre o processo de transição do regime limite para o regime de atrito semi-fluido e a saída das superfícies da interação de contacto. Estes processos estão principalmente associados ao efeito da mudança de forma das superfícies de vedação na direção circunferencial e ao fenómeno de expulsão do anel axialmente móvel quando as superfícies de vedação entram em contacto. Aqui, as fontes da formação de uma fina camada de lubrificante da força hidrodinâmica portadora devido a fenómenos viscosos durante o movimento relativo das superfícies são desvios locais da planura das superfícies no par. Uma força de suporte surge devido ao efeito de cunha formado quando uma secção plana ou convexa da superfície de um anel se move em relação à parte convexa local da secção formada na superfície do outro anel, que é simplesmente descrita para o fluxo circunferencial na folga final por um caso especial da equação de lubrificação diferencial na forma de dependência:

$$-\frac{1}{r}\frac{\partial}{\partial \phi}\left(\frac{\rho h^3}{12\mu r}\frac{\partial p}{\partial \phi}\right)=\frac{1}{r}\frac{\partial}{\partial \phi}\left(\frac{\rho h}{2}\right).$$

Além disso, os processos associados aos efeitos de cavitação, bem como a influência da compressão da camada de lubrificante a partir de deslocamentos axiais das superfícies finais dos anéis na fenda de vedação, ocorrem simultaneamente na camada de lubrificação, que é descrita para o fluxo radial pela dependência

$$\frac{1}{r}\frac{\partial}{\partial r}\left(r\rho\frac{h^3}{12\mu r}\frac{\partial p}{\partial r}\right)=\rho u_r \quad (2.10)$$

e para o escoamento circunferencial pela dependência

$$-\frac{1}{r}\frac{\partial}{\partial r}\left(\frac{\rho h^3}{12\mu r}\frac{\partial p}{\partial \phi}\right)=\rho u_\phi. \quad (2.11)$$

Aqui, r é a coordenada radial da fenda a ser selada, h é a fenda de corrente entre as superfícies, p é a pressão na camada de lubrificação, ρ é a densidade do meio lubrificante, μ é a viscosidade da camada de lubrificante, ϕ - ângulo na direção circunferencial, u_ϕ é a velocidade circunferencial do fluxo de lubrificante, u_r é a velocidade radial do fluxo de lubrificante.

O fluxo de lubrificante numa camada fina entre as superfícies de vedação deve-se, em grande parte, a alterações no ângulo de intersecção dos eixos do rotor e das partes do corpo do conjunto de vedação devido à conformidade da posição angular do bloco axialmente móvel.

Na ausência de queda de pressão através da vedação ou no seu baixo nível em condições de baixa carga do par pela força axial criada apenas pelos elementos da mola, a força de apoio resultante no espaço entre as superfícies das extremidades é suficiente para assegurar o funcionamento sem contacto da vedação mecânica sem desgaste das superfícies de vedação.

Para o regime de lubrificação hidrodinâmica, a força de elevação na fenda depende em grande medida da fenda entre as superfícies relativamente móveis (é proporcional à potência 5th da fenda da cunha). Assim, forma-se uma força de elevação suficiente para separar as superfícies na ranhura, mesmo com folgas muito pequenas, que são caraterísticas do regime de atrito limite.

Em pequenas folgas e continuando até atingir o modo de funcionamento estacionário, um aumento na velocidade relativa de deslizamento das superfícies dos anéis no par de fricção, é formada uma geração significativa de calor. Isto provoca um aumento notável da temperatura no meio que preenche a fenda final e uma maior deformação das superfícies que formam esta fenda. A taxa de crescimento da temperatura na fenda e nos anéis é significativa; a maior parte deste processo ocorre nos primeiros segundos de funcionamento da unidade de vedação [74].

A temperatura do fluido na fenda de vedação depende da velocidade de rotação circunferencial do veio, dos coeficientes de condutividade térmica dos materiais do anel, das condições de transferência de calor para o fluido a vedar em torno do conjunto de vedação e das propriedades termofísicas do fluido a vedar.

Sob a influência das deformações térmicas dos anéis, juntamente com a ondulação das superfícies de vedação, há um processo de formação ativa de uma fenda próxima da forma de cunha axissimétrica na direção radial com uma abertura máxima da fenda do lado dos diâmetros exteriores dos anéis.

Com o aumento da velocidade do veio, a pressão atrás do impulsor da bomba aumenta e a queda de pressão aumenta através do vedante. A carga axial na junta de estanquidade do par e a componente hidrostática na força de descarga axial aumentam devido ao crescimento do diagrama de pressão na direção radial ao longo da fenda final; a componente hidrodinâmica da força de apoio é reduzida. As deformações de força, que crescem neste caso devido ao carregamento das peças da junta de estanquidade rotativa com a pressão do fluido a vedar em algumas concepções de juntas, podem ser significativas e até exceder as deformações resultantes de fenómenos de temperatura. O sentido de ação das deformações de força na grande maioria dos casos (devido às caraterísticas de conceção da execução das peças das unidades de vedação mecânica) está associado à rotação da secção transversal dos anéis no sentido oposto ao que resultou das deformações de temperatura do gradiente de temperatura axial.

Durante todo o intervalo de tempo em que a junta de estanquidade rotativa mecânica atinge o modo de funcionamento nominal, as superfícies de fricção estão a rodar, o que está associado a um aumento do fornecimento de lubrificação às superfícies de fricção, de acordo com as condições de carga do par de extremidades. A espessura da camada lubrificante aumenta entre as superfícies de vedação dos anéis. Com a formação de um fornecimento suficiente de lubrificante para as superfícies de fricção no par de extremidades, inicia-se a fase de fricção líquida.

Os principais factores que influenciam a magnitude da força de apoio são o fluxo de lubrificante na direção radial e a forma radial do espaço entre as superfícies finais dos anéis, bem como o não paralelismo do deslizamento das suas superfícies de vedação. Os desvios locais na irregularidade circunferencial da forma das superfícies dos anéis deixam de ser uma fonte significativa de força de apoio devido ao espalhamento radial da camada lubrificante devido à largura estreita do colar de vedação. A força de apoio na camada líquida torna-se quase estável e está em equilíbrio com a força que carrega o bloco axialmente móvel. Este equilíbrio é mantido através da alteração atual da dimensão mínima da fenda na aproximação das superfícies, bem como através do aumento ou diminuição da conicidade atual da fenda nas direcções radial e circunferencial devido ao deslizamento não paralelo das superfícies de vedação. Isto é assegurado principalmente pela conformidade com o deslocamento angular do bloco axialmente móvel. O esquema da fenda final da unidade de vedação depois de entrar no modo de fricção líquida com a influência decisiva das forças hidrostáticas é mostrado na Fig. 2.7 [72].

Atualmente, a maior influência no valor da força de apoio entre as superfícies de extremidade é exercida pelo valor da folga média entre as superfícies de vedação.

Os estudos demonstraram que uma alteração na direção circunferencial do parâmetro de não paralelismo das superfícies de vedação dentro da dimensão média da folga pode afetar a força de apoio em dimensões até 40% da força de carga. Assim, a alteração do não paralelismo das superfícies de vedação na junta de extremidade dos anéis é um fator potente que influencia a força de apoio.

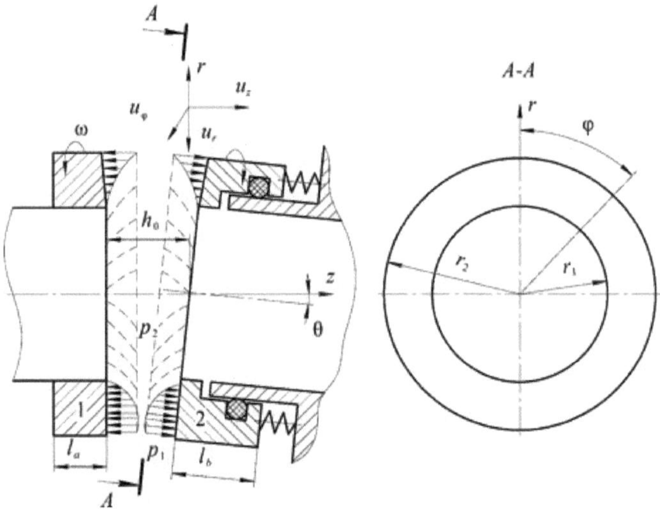

Fig. 2.7. Esquema da fenda final da unidade de vedação depois de entrar no modo de fricção líquida com a influência determinante das forças hidrostáticas

Vamos introduzir as seguintes definições:

r, z, são coordenadas radiais, axiais e angulares;

u_r, u_z, u_ϕ são as velocidades radial, axial e angular do fluxo do meio;

ω é a velocidade angular de rotação do anel;

p_1, p_2 - pressão antes e depois da selagem;

F_n é a força do elemento elástico da mola;

h_0 - a distância média entre as superfícies de vedação;

l_a, l_b são as alturas dos corpos do anel *A* e do anel *B*, respetivamente;

θ - o ângulo de não-paralelismo das superfícies de vedação dos anéis;

r_1, r_2 - raios interior e exterior das superfícies de vedação dos anéis

Com um modo de fricção do fluido já estabelecido, as alterações actuais nos modos de carga (por exemplo, pressão, caudal do fluido de refrigeração, etc.) podem alterar as condições de lubrificação na fenda de vedação. Assim, a insuficiente remoção de calor dos anéis, a natureza desfavorável das suas deformações forçadas, que conduzem à formação de uma forma difusora da fenda de vedação, ou a insuficiente conformidade angular do bloco axialmente móvel do conjunto de vedação (devido a uma diminuição das propriedades elásticas dos elementos secundários de vedação ou a folgas insuficientes no encaixe das peças) podem causar uma alteração significativa na natureza da lubrificação das superfícies de vedação [78].

Estas alterações resultam do sobreaquecimento da camada de lubrificante na fenda de vedação, da diminuição das propriedades de viscosidade desta camada e do aumento associado da convergência e dos contactos das superfícies, bem como da ocorrência de processos de fricção semi-secos e secos na fenda de vedação.

O desenvolvimento de processos na fenda de selagem, mesmo antes de atingir o modo de funcionamento estacionário ou já na área de funcionamento estacionário com alterações nos parâmetros do modo de funcionamento nominal, pode prosseguir de acordo com três esquemas:

- a transição da junta de estanquidade rotativa para o modo de funcionamento por contacto com fricção seca ou mista;

- funcionamento da junta de estanquidade rotativa no modo hidrostático líquido sem contacto de fricção na camada de lubrificação entre as superfícies de estanquidade no espaço final;

- funcionamento da vedação mecânica com transições cíclicas do modo sem contacto para o modo com contacto e vice-versa.

O funcionamento de uma vedação mecânica normal de acordo com o primeiro esquema é típico de casos com desvios supercríticos de parâmetros em relação aos já estabelecidos e que proporcionam um regime de lubrificação hidrodinâmica favorável. Isto pode dever-se a uma deterioração da qualidade do arrefecimento da unidade de vedação com uma alteração das propriedades dinâmicas do sistema "rotor-anel axialmente móvel".

De acordo com o segundo esquema, o funcionamento do vedante mecânico permite obter um desempenho a longo prazo do conjunto, baixas taxas de fuga e custos de energia de fricção ao vedar gotas de média e alta pressão. Uma secção bem desenvolvida da teoria da lubrificação pode ser utilizada para descrever o modelo matemático e obter as dependências necessariamente calculadas no modo estacionário.

De acordo com o terceiro esquema, o funcionamento do vedante mecânico é um dos mais frequentemente encontrados na prática. Este esquema de funcionamento é comum nos conjuntos de vedantes de baixa carga e nos vedantes de carga média, e está associado às actuais mudanças nos modos de carga em termos de pressão, velocidade do rotor ou arrefecimento do conjunto. A existência de um esquema de trabalho deste tipo está associada a problemas frequentes de desgaste dos anéis do par de vedantes e à baixa vida útil atual do conjunto de vedantes mecânicos - nos casos em que não existem requisitos rigorosos para manter os parâmetros de rotina do conjunto durante o funcionamento.

A causa da deformação instável da fenda de vedação pode também ser constituída por cargas dinâmicas. Por exemplo, as vibrações de um rotor podem causar oscilações de flexão do seu eixo [95] e a correspondente evolução da superfície de vedação de um anel rotativo.

Examinemos mais detalhadamente os processos que ocorrem no segundo esquema, o mais favorável e economicamente viável, da vedação mecânica.

É possível determinar qual será a folga mínima na abertura da extremidade quando a junta de estanquidade rotativa estiver a funcionar no modo de projeto através da carga de força da junta de extremidade e da fuga indicada, bem como através da forma da abertura da junta de estanquidade rotativa.

A determinação das dependências calculadas para a ranhura da extremidade na teoria hidrodinâmica da lubrificação para ranhuras estreitas baseia-se na solução conjunta do sistema de equações diferenciais do movimento do fluido de trabalho, da continuidade do fluxo de lubrificante, do estado e da energia que descreve os processos hidro e termodinâmicos no trato e as alterações nos parâmetros do movimento do sistema.

Devido à complexidade das equações diferenciais iniciais, são feitas algumas suposições geralmente aceites, tanto devido às peculiaridades do funcionamento dos selos como a simplificações que não afectam significativamente a precisão dos resultados obtidos, mas facilitam muito o trabalho computacional:

1. O escoamento do fluido de trabalho na ranhura é considerado isotérmico - baseia-se no facto de que, quando a junta mecânica funciona no modo de atrito líquido, há uma intensa transferência de calor da camada lubrificante para os anéis e, por conseguinte, a temperatura da camada lubrificante sobre a ranhura pode ser calculada

como média sem grande erro. Esta abordagem é também apoiada por dados experimentais [75].

2. A pressão do fluido de trabalho não se altera ao longo da espessura da camada - baseia-se na pequena contribuição para a alteração da pressão das forças de inércia na camada lubrificante, em comparação com as forças de viscosidade quando a junta de estanquidade rotativa funciona no modo de atrito líquido.

3. O regime de fluxo laminar do fluido é realizado na fenda de vedação - baseia-se no facto de que, quando a junta de estanquidade rotativa mecânica funciona no modo de fricção do líquido, com as folgas de funcionamento actuais e as quedas de pressão de carga, apenas o regime de fluxo laminar do fluido é vedado.

4. Calcula-se a média das alterações do intervalo por rotação do anel - com base no facto de que, depois de a junta de estanquidade rotativa mecânica atingir o modo de funcionamento previsto, é considerada estável, com parâmetros estáveis.

Uma vez que as alterações da viscosidade do fluido vedado na fenda devido à temperatura são insignificantes, o efeito das alterações das temperaturas do fluido ao longo da fenda na distribuição da pressão pode ser negligenciado e a equação da energia não pode ser introduzida no sistema de equações que descreve os processos na fenda final do vedante. O sistema de equações para o caso estacionário de um fluxo laminar de um meio através de uma fenda final (formada por superfícies lisas), tal como aplicado a vedantes mecânicos, pode ser escrito como uma equação de continuidade:

$$\frac{\partial(\rho r u_r)}{\partial r}+\frac{\partial(\rho u_\phi)}{\partial \phi}+r\frac{\partial(\rho u_z)}{\partial z}=0, \qquad (2.12)$$

e as equações do movimento do fluido - devido ao pressuposto de pressão constante ao longo da espessura da camada lubrificante - podem ser representadas sob a forma de um sistema de equações de Reynolds:

$$
\begin{aligned}
&\frac{\partial p}{\partial r}=\frac{\partial}{\partial z}\left(\mu\frac{\partial u_r}{\partial z}\right)-\rho\frac{u_\phi^2}{r};\\
&\frac{\partial p}{\partial z}=0;\\
&\frac{\partial p}{r\partial\phi}=\frac{\partial}{\partial z}\left(\mu\frac{\partial u_\phi}{\partial z}\right);
\end{aligned}
\tag{2.13}
$$

com condições de fronteira:

$$
\begin{aligned}
&z=0;u_r=0;u_\phi=0;u_z=0;\\
&z=h;u_r=0;u_\phi=\omega r;u_z=0;
\end{aligned}
\tag{2.14}
$$

que representam as condições cinemáticas nas paredes que limitam o escoamento investigado para fluidos newtonianos (aqui, ϕ é o ângulo de deslocamento do anel rotativo ao longo da coordenada angular, ver Fig. 2.7).

Integrando o sistema de equações (2.13) relativo a z sob as condições de fronteira (2.14), obtém-se a equação de lubrificação de Reynolds generalizada:

$$
\begin{aligned}
&-\frac{1}{r}\frac{\partial}{\partial r}\left(r\rho\frac{h^3}{12\mu}\frac{\partial p}{\partial r}\right)-\frac{1}{r}\frac{\partial}{\partial r}\left(\frac{r^2\rho^2\omega^2h^3}{40\mu}\right)-\\
&-\frac{1}{r}\frac{\partial}{\partial\phi}\left(\frac{\rho h^3}{12\mu r}\frac{\partial p}{\partial\phi}\right)-\frac{1}{r}\frac{\partial}{\partial\phi}\left(\frac{\rho\omega rh}{2}\right)+\rho u_z=0
\end{aligned}
\tag{2.15}
$$

Restringindo-nos a considerar o problema axissimétrico apenas para o escoamento radial na fenda final, de acordo com a imagem acima descrita dos processos para o modo de conceção na junta de vedação e negligenciando o efeito da compressão da película média na fenda, obtemos a expressão (2.15) na forma

$$
-\frac{1}{r}\frac{\partial}{\partial r}\left(r\rho\frac{h^3}{12\mu}\frac{\partial p}{\partial r}+\frac{r^2\rho^2\omega^2h^3}{40\mu}\right)=0. \tag{2.16}
$$

Aqui, a alteração da folga e a alteração da pressão atual na direção radial são as incógnitas.

Para escoamentos isotérmicos do meio, as relações adicionais necessárias para resolver as equações são as dependências de pressão da viscosidade μ e da densidade ρ do meio. Restringindo-nos à consideração do funcionamento da vedação mecânica para um líquido na região de pressões médias, definimos $\mu(p)$ = constante e $\rho(p)$ = constante.

Para avaliar a eficiência da vedação mecânica calculada, são necessárias as seguintes caraterísticas de conceção: fuga Q através da vedação, consumo de energia N para o seu funcionamento e desempenho da montagem a longo prazo, que só pode ser garantido pelo funcionamento sem contacto do par de vedantes.

O parâmetro de otimização (que, como critério básico, o projetista deve ter em conta ao conceber a unidade de vedação) pode ser a rigidez máxima da camada líquida na fenda de vedação, associada à forma da própria fenda e às caraterísticas do meio a vedar [33, 72].

Integrando (2.16) sobre r, usando na solução a substituição $Q = -2\pi r \int_0^h u_r dz$, uma solução intermédia quando se integram os sistemas (2.12), (2.13), e introduzindo quantidades adimensionais, obtemos o sistema de equações:

$$\begin{cases} \dfrac{d\overline{p}}{d\overline{r}} = \dfrac{\overline{\mu}}{\overline{h}^3}\dfrac{\overline{R}_B}{\overline{r}}\overline{Q} + \Omega_c \dfrac{\overline{\rho}\overline{r}}{\overline{r}_1}; \\ \dfrac{d\left(\overline{\rho}\overline{Q}\right)}{d\overline{r}} = 0. \end{cases} \qquad (2.17)$$

Aqui, $\Omega_c = \dfrac{0{,}3\omega^2 r_1 (r_2 - r_1)\rho^*}{\Delta p}$ é o parâmetro centrífugo sem dimensão da fenda; ρ^* é o valor de base (inicial) da densidade do meio; $\Delta p = p_1 - p_2$ é a queda de pressão através da vedação.

Introduzindo uma nova variável $\overline{x} = \overline{r} - \overline{r}_1$, integramos o sistema (2.17) sob condições de fronteira:

$$\begin{cases} \bar{p}(\bar{r}_1) = 0; \\ \bar{p}(\bar{r}_1 + 1) = 1. \end{cases} \quad (2.18)$$

A solução para o problema pode ser representada como:

$$\bar{Q} = \frac{1 - \Omega_c \int_0^1 \bar{\rho}\left(1 + \frac{\bar{x}}{\bar{r}_1}\right) d\bar{x}}{\bar{\rho} \int_0^1 \frac{\bar{v} d\bar{x}}{\bar{h}^3 \left(1 + \frac{\bar{x}}{\bar{r}_1}\right)}}; \quad (2.19)$$

$$\bar{p}(\bar{x}) = \bar{p}(0) + \bar{p}\bar{Q} = \int_0^{\bar{x}} \frac{\bar{v} d\bar{x}}{\bar{h}^3 \left(1 + \frac{\bar{x}}{\bar{r}_1}\right)} + \Omega_c \int_0^{\bar{x}} \bar{\rho}\left(1 + \frac{\bar{x}}{\bar{r}_1}\right) d\bar{x};$$

(2.20)

$$\bar{F} = \frac{\int_0^1 \bar{p}\left(1 + \frac{\bar{x}}{\bar{R}_B}\right) d\bar{x}}{1 + \frac{0,5}{\bar{r}_1}}, \quad (2.21)$$

em que $,\bar{F} = \frac{F}{F^*}$ $F = 2p\int_{r_1}^{r_2} prdr$ é a força de sustentação hidrostática na fenda;

F^* é o valor de base da força de apoio.

Para determinar o momento de atrito $M_F = 2\pi \int_{R_B}^{R_H} \tau r^2 dr$, é necessário integrar os momentos elementares das tensões de corte sobre a área da fenda:

$$\tau = \mu \frac{du_\phi}{dz} = \frac{\mu\omega r}{h}.$$

Após transformações em forma adimensional, temos

$$\bar{M}_F = \int_0^1 \frac{\bar{\mu}\left(1 + \frac{\bar{x}}{\bar{r}_1}\right)^3 d\bar{x}}{\bar{h}}. \quad (2.22)$$

Na forma dimensional $M_F = \bar{M}_F M_F^*$, em que

$$\begin{cases} \bar{M}_F = 2\pi\int_{r_1}^{r_2} \tau r^2 dr, \\ M^*_F = \dfrac{2\pi\mu^*\omega r^3(r_2 - r_1)}{h_m}. \end{cases} \qquad (2.23)$$

As dependências obtidas (2.19) - (2.23) permitem-nos determinar as principais caraterísticas da junta de estanquidade rotativa: fuga, força de apoio na fenda, momento de atrito e diagrama de pressão.

Devido ao facto de, durante o funcionamento de uma junta de estanquidade rotativa, ser possível a ausência de simetria axial da fenda anular, devido ao não paralelismo das superfícies de fricção dos anéis (ver Fig. 2.7), a utilização das fórmulas (2.19), (2.21) e (2.22), obtidas sob o pressuposto de escoamento axissimétrico, pode ser ilegal, uma vez que, para estas condições, se torna necessário considerar um problema tridimensional.

No entanto, com uma pequena alteração da folga na direção circunferencial, quando o gradiente de pressão radial é muito maior do que o circunferencial, o efeito do não paralelismo das superfícies dos anéis no par de atrito pode ser tido em conta numa primeira aproximação com base no facto de os valores ,dM_F dF , e dQ para cada sector anular elementar com um ângulo $d\phi$ poderem ser determinados pelas fórmulas (2.19), (2.21) e (2.22) para o valor atual da folga radial. Integrando as soluções obtidas para os sectores elementares do anel, é possível obter soluções parciais generalizadas das caraterísticas , M_F F , e Q para várias aproximações axissimétricas das superfícies de um par de anéis de vedação.

Quando o acionamento da bomba é desligado, o fim do funcionamento da junta de estanquidade rotativa começa com uma diminuição gradual da velocidade de deslizamento e uma diminuição da queda de pressão através da junta. No intervalo, o modo de atrito do fluido ainda é preservado; no entanto, o processo de alteração do perfil radial da forma da ranhura, no sentido da diminuição da confusão devido a uma diminuição da temperatura e das deformações da força, está em curso o papel da força axial do elemento elástico da compressão dos anéis aumenta; a convergência das superfícies de vedação dos anéis aumenta.

Há um contacto local destas superfícies ao longo dos topos das ondulações e o número de contactos aumenta. A fase de fricção líquida passa a semi-fluida e depois a fricção de fronteira. A deformação dos anéis devido a factores de força desaparece, e a natureza da deformação é determinada pela não homogeneidade da temperatura nos corpos dos anéis. Chega-se a uma fase de deslizamento semi-seco das superfícies com interação de contacto das superfícies e com uma queda acelerada da velocidade de deslizamento. O anel de vedação em rotação pára. Esta é a imagem geral do processo de funcionamento de um vedante mecânico normal.

Considere as opções para a disposição mútua das superfícies de vedação dos anéis de vedação mecânica (Fig. 2.8).

No primeiro caso (Fig. 2.8, *a*), não há contacto entre as superfícies de vedação, pelo que a força que abre a junta é criada devido à pressão do fluido na fenda. A pressão média do fluido é um pouco maior do que a média das pressões interna e externa, como mostra o gráfico da pressão do fluido para este caso. No caso de uma junta aberta com difusor (Fig. 2.8, *b*), a pressão no filme é inferior ao valor médio das pressões interna e externa. Este caso não é estável e resultará em contacto entre os anéis, como se mostra na Fig. 2.8, *d*. Os diagramas de distribuição da pressão do fluido nos casos de contacto entre os anéis, mostrados nas Fig. 2.8, *c* e *d*, assumirão formas extremas à medida que a espessura mínima da película se aproxima de zero. Assim, a alteração total possível na magnitude da carga criada pela pressão do líquido ao passar de uma junta totalmente divergente (confusora) para uma junta totalmente convergente (difusora) varia entre zero e uma pressão igual à pressão que está a ser vedada. Uma vez que, em casos práticos, a espessura da película não pode ser nula devido à rugosidade, estes limites não podem ser atingidos.

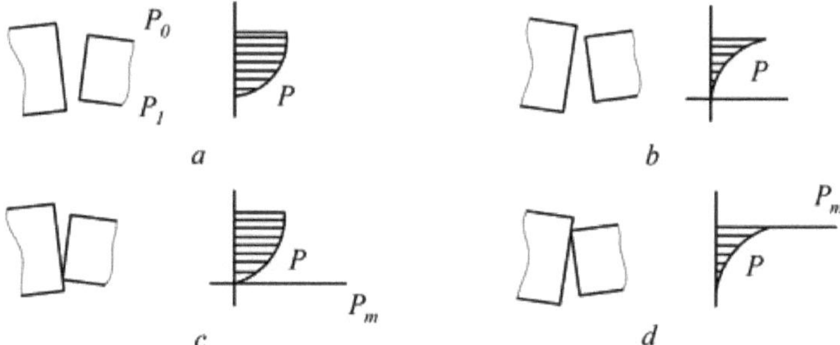

Fig. 2.8. A localização das superfícies de vedação dos anéis de vedação mecânica e o diagrama da pressão do líquido vedado:
a - junta aberta do confusor, *b* - junta aberta do difusor,
c - junta confusora com contacto, *d* - junta difusora com contacto

Nos dois últimos casos apresentados na Fig. 2.8, o contacto ocorre na presença de um cone radial. Nestes casos, a carga concentrada de contacto actua no interior ou no exterior, dependendo da direção do cone radial.

Os resultados da análise dos fundamentos físicos do funcionamento dos selos mecânicos mostram que, depois de o selo atingir o modo estacionário, se forma uma camada lubrificante estável entre as superfícies de vedação na fenda final, ou seja, o selo funciona em modo de fricção hidrostática líquida. Assim, os selos mecânicos podem ser classificados como *selos de contacto condicional.*

A prática tem demonstrado que a forma da fenda final tem uma grande influência nas caraterísticas da película lubrificante num par de fricção. Na área do suporte de carga hidrodinâmico, no caso de uma junta convergente ou de uma película convergente, a inclinação do diagrama de pressão é tal que a redução da espessura da película aumenta o suporte hidrodinâmico. A isto chama-se rigidez positiva e permite um funcionamento estável e sem contacto da junta.

Se a junta for divergente (difusora), então o diagrama de pressão tem a chamada rigidez negativa e proporciona um suporte de carga instável. Neste caso, a película colapsa e a vedação funciona em modo de contacto, ou seja, uma película divergente sem contacto é instável.

Assim, ao projetar vedantes mecânicos, é necessário calcular as deformações dos anéis de vedação causadas pela pressão do meio vedado e pelos efeitos térmicos para prever o tamanho e a direção do cone radial e evitar o funcionamento instável do vedante.

2.1.5 Determinação das caraterísticas hidrodinâmicas da vedação mecânica

O método para determinar as caraterísticas hidrodinâmicas de um conjunto de selos mecânicos com qualquer forma de ranhura requer um produto de software bastante complexo e é aconselhável utilizá-lo na fase final do desenvolvimento de um conjunto de selos mecânicos. Na fase de um estudo preliminar do projeto, o criador precisa de uma ferramenta bastante simples para um cálculo de avaliação simplificado da variante selecionada da solução de projeto. Essa ferramenta foi desenvolvida [70, 71, 72] com base numa série de simplificações, incluindo o modelo da junta de contacto, substituindo as superfícies de formas complexas formadas durante o funcionamento de uma junta de estanquidade rotativa por superfícies de forma simples em cunha (Fig. 2.9). Apresenta-se de seguida uma técnica de solução simplificada.

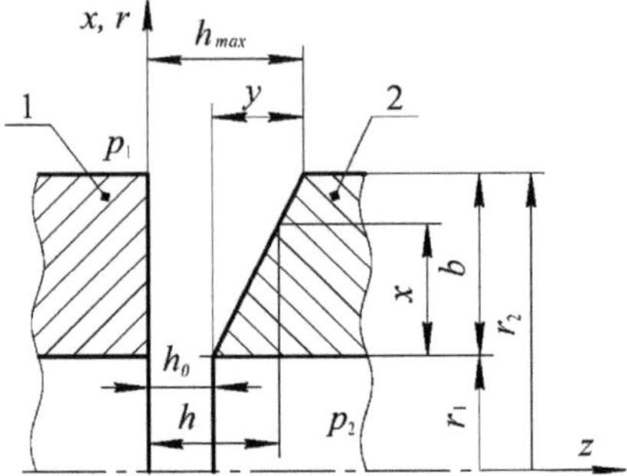

Fig. 2.9. Modelo da junta de contacto da folga final.

Designações dimensionais:

b, x - comprimento total e atual da fenda de vedação; h, h_0, h_{max} - fendas atual, mínima e máxima da fenda de vedação; p_1, p_2 - pressão antes e depois da vedação; r_1, r_2 são os raios exterior e interior das superfícies de vedação dos anéis; $y = h_{max} - h_0$; *r, x, z* - eixos do sistema de coordenadas cilíndricas

Ao desenvolver um conjunto de vedação, o projetista deve dispor de certas orientações sob a forma de critérios de otimização para avaliar a geometria da fenda de vedação e a relação entre as dimensões das áreas de carga hidrostática do bloco axialmente móvel e da junta de vedação. Vamos definir estes critérios de otimização e as dependências calculadas para uma vedação mecânica com uma fenda em forma de cunha.

O algoritmo de cálculo em consideração baseia-se no modelo de um fluxo laminar unidimensional de um meio incompressível através de uma abertura na extremidade.

Restringindo-nos ao problema axissimétrico, às condições de escoamento isotérmico do fluido e ao curto comprimento da fenda de selagem, e negligenciando também os efeitos associados à rotação de um dos anéis, escrevemos a equação (2.16) na forma

$$\frac{d}{dx}\left(\frac{dp}{dx}h^3\right) = 0 \qquad (2.24)$$

com as condições de fronteira $p = 0$ em $x = 0$ e $p = p_1$ em $x = b$, em relação ao esquema da ranhura final (ver Fig. 2.9) entre os anéis 1 e 2, em que o intervalo é $h(x) = h_0 + yx / b$. A forma da ranhura pode ser um difusor ($y < 0$) ou um confusor ($y > 0$).

Passemos às grandezas sem dimensão: $h = \overline{h}(y + h_0)$, , , $x = \overline{x}b$ $y = \overline{y}b$ $h_0 = \overline{h}_0 b$. Então a equação (2.10) pode ser escrita como:

$$\frac{d}{d\overline{x}}\left[\frac{d\overline{p}}{d\overline{x}}\left(\overline{yx} + \overline{h}_0^3\right)\right] = 0 \cdot \qquad (2.25)$$

Integrando duas vezes sobre $\overline{x}$ e substituindo os limites de integração, obtemos uma expressão para a distribuição da pressão na fenda:

$$\overline{p_s}(\overline{x}) = \frac{\overline{x}(\overline{y} + \overline{h}_0)^2(\overline{yx} + 2\overline{h}_0)}{(\overline{yx} + \overline{h}_0)^2(\overline{y} + 2\overline{h}_0)}. \qquad (2.26)$$

A força hidrostática adimensional na ranhura é obtida através da integração da equação

$$\overline{F} = \int_0^1 \overline{p}_s(\overline{x})d\overline{x}, \qquad (2.27)$$

em que , . $\overline{F} = \frac{F}{F^*}$ $F^* = \Delta p\pi(r_2^2 - r_1^2)$

Depois, tendo em conta (2.26), obtém-se:

$$\overline{F} = \frac{\overline{y} + \overline{h}_0}{\overline{y} + 2\overline{h}_0}. \qquad (2.28)$$

Dado que o parâmetro $\overline{F}$ é, de facto, a relação entre a perda de carga média $\overline{p}_s$ na fenda e a perda de carga total que a atravessa, então, para as juntas mecânicas de contacto, se negligenciarmos a força do elemento elástico, resulta do equilíbrio das forças axiais que o valor específico adimensional da força de apoio $\overline{F}$ na fenda deve corresponder à força específica adimensional que carrega os anéis do par. A força específica que carrega os anéis do par é expressa como a razão entre a área de carga hidráulica axial do bloco axialmente móvel e a área radial da junta de vedação e é designada por fator de carga de vedação *k*.

Diferenciando (2.24) em relação a $\overline{h}_0$, obtém-se uma expressão para a rigidez axial $\overline{W} = \dfrac{d\overline{F}}{d\overline{h}_0}$ da camada na fenda:

$$\overline{W} = \frac{\overline{y}}{(\overline{y} + 2\overline{h}_0)^2}. \qquad (2.29)$$

Utilizando a relação (2.24) na expressão para o centro do diagrama de pressão

$$Z_c = \frac{\int_0^1 \overline{p}_s(\overline{x})\overline{x}d\overline{x}}{\int_0^1 \overline{p}_s(\overline{x})d\overline{x}}, \qquad (2.30)$$

obtemos

$$Z_c = \frac{\overline{y} + \overline{h}_0}{\overline{y}^3}\left(\frac{\overline{y}^2 + 2\overline{h}_0^2}{2} - \frac{\overline{h}_0^3}{\overline{y} + \overline{h}_0} - \overline{h}_0^2 \ln\frac{\overline{y} + \overline{h}_0}{\overline{h}_0}\right). \qquad (2.31)$$

Consideremos o lado qualitativo das dependências obtidas utilizando os exemplos apresentados nas ilustrações para a solução. A Fig. 2.10 mostra as dependências da força de apoio $\overline{F}$ e da rigidez $\overline{W}$ da camada lubrificante na fenda para um número de valores h_0 da convergência das superfícies de vedação no parâmetro de forma da fenda . $C = y/h_0$

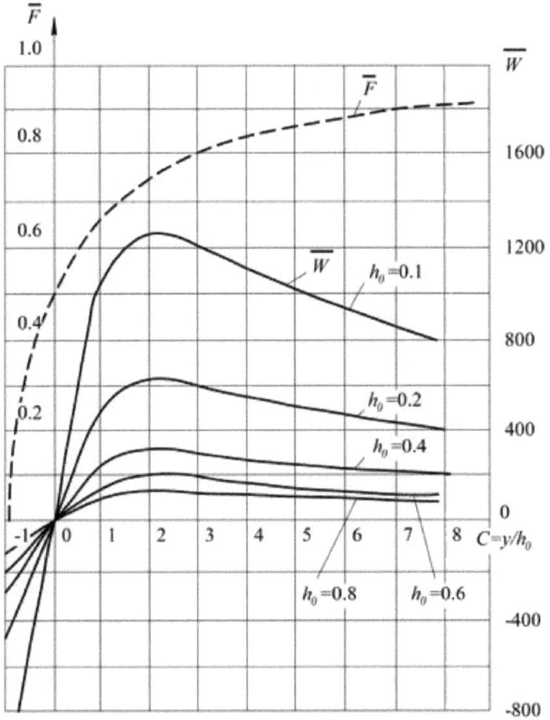

Fig. 2.10. Dependência da força axial da chumaceira $\overline{F}$ e da rigidez axial $\overline{W}$ da camada do meio que está a ser vedada no parâmetro *C* da forma da fenda

Deles resulta que os valores positivos da rigidez axial da camada de líquido na ranhura, bem como o modo de atrito do líquido no par de extremidades, são fornecidos apenas para a forma confusora da fenda, ou seja, para $C > 0$.

Uma junta com uma fenda formada por superfícies paralelas ($C = 0$) tem uma rigidez hidrostática nula. O modo de atrito no par de extremidades está em equilíbrio instável e pode passar para um modo de atrito líquido ou misto.

Um vedante com uma forma de ranhura difusora tem uma rigidez axial negativa da camada líquida. O modo de fricção no par de extremidades pode ser misto (a $-1 < C < 0$) ou seco (a $C < -1$).

Como se depreende da Fig. 2.10, a rigidez axial máxima da camada de fluido para uma ranhura em forma de cunha existe no parâmetro de forma da ranhura $C = 2$. Neste caso, o valor da força de suporte hidrostática na fenda . $\bar{F} = 0,75$

O parâmetro de otimização para um vedante com uma fenda em forma de cunha é a rigidez axial $\bar{W}$ da camada de fluido de transporte na junção das superfícies finais de um par de anéis de vedação mecânica.

Os parâmetros de compactação controlados são o fator de carga k e o valor y (ver Fig. 2.9) no lado de alta pressão. Estes parâmetros determinam a maior aproximação h_0 entre as superfícies de trabalho da junta.

A partir da condição do valor ótimo $\bar{W}$, o fator de carga k da compactação deve ser tomado próximo do valor $k = 0,75$.

2.1.6 Cálculo de fugas e perdas de potência por fricção

A derivação das dependências para calcular a fuga através do vedante e a potência das perdas por atrito no mesmo pode ser efectuada tendo em conta o fluxo não isotérmico do fluido na fenda de vedação e a "curvatura" da fenda associada a diferenças na circunferência para um raio de corrente variável da fenda.

A equação original de Reynolds para a fenda anular, tendo em conta os pressupostos previamente aceites, tem a forma

$$\frac{d}{dr}\left(\frac{dp}{dr}\frac{\pi h^3 r\rho}{6\mu}\right) = 0 \qquad (2.32)$$

sob condições de fronteira

$$p = p_1 \text{ em } r = r_2, p = 0 \text{ em } . r = r_1 \qquad (2.33)$$

Para resolver o problema, introduzimos uma série de quantidades básicas e adimensionais: $\bar{r}$ - raio de corrente adimensional; , $\bar{\rho}$ $\bar{\mu}$ são a densidade e a viscosidade adimensionais do meio a selar; μ^* - o valor base da viscosidade; Q^* é o valor base da fuga.

$$Q^* = \frac{\pi \Delta p (y + h_0)^3}{6\mu^*}.$$

Agora, a expressão para o intervalo atual no intervalo

$$\bar{h} = \frac{\bar{y}(r - \bar{R}_H) + \bar{h}_0}{\bar{y} + \bar{h}_0}.$$

Integramos (2.32) relativamente às condições de fronteira (2.33) e obtemos a dependência para calcular a fuga:

$$\bar{Q} = \frac{(\bar{y}\bar{r}_1 - \bar{h}_0)^3}{\bar{\mu}(\bar{y} + \bar{h}_0)^3 \left[\ln\frac{\bar{y} + \bar{h}_0}{\bar{r}_2} + \frac{2\bar{y}\bar{r}_2}{\bar{y} + \bar{h}_0} - \frac{\bar{y}^2\bar{r}_2^2}{2(\bar{y} + \bar{h}_0)^2} - \ln\frac{\bar{h}_0}{\bar{r}_1} - \frac{2\bar{y}\bar{r}_1}{\bar{h}_0} + \frac{\bar{y}^2\bar{r}_1^2}{2\bar{h}_0^2} \right]}$$

. (2.34)

A expressão para a fuga através do vedante no caso de $y = 0$ tem a forma

$$Q = -\frac{\pi \Delta p h_0^3}{6\mu \ln\frac{r_1}{r_2}}, \qquad (2.35)$$

conhecido para calcular as fugas através de uma fenda plano-paralela [81].

Para os cálculos de avaliação, o valor y como caraterística da fenda pode ser obtido a partir da dependência (2.28), dado o fator de carga *k*, e também determinando o valor da fenda h_0 a partir da dependência (2.35), dada a fuga admissível através da vedação. A determinação das dimensões refinadas y e h_0 para a fenda de vedação pode ser efectuada resolvendo conjuntamente as equações (2.28) e (2.34) pelo método de aproximação, em que o seu valor calculado a partir da dependência (2.35) pode ser tomado como o valor inicial da fenda . h_0

Considerando as perdas por atrito na fenda de vedação, como no escoamento de Couette (ou seja, negligenciando as perdas no escoamento radial devido à pequenez de $\frac{du_r}{dz}$), escrevemos a equação diferencial inicial para o momento de atrito na forma aceite

$$dM_F = 2\pi r dr \tau, \qquad (2.36)$$

em que , . $\tau = \mu \, du/dz \quad du/dz = \omega r/h$

Então $\tau = \mu\omega r/h$ e . $dM_F = 2\pi\mu(\omega r^3/h)dr$

(2.37)

Reduzindo para uma forma adimensional, integrando sobre $\bar{r}$, e efectuando algumas transformações, obtemos:

$$\bar{M}_F = \frac{\bar{\mu}(\bar{y}+\bar{h}_0)}{\bar{y}^4}\left[\bar{y}^3\left(3\bar{r}_c\bar{r}_1+\frac{1}{3}\right)-\bar{y}^2\bar{h}_0\left(3\bar{r}_1+\frac{1}{2}\right)+\bar{y}\bar{h}_0^2-c_1^3\ln\frac{\bar{y}+\bar{h}_0}{\bar{h}_0}\right],$$

(2.38)

em que . $c_1 = \bar{h}_0 - \overline{yr_1}$

Então $M_F = M_F^* \bar{M}_F$, onde . $M_F^* = \frac{2\pi\mu\omega(r_2 - r_1)^4}{y + h_0}$

Dado que a perda de potência devida ao atrito na folga $N_F = M_F\omega$, então

$$N_F = \bar{M}_F M_F^* \omega. \qquad (2.39)$$

A Fig. 2.11 ilustra as dependências da fuga *Q* através da junta, juntamente com a perda de potência *N* para um número de valores h_0 da convergência mínima de superfícies na fenda no parâmetro de forma da fenda.

De acordo com o parâmetro C determinado desta forma, é possível determinar aproximadamente as perdas de potência devidas ao atrito no par terminal de acordo com as dependências (2.38) e (2.39).

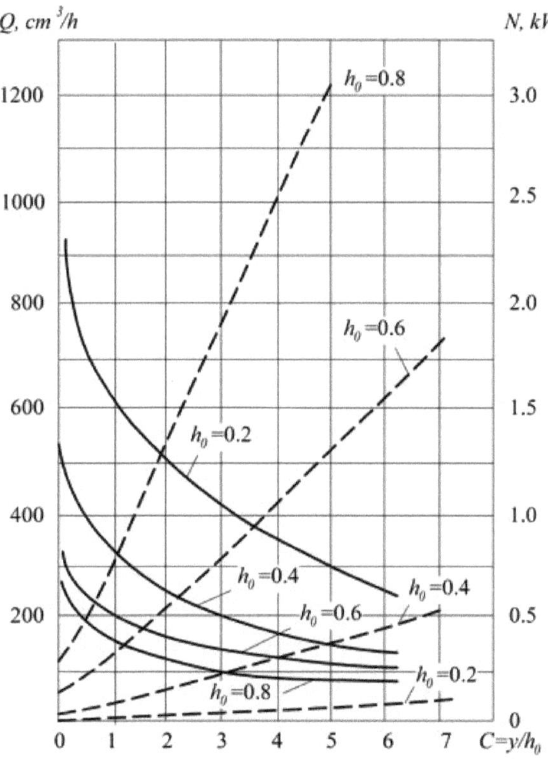

Fig. 2.11. Dependências da fuga Q e da perda de potência N devido ao atrito na abertura da extremidade em função do parâmetro C da forma da abertura da extremidade para um certo número de aberturas h_0

No modo de lubrificação limite, o coeficiente de atrito só pode ser determinado experimentalmente para cada par de materiais e condições de funcionamento. De acordo com os dados do artigo [67], obtidos como resultado do teste de várias centenas de pares de atrito à pressão de contacto de 0,15-20 MPa e velocidade de deslizamento de 0,01 a 50 m/s, o coeficiente de atrito diminui acentuadamente com o aumento da pressão de contacto de 0,15 para 0,65 MPa. A p_c > 0,65 MPa, o coeficiente de atrito de um dado par de materiais torna-se constante e não depende da velocidade periférica, da pressão ou da largura das superfícies de contacto, desde que as deformações dos anéis de vedação sejam pequenas $(\varphi < 1.2 \cdot 10^{-4} \times r_e / b_c)$ e a temperatura em contacto não exceda a temperatura de vaporização da película limite, ou seja, as condições de lubrificação limite são preservadas. Ao mesmo tempo, para diferentes pares de materiais e propriedades do fluido que está a ser vedado, o valor estabelecido do coeficiente de atrito situa-se na gama de 0,03-0,15.

Os resultados dos testes também foram obtidos para pares de fricção feitos de grafite siliconizada. Com um aumento da pressão de contacto para 0,9 MPa, o coeficiente de atrito diminui e depois estabiliza. $f = 0.02 - 0.04$. Estes valores são preservados não só para o par de grafite siliconizada, mas também para a liga dura de cermet, cerâmica mineral e aço, trabalhando em conjunto com a grafite siliconizada.

Infelizmente, atualmente, temos de nos limitar a estas observações gerais sobre o coeficiente de atrito e, na ausência de dados experimentais exactos para cada caso individual, utilizar valores aproximados da gama indicada ou efetuar cálculos estimados dos custos de atrito para valores-limite $f_{min} = 0.02$ e $f_{max} = 0.15$ se forem fornecidas condições de lubrificação de fronteira.

Força de atrito na superfície das extremidades $F_F = fp\, S_{cc}$, e perdas de potência por atrito

$$N_c = 2\pi f p_c \omega r_c^2 b_c = S_c f r_c \omega p_c. \qquad (2.40)$$

Para o modo de lubrificação por película líquida

$$N_c = \frac{2\pi\mu\omega^2 r_c^3 b}{h_0}. \qquad (2.41)$$

A potência total fornecida no desempenho do vedante aumenta devido às perdas associadas às fugas de líquido $N_p = Q\Delta p$ e às perdas por fricção do disco. Se as fugas retiram algum calor das superfícies de contacto, então as perdas do disco aumentam a temperatura do líquido na câmara de vedação, aumentando assim a tensão térmica total do conjunto. A potência de atrito do líquido da extremidade rotativa e das superfícies cilíndricas é expressa através dos coeficientes de atrito do disco [56]

$$N_1 = 0,25c_1\rho\omega^3(R_2^5 - R_1^5),\ N_2 = c_2\pi\rho\omega^3 R_1^4 l, \qquad (2.42)$$

em que R_1 e l - raio e comprimento do cilindro; R_2 e R_1 - raios externo e interno do disco; ρ - densidade do líquido; c_1 e c_2 - coeficientes de atrito do disco, cujas fórmulas de cálculo são dadas na Tabela 2.3.

Tabela 2.3 - Fórmulas para o cálculo dos coeficientes de atrito do disco

Condições de fluxo	Regime de fluxo	
	laminar	turbulento
Disco livre $\mathrm{Re} = \frac{\omega R_2^2}{\nu}$	$c_1 = 3.87\,\mathrm{Re}^{-0,5}$; $\mathrm{Re} \le 3\cdot 10^5$	1) Disco liso: $c_1 = 0,982/(\lg \mathrm{Re})^{2.58}$; $10^4 \le \mathrm{Re} \le 3,3\cdot 10^9$. 2) Disco rugoso: $c_1 = 0,108(Ra/R_2)^{0.27}$; $125 \le R_2/Ra \le 3\cdot 10^3$
Disco na caixa $\mathrm{Re} = \frac{\omega R_2^2}{\nu}$	1) Abertura estreita: $c_1 = 2\pi R_2 / s\,\mathrm{Re}$; $s/R_2 << 1$; $\mathrm{Re} \le 10^5$. 2) Grande abertura: $c_1 = 2,67\,\mathrm{Re}^{-0.5}$; $s > 2\delta$,	1) Fosso estreito: $c_1 = 0,0277/\left(\mathrm{Re}\frac{s}{R_2}\right)^{0.2}$; $10^4 \le \mathrm{Re} \le 10^6$. 2) Grande abertura: $c_1 = 0,0622/\mathrm{Re}^{0.2}$ 3) Disco rugoso:

	δ - espessura da camada adjacente	$c_1 = 0,051(Ra/R_2)^{0.27}$; $125 \le R_2/Ra \le 3\cdot10^3$; $0,02 \le s/R_2 \le 0,01$
Cilindro livre $\mathrm{Re}_1 = \frac{\omega R_1^2}{\nu}$	$c_2 = 4/\mathrm{Re}_1$; $\mathrm{Re}_1 < 10^3$	1) Cilindro liso: $c_2 = 0,0153/\mathrm{Re}_1^{0.125}$. 2) Cilindro rugoso: $c_2 = [4,07\lg(R_1/R_a)+2,12]^{-2}$; $R_1/Ra < 3\cdot10^3$
Cilindro que roda num invólucro fixo $\mathrm{Re}_2 = \frac{2h_0R_1\omega}{\nu}$	1) Grande lacuna: $c_2 = \frac{4\nu R_2^2}{\omega R_1^2(R_2^2 - R_1^2)}$; $\mathrm{Re}_2 < 2\cdot10^3$. 2) Pequena folga: $c_2 = 4/\mathrm{Re}_2$; $h_0/R_1 \ll 1$	1) Pequena abertura: $c_2 = 0,0365/\mathrm{Re}_2^{0.24}$; $h_0/R_1 \langle\langle 1$; $\mathrm{Re}_2 \rangle 1.5\cdot10^3$. 2) Caudal axial adicional à velocidade média w: $c_2 = 0,0365\,\mathrm{Re}_2^{-0.24}\times$ $\times\left[1+5,22(w/\omega R_1)^2\right]^{0.38}$

Os coeficientes de atrito para um disco num invólucro são menores do que para um disco livre, uma vez que o núcleo de fluido entre o disco e o invólucro roda a uma frequência cerca de metade da do disco. Por conseguinte, o gradiente de velocidade e a força de atrito são menores se existir um invólucro. Com uma pequena largura da câmara final, quando as camadas adjacentes do disco e do invólucro estão fechadas, as perdas por atrito aumentam com a diminuição da folga.

O coeficiente de perda por atrito de um cilindro em rotação coaxial no interior de uma caixa cilíndrica imóvel em escoamento laminar é determinado pela fórmula de N.P. Petrov, a partir da qual, como caso especial, se podem obter as fórmulas correspondentes para uma pequena folga radial e para um cilindro livre. Os valores das tensões de corte e dos coeficientes de perda por atrito para cilindros em rotação rápida, quando o escoamento do fluido à sua volta se torna turbulento, podem ser obtidos utilizando a lei da potência de 1/7 ou a lei universal da distribuição da velocidade na camada próxima.

Note-se que as perdas de potência devidas ao atrito do disco (2.42) são proporcionais ao cubo da velocidade do rotor e, a baixas frequências (até 3000 rpm), são medidas em fracções de quilowatt, pelo que a consideração destas perdas só é aconselhável para máquinas de alta velocidade.

2.1.7 Computação do estado térmico do selo mecânico

A força de fricção na folga de vedação é convertida em calor, que se espalha pelas superfícies das extremidades de contacto ao longo dos anéis de vedação, criando um campo de temperatura irregular. O aquecimento da superfície de contacto afecta significativamente o modo de fricção: em primeiro lugar, as propriedades mecânicas e físicas dos materiais dos corpos de fricção e da camada de separação do líquido selado alteram-se e, em segundo lugar, os anéis estão sujeitos a deformações térmicas, que violam a uniformidade do contacto no par de fricção. Um aquecimento excessivo leva à evaporação da camada de líquido. Assim, o coeficiente de atrito aumenta drasticamente, a temperatura e o desgaste aumentam, ou seja, há fissuração térmica dos anéis e perda de impermeabilidade.

As principais tarefas do cálculo térmico consistem em determinar as temperaturas máximas no par de fricção e avaliar as deformações térmicas dos anéis, de modo a garantir condições na estrutura em que as temperaturas e as deformações não excedam os valores permitidos.

O cálculo do estado térmico baseia-se em equações de equilíbrio térmico. A temperatura média do líquido na câmara de selagem é determinada a partir da igualdade entre o fluxo total de calor libertado durante o desempenho da selagem e a remoção convectiva da sua caixa (Fig. 2.12).

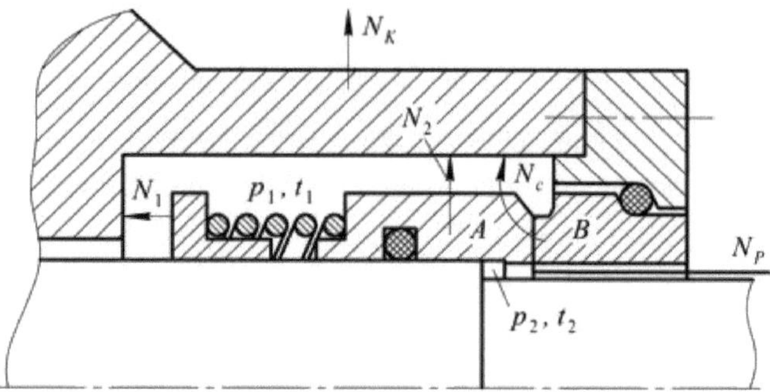

Fig. 2.12. Diagrama dos fluxos de calor na vedação mecânica

A equação do balanço de calor é escrita como

$$N_c + N_1 + N_2 = N_k + N_p, \qquad (2.43)$$

em que a remoção de calor da caixa $N_k = S_k \alpha_k (t_1 - t_2)$, e a remoção de calor através das vedações em resultado de fugas $N_p = Qc\Delta t$. Em que S_k - a área reduzida da caixa de vedação, a partir da qual o calor é libertado para o ambiente externo; α_k - coeficiente de transferência de calor; c - capacidade térmica específica do líquido vedado; Δt - aumento da sua temperatura, tendo em conta o calor removido; t_1 e t_2 - temperatura do líquido no interior da caixa de vedação e temperatura do ambiente externo.

Se a vedação estiver equipada com arrefecimento forçado, o caudal térmico correspondente deve ser adicionado ao lado direito da equação (2.43). Durante o funcionamento normal da vedação, quando as fugas são pequenas (cerca de 10 cm^3 / h), a sua influência no estado térmico pode, regra geral, ser negligenciada $(N_p \approx 0)$.

A temperatura no par de fricção é determinada com base na equação de equilíbrio térmico para os anéis de vedação, a partir das fugas de vedação que os rodeiam e do ambiente externo

$$N_c = N_a + N_b,$$

em que N_a e N_b - fluxos de calor libertados, respetivamente, pelos anéis rotativos *A* e *B* da base.

O campo de temperatura dos anéis de vedação é geralmente descrito por uma equação diferencial não linear de segunda ordem para uma derivada parabólica. Se a fraca dependência do coeficiente de condução de calor em relação à temperatura não for tida em conta num processo térmico estável, então o campo de temperatura pode ser descrito pela equação de Laplace com condições de fronteira complexas. Mas, ao mesmo tempo, a solução numérica do problema para anéis de formas complexas está associada a dificuldades significativas. Neste caso, os métodos de modelação eletrónica do estado térmico da junta são eficazes.

Para uma estimativa aproximada da temperatura nas superfícies das extremidades de contacto, simplifiquemos o problema tomando como modelo de conceção dos anéis os cilindros ocos (Fig. 2.13, *a*) com um fluxo de calor uniformemente distribuído na superfície de contacto $q = N_c / S_c$ e coeficientes de transferência de calor de comprimento constante das superfícies cilíndricas lavadas pelo líquido selado ou pelo ambiente externo,

$$\frac{d^2\theta}{dx^2} - m^2\theta = 0, \qquad (2.44)$$

nas condições de fronteira $x = 0 : \theta = \theta_0$, $x = l : \dfrac{d\theta}{dx} = -\dfrac{\alpha}{\lambda}\theta_1$,

em que $\theta = t(x) - t_2$; $m = (\alpha L / \lambda S)^{0,5}$; t_2 - temperatura ambiente; λ - condutividade térmica do material do anel; α - coeficiente de transferência de calor da superfície do anel para o ambiente externo; $L = 2\pi r_2$ - perímetro da superfície do anel no qual o calor é transferido; $S = \pi(r_2^2 - r_1^2)$ - área da secção transversal do anel.

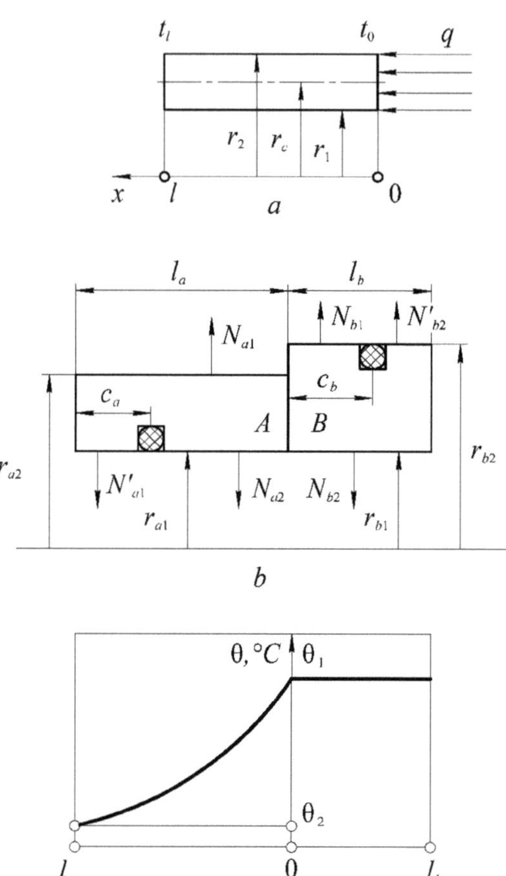

Fig. 2.13. Diagrama do estado térmico da vedação:

a - o modelo do anel separado; *b* - diagrama de cálculo dos anéis *A* axialmente móvel e *B* de base; *c* - variação de temperatura ao longo dos anéis; θ_1 = 94,4, θ_2 =42,7.

A equação (2.44) é resolvida de acordo com a lei da variação de temperatura ao longo do anel:

$$\theta(x) = \theta_0 \frac{\operatorname{ch}[m(l-x)]}{\operatorname{ch} ml}. \qquad (2.45)$$

Entretanto, uma diminuição da temperatura ao longo do comprimento é causada pela transferência de calor para o ambiente externo. Inserindo (2.45) na equação de Fourier $N = \lambda \frac{d\theta}{dx} S$, obtém-se a fórmula para o calor removido por unidade de tempo:

$$N = \lambda S m \theta_0 \, \text{th}\, ml. \qquad (2,46)$$

Em vedações reais, em diferentes áreas do anel, as suas superfícies podem estar em contacto com diferentes meios ou podem ser feitas de materiais com diferentes coeficientes de condutividade térmica. Por conseguinte, o modelo de cálculo pode ser representado por cilindros (Fig. 2.13, *b*) com diferentes coeficientes de transferência de calor e diferentes temperaturas ambiente em determinadas áreas da superfície.

Deste modo, a transferência total de calor de cada anel consiste na soma da transferência de calor das secções individuais:

$$N_a = N_{a1} + N'_{a1} + N_{a2}, . N_b = N_{b1} + N_{b2} + N'_{b2} \qquad (2.47)$$

Aqui o primeiro índice é o número do anel e o segundo caracteriza o ambiente externo da secção em questão: 1 - o líquido selado com temperatura t_1 ; 2 - o ambiente externo (ar) com temperatura t_2 . Cada termo é calculado pela fórmula (2.46), tendo em conta os valores dos parâmetros correspondentes:

$$S_a = \pi(r_{a2}^2 - r_{a1}^2), \ S_b = \pi(r_{b2}^2 - r_{b1}^2),$$

$$r_{a1} = r_{b1} = r_1,$$

$$l_{a1} = l_a, \ l'_{a1} = c_a, \ l_{a2} = l_a - c_a,$$

$$l_{b2} = l_b, \ l'_{b2} = l_b - c_b, \ b_{b1} = c_b,$$

$$L_{a1} = 2\pi r_{a2}, \ L'_{a1} = L_{a2} = L_{b2} = 2\pi r_1,$$

$$L_{b1} = L'_{b2} = 2\pi r_{b2}.$$

Para a secção de anéis em contacto com o líquido selado $\theta_{01} = t_0 - t_1$, para as áreas em contacto com o ambiente externo, $\theta_{02} = t_0 - t_2$, ; t_0 - a temperatura no contacto dos anéis.

Inserindo (2.47) na equação do balanço térmico, obtém-se

$$N_c = (A_{a1} + A'_{a1} + A_{b1})\theta_{01} + (A_{a2} + A_{b2} + A'_{b2})\theta_{02},$$

dos quais

$$t_0 = \left(\frac{N_c}{B_1} + t_1 + \frac{B_2}{B_1}t_2\right) / \left(1 + \frac{B_2}{B_1}\right), \qquad (2.48)$$

em que B_1 e B_2 - coeficientes de transferência de calor para o líquido selado e para o ambiente externo, $B_1 = A_{a1} + A'_{a1} + A_{b1}$, $B_2 = A_{a2} + A_{b2} + A'$. Tendo em conta que a transferência de calor das superfícies dos anéis, que estão deslocadas para o ambiente externo $(\alpha'_{a1}, \alpha_{a2}, \alpha_{b1}, \alpha'_{b2})$, é pequena em comparação com a transferência de calor das superfícies rotativas ,$(\alpha_{a1})(\alpha_{b2})$, pode ser escrita como $B_1 \approx A_{a1}, B_2 \approx A_{b2}$, ou

$$\left.\begin{aligned} B_1 &= S_a \lambda_a m_1 \text{th}(m_1 l_1), \\ B_2 &= S_b \lambda_b m_2 \text{th}(m_2 l_2) \end{aligned}\right\}, \quad \begin{aligned} m_1 &= \left[\alpha_1 L_{a1} / \lambda_a S_a\right]^{0,5}, \\ m_2 &= (\alpha_2 L_{b2} / \lambda_b S_b)^{0,5}. \end{aligned}$$

Consequentemente, a variação da temperatura média da secção transversal ao longo do anel pode ser determinada pela fórmula (2.45) e a temperatura média nas superfícies de contacto da junta de estanquidade rotativa pode ser determinada pela fórmula (2.48). O cálculo mais exato, que tem em conta a variação da temperatura ao longo do raio do anel, foi efectuado em trabalhos [75, 76].

Com base nas condições de resistência térmica das superfícies de contacto e de preservação da película de líquido na folga a uma dada pressão, a temperatura no par de atrito é um valor limitado t_*. Deste modo, a potência de atrito admissível pode ser determinada para as condições dadas de remoção de calor utilizando a fórmula (2.47)

$$N_* \le (B_1 + B_2)t_* - B_1 t_1 - B_2 t_2, \qquad (2.49)$$

e tendo em conta (2.48), o valor admissível da carga operacional:

$$(\omega r_c \Delta p f)_* \leq \frac{1}{k_e S_c}\left[(B_1 + B_2)t_* - B_1 t_1 - B_2 t_2\right]. \quad (2.50)$$

Pode ver-se a partir de (2.48) que, para reduzir a temperatura no par de atrito, é necessário reduzir as perdas de potência por atrito e aumentar a remoção de calor, intensificando a transferência de calor (aumentando o número de Nusselt), aumentando os coeficientes de transferência de calor e as secções transversais dos anéis. O comprimento do anel é incluído apenas no argumento da tangente hiperbólica, cujo valor limite é um.

Uma vez que para *ml=1*,6 th *(ml)*=0,9217 (valor limite), é ineficaz aumentar ainda mais este argumento aumentando o comprimento do anel. A relevância dos vários métodos para reduzir a temperatura na zona de contacto deve ser determinada com base nas condições de funcionamento específicas.

Uma vez que o coeficiente de condutividade térmica e o número de Nusselt Nu_2 para o ar são muito menores do que para o líquido, em muitos casos, o rácio B_2 / B_1 na fórmula (2.48) pode ser negligenciado em comparação com a unidade e, para estimar a temperatura no par de atrito, utilizar a fórmula simplificada

$$t_0 = t_1 + N_c / B_{.1} \quad (2.51)$$

2.1.8 Deformações térmicas do anel do par de fricção

A experiência de funcionamento dos selos mecânicos mostra que, em resultado das deformações angulares dos anéis, o desgaste das superfícies de contacto ao longo do raio é desigual. As deformações em primeira aproximação podem ser consideradas como um movimento rotativo da secção transversal do anel sem alterar a sua forma e sem ter em conta a interação entre as fibras do anel, ou seja, considerando o estado de tensão como uniaxial, o que torna relativamente fácil calcular o ângulo de rotação do anel [6]:

$$\phi = \frac{M_t + M_p}{El_y} y_c, \quad (2.52)$$

em que y_c - raio do centróide da secção; I_y - segundo momento de área na direção do eixo *Oy*, passando pelo centróide e perpendicular ao eixo do anel; *E* - módulo de elasticidade do material do anel; M_t , M_p - momentos de força na direção do eixo *Oy*, condicionados pela irregularidade dos campos de temperatura e pressão.

O momento condicionado pela variação de temperatura ao longo do comprimento do anel é determinado pela integral [1] $M_t = \int\limits_{(s)} E\beta\theta x dx$, ou seja, é possível obter uma diminuição do momento térmico utilizando anéis combinados: um anel deslizante feito de um material antifricção com um baixo módulo de elasticidade e coeficiente de expansão linear é fixado no anel de retenção de aço. Deste modo, as componentes do momento térmico diminuem, correspondendo às zonas de intersecção mais afastadas do eixo *Oy*, e estão sujeitas à ação de grandes gradientes de temperatura $(\theta x)_{\max}$ (Fig. 2.13, *c*).

Para o anel mostrado esquematicamente na Fig. 2.14, a rotação da secção em resultado das deformações de temperatura ocorre no sentido contrário ao dos ponteiros do relógio; por conseguinte, o momento de temperatura é positivo $M_t > 0$. Se a secção do anel tiver uma forma retangular, então $I_y = bl_3 /12$, $dS = bdx$, $y_c = 0{,}5\ (r_1 + r_2\ )$. Com um módulo de elasticidade constante por secção e um coeficiente de expansão linear, a componente de temperatura do declive da curva elástica é calculada pela fórmula

$$\phi_t = \frac{6\beta(r_1 + r_2)}{l_3} \int\limits_0^l \theta(x) x dx, \qquad (2.53)$$

e tendo em conta (2.45) para distribuir a temperatura ao longo do comprimento do anel

$$\phi_t = \frac{12\beta\theta_0(r_1 + r_2)}{m^2 l^3} \frac{\mathrm{sh}^2(ml/2)}{\mathrm{ch}(ml)}. \qquad (2.54)$$

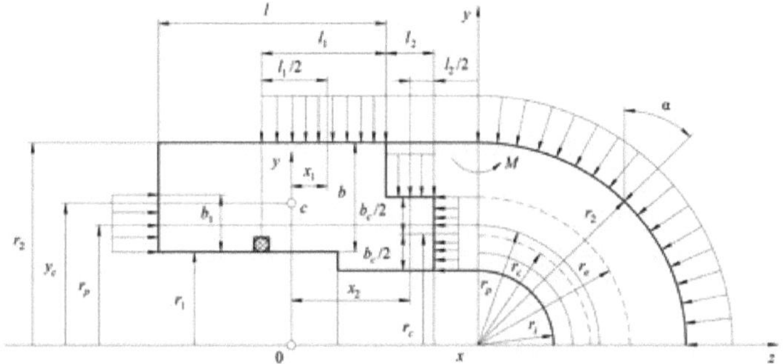

Fig. 2.14. Diagrama da deformação do anel de vedação

A fórmula (2.54) pode ser utilizada para uma estimativa aproximada da deformação térmica. [81] apresenta a fórmula obtida a partir de (2.53), partindo do princípio de que a temperatura ao longo do comprimento do anel varia linearmente. Neste caso, as deformações acabam por ser significativamente subestimadas.

O momento M_r em torno de um eixo Oy das forças de pressão radiais que actuam numa superfície cilíndrica com raio r_2 e comprimento l_1 será obtido se somarmos os momentos das projecções das forças de pressão elementares (ver Fig. 2.14) no plano $xOz: dM_r = -p_1 l_1 r_2 x_1 \sin\alpha d\alpha$. O momento total sobre duas superfícies cilíndricas é

$$M_r = \int_0^{\pi/2} dM_r = -p_1(l_1 r_2 x_1 + l_2 r_e x_2).$$

Se, ao calcular os momentos das forças radiais, as projecções das forças de pressão elementares mudarem, então, ao calcular o momento das forças axiais, o braço da força elementar é variável:

$$dM_a = p_1 b_1 r_p^2 \sin\alpha d\alpha - p_c b_c r_c^2 \sin\alpha d\alpha.$$

Tendo em conta que $p_c = kp_1$, $k = S/S_c = b1r /b\ r_{pcc}$, deve escrever-se

$$M_a = p_1(b_1 r_p^2 - k b_c r_c^2) = p_1 b_1 r_p^2 (1 - r_c / r_p). \quad (2.55)$$

Da fórmula (2.55) resulta que o momento das forças axiais depende do coeficiente de carga. Para juntas equilibradas $k < 1$, $r_p > r_c$, $M_a > 0$, para juntas carregadas - $k < 0$, $r_p < r_c$, $M_a < 0$. Se $k = 1$, então $r_p = r_c$, $M_a = 0$. Por conseguinte, o módulo do momento das forças axiais é tanto maior quanto mais o coeficiente de carga for diferente de um. Para reduzir o momento das forças radiais, é necessário selecionar o anel de modo a que o deslocamento x_1 do centro da carga radial em direção ao centroide da secção seja mínimo [93].

O declive total da curva elástica (2.52) é determinado pela expressão algébrica dos momentos ou pela expressão algébrica das componentes correspondentes do declive da curva elástica $(\phi = \phi_t + \phi_p)$. As possibilidades de reduzir as deformações totais do anel alargam-se assim: as deformações de temperatura podem ser compensadas por deformações de força. O deslocamento dos pontos exteriores da superfície de contacto para os interiores pode ser determinado com base no declive total da curva elástica: $\delta = \phi b_c$. Com base na experiência de muitos anos no desenvolvimento e operação de vedantes mecânicos em várias condições, o valor limite admissível δ é determinado a partir da relação $\delta / r_e \leq 1,2 \cdot 10^{-4}$. Os deslocamentos positivos correspondem à abertura da folga final a partir do lado de um raio maior r_e da superfície de contacto.

Com base nos resultados de estudos experimentais e computacionais [75, 76], é possível obter uma solução para o problema da temperatura que é bastante aceitável para o cálculo das deformações térmicas dos anéis de vedação mecânica, limitando-se a estimar a geração de calor na fenda de vedação em condições de atrito líquido.

No processo de investigação, foram obtidas as dependências dos coeficientes de caudal relativo C_Q e de potência C_N (Fig. 2.15).

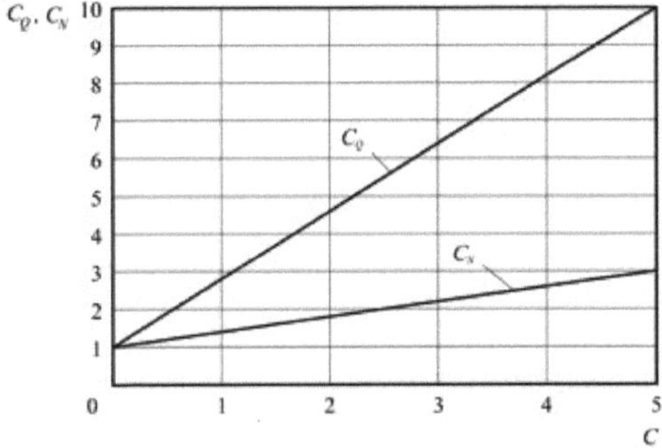

Fig. 2.15. Dependência dos coeficientes de caudal relativo C_Q e da potência C_N do coeficiente C da forma da fenda da junta de estanquidade rotativa

O modelo de cálculo baseia-se nos seguintes pressupostos:

- apenas é considerado o modo de funcionamento estacionário da unidade de selagem;

- são utilizados anéis de vedação com uma secção transversal de forma retangular simples ou próxima disso;

- na câmara de selagem, é mantida uma diferença de temperatura baixa (não superior a 10 °C) entre a temperatura na superfície lateral dos anéis e o meio de arrefecimento na câmara;

- as diferenças de temperatura nos anéis do par de extremidades são determinadas pela sua altura (diferenças axiais);

- a temperatura da extremidade posterior do anel que não está a funcionar é considerada igual à temperatura do fluido que está a ser vedado na câmara de vedação;

- os fluxos de calor específicos nos anéis do par de atrito são distribuídos em função da condutividade térmica dos materiais dos anéis de acordo com a dependência ; $\frac{q_1}{q_2} = \frac{\lambda_1}{\lambda_2}$

- o fluxo de calor fornecido à superfície de vedação dos anéis é dissipado em todo o volume de cada anel do par de atrito;

- ao determinar a diferença de temperatura ao longo da altura de cada um dos anéis (resolvendo a equação da condução de calor), a lei de Fourier é utilizada para o problema unidimensional da distribuição da temperatura no corpo do anel.

Os resultados dos trabalhos [75, 76] mostraram que o papel dominante no tamanho das deformações dos anéis de vedação mecânica a partir do campo de temperatura é desempenhado pelas quedas de temperatura axiais nos anéis. A seguir, na Tabela 2.4, apresenta-se um algoritmo detalhado para o cálculo da diferença de temperatura axial e das deformações de temperatura nos anéis de vedação mecânica desenvolvido em [73] sob a forma de um procedimento de cálculo.

Tabela 2.4. Método para determinar as deformações térmicas em anéis de vedação mecânicos

Etapa	Ordem de definição
1	O desenho do conjunto e as dimensões geométricas das peças são selecionados: r_1 , r_2 são os raios exterior e interior da banda de vedação dos anéis; materiais dos anéis do par de atrito (incluindo os coeficientes de condutividade térmica λ e de expansão linear α); a área F_K do contacto de vedação das superfícies de um par de anéis; fator de carga *k*; parâmetro de forma da ranhura *C*; factores de correção C_Q e C_N (para selecionar os valores dos factores de correção, pode utilizar o gráfico da Fig. 2.15)
2	Os parâmetros de funcionamento do vedante são os seguintes: pressão diferencial Δp através do vedante, frequência angular do veio ω , fuga admissível através do vedante *Q*, temperatura t , e viscosidade dinâmica μ do meio a vedar no modo de funcionamento.
3	Está a ser desenvolvido um projeto de conceção da unidade de vedação mecânica. No cálculo subsequente da unidade de vedação, considera-se que a forma da junta de vedação obtida como resultado das deformações de força e temperatura corresponde a uma forma em que o valor específico da força de apoio $\overline{F}$ na junta de vedação corresponde em magnitude ao fator de carga *k*
4	Utilizando a dependência (2.35) para a fuga através de um selo mecânico com uma ranhura plana, calcula-se a dimensão da fenda mínima h_0 na ranhura de vedação, tendo em conta o fator

Etapa	Ordem de definição
	de correção C_Q . A dimensão da fuga Q é especificada através da correção da forma da fenda, de acordo com o fator de carga k selecionado do conjunto de vedação.
5	Uma vez que, no regime de lubrificação hidrodinâmica, o fator de carga k é igual à força de apoio sem dimensão $\overline{F}$, a partir do gráfico da Fig. 2.10, é possível definir o valor do parâmetro de forma da fenda C
6	A partir da expressão $C = y/h_0$, determina-se a altura y da cunha na junção das superfícies que formam a fenda de vedação, que ocorre no regime de atrito hidrodinâmico em resultado das deformações de força e temperatura dos anéis
7	Para uma junta de estanquidade rotativa com uma folga de estanquidade mínima conhecida, determinam-se as perdas de potência por fricção, tendo em conta o fator de correção C. $_N$ $$N = \frac{\pi\mu\omega^2(r_2^4 - r_1^4)}{2C_N h_0}$$
8	O fluxo de calor específico para os anéis a partir da geração de calor na fenda de vedação é determinado: $q = \frac{N}{F_K}$
9	A distribuição relativa dos fluxos de calor nos anéis de vedação mecânica do par de fricção é determinada: $k_\lambda = \frac{\lambda_1}{\lambda_2}$ ou $\frac{q_1}{q_2} = \frac{\lambda_1}{\lambda_2}$, em que $q_1 + q_2 = q$
10	As dissipações do fluxo de calor nos coeficientes do anel são determinadas k_1 e k_2 . Neste caso, são utilizadas as seguintes hipóteses simplificadoras: - o fluxo de calor que chega à superfície de vedação do anel é distribuído por todo o volume do anel; - a temperatura da extremidade posterior do anel que não está a funcionar é considerada igual à temperatura do fluido que está a ser vedado na câmara de vedação; $k_1 = \frac{r_{21} - r_{11}}{r_2 - r_1}$ -para o anel 1; $k_2 = \frac{r_{22} - r_{12}}{r_2 - r_1}$ - para o anel 2
11	São determinadas as diferenças gerais de temperatura axial nos anéis do par de fricção: $t_1 - t_{cp} = \frac{q_1 H_1}{\lambda_1 k_1}$, $t_2 - t_{cp} = \frac{q_2 H_2}{\lambda_2 k_2}$
12	As deformações de temperatura das superfícies de vedação de cada um dos anéis são determinadas devido à rotação da secção

Etapa	Ordem de definição
	a partir do gradiente de temperatura axial: $\phi_1 = \frac{\alpha_1(t_1 - t_{cp})(r_2^2 - r_1^2)}{2l_a}$, $\phi_2 = \frac{\alpha_2(t_2 - t_{cp})(r_2^2 - r_1^2)}{2l_b}$
13	A deformação térmica total dos anéis na vedação é determinada $\phi = \phi_1 + \phi_2$

Uma análise dos factores que afectam a deformação dos anéis de libertação de calor mostra que a deformação de cada um deles é expressa pela dependência funcional

$$\phi = f(\alpha_t, \mu, v^2, b, B, l^{-1}, \lambda^{-1}),$$

em que é o coeficiente α de expansão linear do material; μ é a viscosidade do meio a vedar; b é a largura da banda de vedação do par de atrito B ; é a largura do anel ao longo da coordenada radial; H - espessura do anel; λ é o coeficiente de condutividade térmica do material do anel; v é a velocidade de deslizamento relativa no par de atrito.

A maior influência na deformação é exercida pela velocidade de deslizamento relativa dos anéis do par de vedantes. Ao conceber um conjunto de vedação, é desejável selecionar os materiais de um par de anéis de forma a que os complexos para eles sejam próximos em tamanho.

2.1.9 Deformações forçadas de anéis de vedação

Ao projetar vedantes mecânicos, é necessário calcular as deformações esperadas das superfícies de vedação dos anéis para determinar a sua forma na junta final. Vamos considerar um método de cálculo baseado nas disposições da teoria das deformações axissimétricas de peças anulares e a possibilidade da sua utilização prática no exemplo do cálculo de uma vedação mecânica típica.

Quando carregados com a pressão do meio a selar, os anéis dos selos mecânicos sofrem a ação de forças radiais e axiais axissimétricas, bem como de momentos de flexão.

Para calcular as deformações no corpo dos anéis sob a influência da pressão do meio a ser vedado, é utilizada a teoria das deformações axissimétricas de peças anulares com pequenos deslocamentos, que se baseia nos seguintes pressupostos:

- a forma da secção transversal do anel permanece inalterada e, quando carregada, a secção apenas roda no seu plano relativamente ao centro de gravidade;

- o estado de tensão em qualquer ponto do anel é uniaxial, ou seja, as fibras anulares são deformadas na direção circunferencial e não exercem força umas sobre as outras.

Neste ponto, apresentam-se as principais disposições desta teoria, que são utilizadas posteriormente no método de cálculo. Consideremos um anel de uma junta de estanquidade rotativa equilibrada, com uma forma típica, como mostra a Fig. 2.16

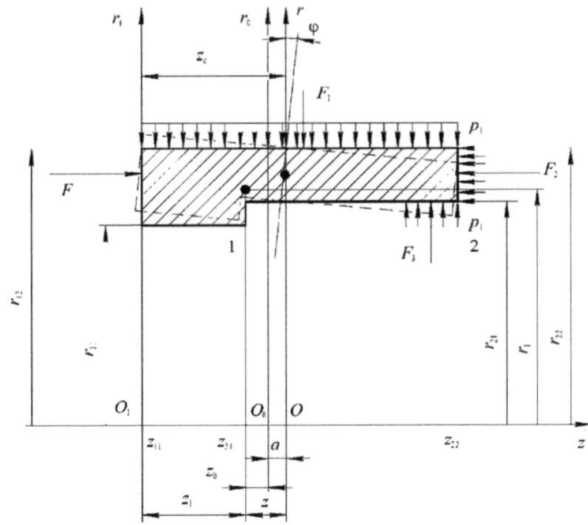

Fig. 2.16. Esquema de cálculo para o anel de vedação mecânico no caso de o carregar com uma queda de pressão:

p_1 é a pressão do meio que está a ser vedado; F é a força de carga;

ϕ é o ângulo de rotação da secção do anel;

c é o centro de massa da secção do anel

A deformação da secção transversal do anel é representada como uma rotação da secção através de um ângulo Θ em relação ao seu centro de massa c, cujas tensões são iguais a 0. Na procura de uma solução para o problema, são utilizadas as seguintes caraterísticas geométricas para a secção transversal do anel:

$$I_1 = \oint_S \frac{dS}{r}; ; , I_2 = \oint_S \frac{zdS}{r} \quad I_3 = \oint_S \frac{z^2 dS}{r}$$

em que r e z são as coordenadas radiais e axiais de um ponto arbitrário da secção do anel; dS é a área da secção transversal elementar do anel.

As quantidades I_1 e I_3 são sempre positivas, e o sinal de I_2 depende da escolha da posição do eixo de coordenadas.

O eixo Or é designado por eixo principal da secção do anel se o integral I_2 da secção transversal do anel for igual a 0. Para determinar a posição do eixo principal, escolhe-se um eixo auxiliar arbitrário $O_1 r_1$. A distância entre os eixos $O_1 r_1$ e Or será designada por z_c . Então, a distância ao ponto A a partir do eixo auxiliar será z_1 , a partir do eixo principal $z = z_1 - z_c$, e a caraterística geométrica

$$I_3 = I_3^{O_1 r_1} - I_1 z_c^2 .$$

A secção transversal do anel pode ser dividida em vários rectângulos, em que z_{i1} e z_{i2} são as coordenadas iniciais e finais do retângulo i^{th} no eixo z.

Neste caso, os integrais , , I_1 I_2 I_3 em relação ao eixo auxiliar $O_1 r_1$ podem ser escritos sob a forma de expressões:

$$I_1 = \sum_{i=1}^{n} (z_{i2} - z_{i1}) \ln \frac{r_{i2}}{r_{i1}};$$

$$I_2 = \sum_{i=1}^{n} \left(\frac{z_{i2}^2 - z_{i1}^2}{2}\right) \ln \frac{r_{i2}}{r_{i1}};$$

$$(2.56)$$

$$I_3 = \sum_{i=1}^{n} \left(\frac{z_{i2}^3 - z_{i1}^3}{3}\right) \ln \frac{r_{i2}}{r_{i1}} - \frac{I_2^2}{I_1},$$

em que o índice i é o número do retângulo; r_{i1} e r_{i2} são as coordenadas do retângulo i^{th} no eixo r.

Para uma secção de um anel constituída por um único retângulo de comprimento z, o eixo Or passa pelo seu centro de simetria e as dependências (2.56) têm a forma:

$$I_1 = z \ln \frac{r_2}{r_1}; ; . I_2 = 0 \; I_3 = \frac{z^3}{12} \ln \frac{r_2}{r_1} \qquad (2.57)$$

Para calcular as tensões no corpo do anel, é necessário conhecer a posição da linha neutra $O_0 r_0$, que depende da natureza e da magnitude da carga do anel. As coordenadas dos pontos no anel z_0 e o ângulo ϕ de rotação da sua secção são contados a partir desta linha ao calcular os valores necessários da deformação do anel. A posição da linha neutra é determinada pelas tensões na secção transversal do anel. Estas últimas, por sua vez, estão associadas a uma carga externa e podem ser encontradas resolvendo as equações de equilíbrio para metade do anel a partir das forças radiais e dos momentos das forças de carga.

As forças normais F_N e os momentos flectores M para casos especiais de carregamento, reduzidos à secção do anel numa forma conveniente para utilização na compilação das equações de equilíbrio, são apresentados na Fig. 2.17 [73].

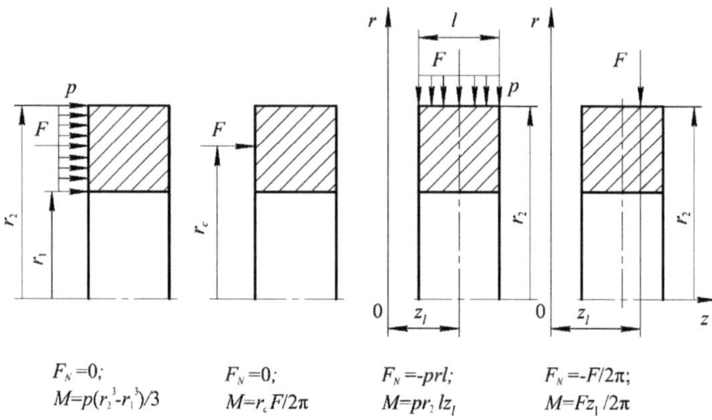

Fig. 2.17. Forças normais F_N e momentos flectores M na secção transversal do anel para casos especiais de carregamento

Para as vedações de veios de alta velocidade com uma velocidade superior a 100 m/s, é necessário ter em conta o efeito da carga de inércia na deformação do anel rotativo do par de extremidades. Esta influência deve ser tida em conta na equação das forças radiais pelo termo

$$N_i = \int_{r_{i1}}^{r_{i2}} \rho\omega^2 z_i r^2 dr, \qquad (2.58)$$

e na equação dos momentos flectores, o termo

$$M_i = \int_{r_{i1}}^{r_{i2}} \rho\omega^2 z_i (z_{i2} - z_{i1}) r^2 dr, \qquad (2.59)$$

Em que ρ é a densidade do material do anel; ω é a frequência angular do veio; r é a coordenada radial do i^{th} retângulo selecionado para dividir a secção do anel.

Sob a ação de uma carga axissimétrica, apenas surgem tensões normais nas secções transversais do anel. Estas tensões podem ser positivas ou negativas; nos pontos da linha neutra, as tensões são 0.

Deformação relativa da fibra anular no corpo do anel

$$\varepsilon_i = \frac{\Delta r}{r} = \frac{\phi z_0}{r}, \qquad (2.60)$$

Em que z_0 é a distância do ponto considerado na secção do anel à linha neutra; ϕ é o ângulo de rotação da secção do anel.

Por conseguinte, a tensão circunferencial

$$\sigma_i = \varepsilon_i E = \frac{\phi z_0 E}{r}; \qquad (2.61)$$

em que E é o módulo de elasticidade do material.

Tendo em conta a dependência (2.55), obtemos:

$$F_N = \phi E \int_S \frac{z_0 dS}{r};\ .M = \phi E \int_S \frac{z_0 z dS}{r} \qquad (2.62)$$

Denotamos a distância entre o eixo principal Or e a linha neutra $O_0 r_0$ por a, então as distâncias conhecidas z do eixo principal a qualquer ponto da secção do anel podem ser expressas em termos das suas distâncias $z_0 = z - a$ da linha neutra $O_0 r_0$, e as equações (2.62) tomam a forma:

$$F_N = \phi E \left[\int_S \frac{dSz}{r} - a \int_S \frac{dS}{r} \right];\ .M = \phi E \left[\int_S \frac{dSz^2}{r} - a \int_S \frac{dSz}{r} \right]$$

Utilizando a notação introduzida e fixando $I_2 = 0$, uma vez que o eixo Or é o principal, obtemos

$$F_N = -\phi E a I_1,\ .M = \phi E I_3 \qquad (2.63)$$

Daí o ângulo de rotação da secção anelar em relação ao centro de massa c:

$$\phi = \frac{M}{EI_3}, \qquad (2.64)$$

e a distância à linha neutra

$$a = -\frac{F_N}{EI_1 \phi} = -\frac{F_N I_3}{M I_1}. \qquad (2.65)$$

Utilizando a dependência (2.61), é possível obter a tensão para qualquer ponto da secção:

$$\sigma_i = \frac{Mz_0}{rI_3} + \frac{F_N}{rI_1}. \qquad (2.66)$$

Se a força normal N na secção for igual a 0, então o anel sofre apenas flexão, ou seja, $a = 0$ e a linha neutra $O_0 r_0$ coincide com o eixo principal Or da secção; se $M = 0$, a tensão no corpo do anel não depende da coordenada z.

As dependências acima referidas são utilizadas para calcular a forma da fenda de vedação de uma vedação mecânica equilibrada.

2.2. Selos mecânicos sem contacto

2.2.1 Classificação e objetivo

A principal caraterística que distingue as juntas de estanquidade rotativas sem contacto das juntas de estanquidade rotativas mecânicas é a presença de uma folga garantida no par de extremidades durante a rotação do veio. A folga final especificada durante o funcionamento é preenchida com um meio de vedação (líquido, gás) ou um meio de uma fonte externa, que proporciona lubrificação e arrefecimento das correias de vedação dos anéis. A presença de uma folga garantida permite que os anéis do par de vedação operem praticamente sem o menor desgaste em condições de lubrificação líquida, o que expande significativamente a gama de vedações sem contacto na direção de altas pressões de vedação e velocidades de rotação do eixo. Neste caso, consegue-se um aumento significativo da vida útil e da fiabilidade da junta de estanquidade rotativa; no entanto, devido ao aparecimento de algumas fugas, na maioria dos casos insignificantes, através do par mecânico [77, 78].

De acordo com o princípio da criação de uma fenda, os selos mecânicos sem contacto dividem-se nos seguintes tipos principais

- hidrostática;

- hidrodinâmica;

- dinâmica hidrostática (híbrida, mista);

- impulso.

Ao contrário dos vedantes mecânicos de contacto, cujos anéis do par de extremidades são feitos com bandas de vedação estreitas e planas, os vedantes mecânicos sem contacto são concebidos com superfícies de vedação significativamente mais largas. São feitas bolsas especiais, degraus ou outra forma de superfície na superfície de vedação, devido à qual é possível proporcionar a folga necessária no par de extremidades durante a vedação.

Considerando as caraterísticas de conceção e os princípios de funcionamento, os selos mecânicos sem contacto são utilizados principalmente em máquinas centrífugas de alta velocidade. A vedação fiável do rotor, que roda a uma frequência de 10.000 rpm ou mais, é um problema científico e técnico complexo, cuja solução bem sucedida determina muitas vezes a própria possibilidade de criar e continuar a operar esse equipamento.

Além disso, os selos mecânicos sem contacto são utilizados em casos em que os selos mecânicos não podem proporcionar a fiabilidade e a vida útil exigidas em condições de funcionamento difíceis, quer se trate de velocidades de deslizamento elevadas ou de pressões de vedação elevadas, por exemplo, os selos de extremidade das bombas de circulação principais das centrais nucleares. Por conseguinte, as concepções eficientes e fiáveis de vedantes mecânicos sem contacto são frequentemente únicas e são criadas como resultado de estudos teóricos e experimentais em grande escala.

Além disso, uma das caraterísticas distintivas na classificação proposta de tipos e tipos de selos mecânicos é o tamanho da lacuna esperada na lacuna entre as superfícies de vedação durante a operação do dispositivo de vedação. De acordo com A.I. Golubev [23], as lacunas durante a operação de selos mecânicos convencionais são de 0,5-2 μm; para selos hidrodinâmicos sem contato - mais de 2 μm, e para os hidrostáticos - mais de 5 μm.

2.2.2 Vedantes mecânicos hidrostáticos

Os vedantes mecânicos hidrostáticos sem contacto incluem vedantes em que a pressão estática do fluido a vedar ou fornecida por uma fonte externa é utilizada para criar uma folga no par de fricção.

O protótipo destes vedantes foram as chumaceiras de impulso hidrostático, que utilizam o mesmo princípio de criação de uma película lubrificante entre as superfícies terminais.

Uma caraterística distintiva das chumaceiras de impulso hidrostático em relação aos vedantes é a folga nominal entre as superfícies das extremidades e o objetivo. Ao contrário dos vedantes, a chumaceira é concebida para absorver as cargas que actuam no veio da máquina, enquanto que a quantidade de fluxo de lubrificante através da folga final não é crítica, pelo que a folga calculada é da ordem dos 20-40 μm. Nos vedantes mecânicos hidrostáticos, a dimensão da folga mecânica é de importância decisiva, uma vez que determina a quantidade de fugas através do vedante; por conseguinte, ao conceber o vedante, tenta-se assegurar a menor folga mecânica possível, o que garante a ausência de contacto entre as bandas de vedação durante o funcionamento. Regra geral, a folga final óptima para os vedantes hidrostáticos situa-se na gama de 5-10 μm.

Dependendo da conceção, os vedantes mecânicos hidrostáticos dividem-se em vedantes:

- com câmaras fechadas;

- com uma inserção porosa;

- com inserção deformável;

- com folga na extremidade do confusor;

- com um passo na direção radial.

Nos modelos de vedantes mecânicos hidrostáticos com câmaras ou um inserto poroso, a formação de uma força de apoio na camada de lubrificação da fenda de vedação é conseguida através do fornecimento de um meio a partir da cavidade vedada ou de uma fonte de pressão separada para a zona de contacto. Os canais de alimentação são dispositivos de estrangulamento que determinam tanto a rigidez da camada lubrificante na fenda como as propriedades de amortecimento do sistema devido à resistência dos estranguladores ao fluxo do fluido através deles quando o tamanho das fendas na fenda de vedação muda. Em tais projectos de vedação, os estranguladores são incorporados nos canais de alimentação; normalmente, são capilares (orifícios calibrados) ou inserções porosas.

Quando o fluido a alta pressão é fornecido à ranhura da extremidade, a folga entre as superfícies da extremidade é mantida e auto-regulada devido à continuidade do fluxo do meio com um caudal determinado pelas resistências dos elementos do percurso do fluxo. A relação entre a pressão na camada de lubrificante e a folga é caracterizada pela "rigidez" da camada (alterações na força na folga resultantes de uma alteração no tamanho da folga). A rigidez da camada deve aumentar com a diminuição da fenda para um funcionamento estável da vedação [74].

Nas vedações mecânicas hidrostáticas, a força de carga que pressiona o anel axialmente móvel contra o contra-anel é percebida pela força de reação que ocorre na camada de lubrificação da fenda de vedação. A formação desta reação deve-se às propriedades inerentes a uma tal camada com um fluxo viscoso num espaço estreito na direção radial entre as paredes que a limitam de uma cavidade de alta pressão para uma cavidade de baixa pressão, bem como à relação entre as caraterísticas de resistência dos canais de alimentação de lubrificante às câmaras e de saída das mesmas.

No caso das juntas mecânicas hidrostáticas com dispositivos para fornecer lubrificação às superfícies de um par de anéis em atrito, fabricados sob a forma de câmaras simples ou câmaras com inserções, a lubrificação pode ser fornecida num modo de alimentação constante ou pulsante. As juntas mecânicas com um modo de alimentação constante são normalmente alimentadas com lubrificação através de canais localizados no mesmo anel em que as câmaras estão localizadas (Fig. 2.18, *a*).

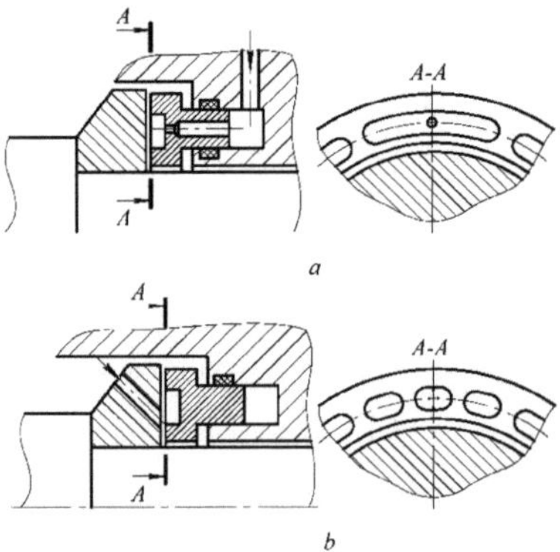

Fig. 2.18. Esquemas de lubrificação para pares de fricção de vedantes

mecânicos:

a - fornecimento de lubrificante a partir de uma fonte externa; *b* - fornecimento de lubrificante a partir da cavidade selada

Nos selos mecânicos com uma fonte de alimentação pulsante, os canais para fornecer lubrificação às câmaras hidrostáticas estão normalmente localizados num anel, e as próprias câmaras estão localizadas noutro anel do par de extremidades (Fig. 2.18, *b*). Os vedantes hidrostáticos mecânicos são utilizados para quedas de pressão de 5 a 50 MPa.

Nas juntas de estanquidade rotativas hidrostáticas com lubrificação constante, os canais de alimentação de lubrificante às superfícies de estanquidade dos anéis são normalmente feitos no corpo ou na superfície do mesmo anel do par de extremos em que se encontram as câmaras ou ranhuras.

Nos vedantes hidrostáticos, a força de suporte na camada de lubrificação que ocorre durante o funcionamento do vedante é praticamente independente da velocidade do veio. Isto porque a capacidade de suporte da camada de lubrificação é criada apenas pela pressão hidrostática e não é afetada pelas forças hidrodinâmicas que ocorrem durante a rotação. A este respeito, a folga final em tais vedantes também é independente da velocidade do veio.

Outra caraterística dos vedantes hidrostáticos é que, na ausência de rotação do veio (no parque de estacionamento), mas com o fornecimento de líquido sob pressão ao par de fricção, este abre-se pelo valor da folga calculada e o vedante vaza, ou seja, não funciona como parque de estacionamento.

Outra desvantagem dos selos mecânicos hidrostáticos, especialmente os que têm um inserto poroso ou capilar, é o facto de esses selos serem muito sensíveis à presença de contaminantes no líquido que é fornecido através dos canais de alimentação. Os canais e os insertos porosos ficam obstruídos com sujidade ao longo do tempo e perdem a sua capacidade, o que leva a uma perda de desempenho do vedante.

As juntas hidrostáticas, que têm câmaras na sua superfície de trabalho, ranhuras com inserções, degraus na direção radial, confusor, ou a sua combinação, são mostradas na Fig. 2.19.

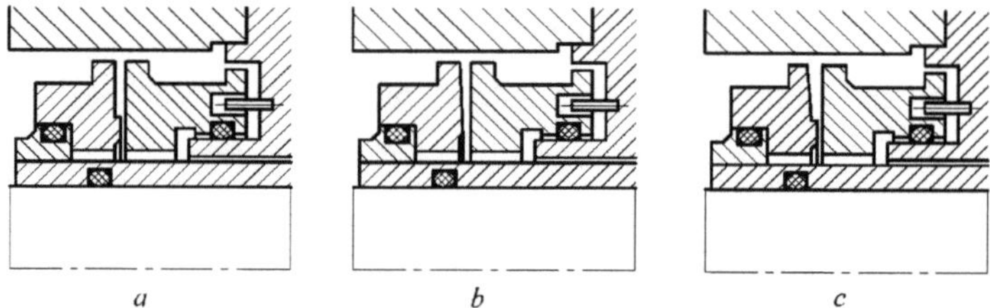

Fig. 2.19. Vedantes hidrostáticos:
a - com um microstep; *b* - com um bisel; *c* - com bisel e microstep

Neste caso, a folga em cunha está ligada ao espaço de alta pressão do meio vedante ou selado por canais de alimentação de lubrificante. Estes modelos permitem manter automaticamente uma determinada folga entre as superfícies de trabalho, alterando o diagrama de pressão em função da alteração do valor da folga axial. Os vedantes são de conceção simples e não requerem sistemas adicionais. As suas desvantagens são a ausência de um momento de compensação e uma maior sensibilidade ao desgaste, uma vez que o degrau e o bisel têm dimensões da ordem de várias dezenas de micrómetros.

Para um funcionamento sem contacto, os vedantes hidrostáticos requerem uma determinada queda de pressão, que cria uma folga axial garantida; caso contrário, os anéis estarão em contacto e desgastar-se-ão durante o funcionamento.

As vedações mecânicas hidrostáticas com uma junta de vedação em forma de cunha na direção radial são eficazes quando a relação entre a dimensão da fenda à entrada e a dimensão da fenda entre as superfícies de vedação à saída não é superior a 8:1 (a relação óptima é de 3:1). Por conseguinte, apesar da aparente simplicidade, a implementação de superfícies de vedação com esta forma (com um tamanho de perna em cunha de até um ou vários micrómetros) apresenta certas dificuldades tecnológicas.

As juntas de estanquidade rotativas hidrostáticas com um degrau na direção radial cativam pela simplicidade da sua conceção, uma vez que não é difícil obter tecnologicamente tais degraus.

Se nas juntas mecânicas convencionais (de contacto), a fase inicial do funcionamento do conjunto da junta é realizada com contacto direto entre as superfícies de vedação, nas juntas mecânicas hidrostáticas com um regime de lubrificação constante, a fase inicial do funcionamento da junta mecânica é possível sem contacto entre as superfícies de vedação.

Nas vedações mecânicas hidrostáticas, a força de carga que pressiona o anel axialmente móvel contra o axialmente estacionário é percebida pela força de reação que ocorre na camada de lubrificação da fenda de vedação. A formação desta reação deve-se às propriedades inerentes a uma tal camada com um fluxo viscoso num espaço estreito na direção radial entre as paredes, limitando-o da cavidade com alta pressão para a cavidade com baixa pressão, bem como à relação entre as caraterísticas de resistência dos canais de alimentação de lubrificante às câmaras e de saída das mesmas. O estrangulamento dos canais de entrada e de saída é também a própria fenda de vedação com uma forma plana, escalonada ou confusa.

Uma combinação de dois ou mais estranguladores é utilizada como reguladores de distribuição de pressão de ranhura. Exemplos de vedantes com dois estrangulamentos são as concepções de vedantes mecânicos com fendas escalonadas e afuniladas, em que os estrangulamentos são as resistências das secções de entrada e de saída da fenda.

Quando o fluido a alta pressão é fornecido à fenda da extremidade, a fenda entre as superfícies da extremidade é mantida e auto-regulada devido à continuidade do fluxo do meio com uma taxa de fluxo determinada pelas resistências do acelerador. A relação entre a pressão na camada de lubrificante e a folga é caracterizada pela "rigidez" da camada (alterações na força na folga devido a uma alteração no tamanho da folga). Para um funcionamento estável do vedante, é necessário que a rigidez da camada aumente com a diminuição da abertura [74]. Os dispositivos com superfícies de trabalho maleáveis e deformáveis sob pressão caracterizam-se por propriedades de elevado desempenho:

- maior capacidade de suporte;

- rigidez significativa em pequenas aberturas;

- a capacidade de resistir aos golpes;

- menor sensibilidade à presença de partículas estranhas no lubrificante;

- não exigem um tratamento cuidadoso de uma superfície de trabalho;

- permitem pequenas fugas mesmo com deformações significativas das superfícies de trabalho.

Graças a estas vantagens, as superfícies flexíveis também encontraram aplicação nos vedantes mecânicos.

Os resultados de experiências em vedantes mecânicos com ranhuras hidrodinâmicas segmentadas mostraram que o efeito da não uniformidade da temperatura em anéis com ranhuras na formação da ondulação das superfícies dos pares de fricção é insignificante [6, 76], especialmente para vedantes carregados com alta pressão. Nesses vedantes, parte das superfícies de fricção é lavada pelo ambiente e arrefecida muito mais intensamente do que nos vedantes normais, o que leva a uma significativa irregularidade de temperatura radial no corpo do anel. Isto leva à formação de uma forma confusa da junta final num par de superfícies de vedação.

Nos vedantes mecânicos, em que as ranhuras de arrefecimento são feitas na superfície de vedação, a força de apoio resultante na camada de lubrificante depende mais significativamente da velocidade do veio. Isto porque, com um aumento da velocidade de deslizamento no par de fricção e um aumento da libertação de calor na fenda, a remoção de calor da periferia dos anéis também aumenta devido ao fornecimento de lubrificante às superfícies de deslizamento. Isto leva a um aumento da não-uniformidade térmica na altura e largura dos anéis, a fenda confusora e a espessura da camada lubrificante aumentam.

Deve notar-se que a caraterística das ranhuras nas superfícies das vedações interiores é o bom arrefecimento de uma parte das superfícies dos anéis a partir do lado do diâmetro exterior. Isto contribui para a formação de uma forma confusora da fenda de vedação na direção radial e para a manifestação de efeitos hidrostáticos. As suposições de que se formam diferenças significativas nas caraterísticas de temperatura na superfície dos anéis entre as ranhuras, que podem causar a deformação ondulatória das superfícies e a ocorrência de efeitos hidrodinâmicos, não foram confirmadas experimentalmente [75, 76]. Por conseguinte, estas juntas mecânicas devem ser classificadas como hidrostáticas.

Sob alta pressão diferencial e velocidade de rotação, quando é necessário proporcionar uma vida útil prolongada e são permitidas fugas insignificantes, os vedantes com uma película de líquido contínua são cada vez mais utilizados. Estes incluem os vedantes hidrostáticos que consistem nos mesmos componentes que os vedantes mecânicos convencionais. Para formar uma folga garantida entre as superfícies de vedação (Fig. 2.20, *a*), são criadas câmaras fechadas 2 numa delas, que estão ligadas à cavidade 1 através de estranguladores 3. O tamanho da folga axial depende do tamanho dos estranguladores, das câmaras e da força das molas. Os estranguladores são um elemento de correção e permitem a autorregulação do espaço axial. Quando a folga é reduzida, o perfil de pressão na abertura aumenta, e quando a folga aumenta, a pressão diminui. Para limitar as fugas através das vedações e assegurar a autorregulação da folga axial entre as superfícies de vedação, as válvulas de estrangulamento devem ter uma elevada resistência hidráulica e, por isso, são fabricadas com uma secção transversal muito pequena (capilar). Uma desvantagem significativa dos capilares é a sua tendência para o entupimento e o desgaste por erosão. Nestes casos, o funcionamento normal dos vedantes é perturbado.

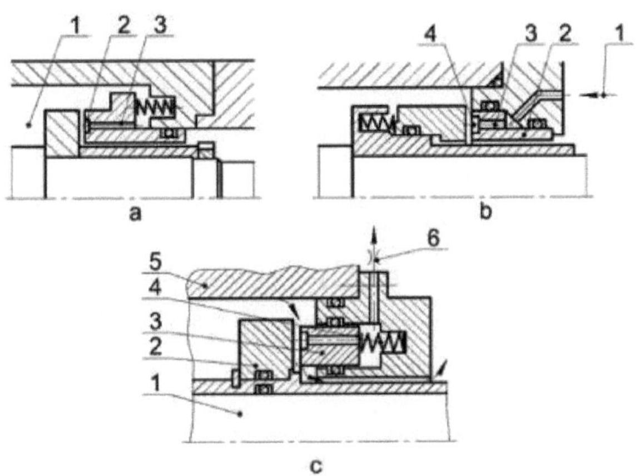

Fig. 2.20. Vedantes hidrostáticos:

a - com uma folga fixa; *b* - com uma folga regulada; *c* - com fugas controladas

A figura 2.20, *b*, mostra o projeto de um vedante hidrostático com uma fenda axial auto-regulável [127], em que a pressão hidrostática da fonte externa 1 é utilizada para separar as superfícies de funcionamento. A água a alta pressão é fornecida através de capilares 3 para as cavidades das câmaras 4, construídas no anel fixo 2. O tamanho da fenda axial depende do caudal de água através dos capilares. O vedante permite a separação das superfícies de funcionamento antes da rotação do veio e também, se necessário, a regulação do fornecimento de água à cavidade do vedante, alterando assim a folga axial entre as superfícies de funcionamento. As desvantagens deste tipo de vedante incluem possíveis danos no sistema externo de suporte de pressão, sensibilidade ao grau de contaminação do líquido, transientes térmicos e alterações nas caraterísticas do acelerador devido a entupimento ou erosão.

Interessa um selo hidrostático com extração de pressão intermédia (Fig. 2.20, *c*) fabricado pela Hayward Tyler (Reino Unido). Os principais componentes do vedante são o anel 2, que roda juntamente com o veio 1, e o componente axial (pistão) 3, instalado no invólucro 5. Na superfície da extremidade de funcionamento do pistão é feita uma ranhura anular ligada por canais à câmara intermédia. A mola 4 assegura o contacto primário entre o anel 2 e o pistão 3. O princípio de funcionamento da vedação baseia-se no facto de a folga axial controlada entre as superfícies de vedação ser automaticamente mantida pelo acelerador externo 6. Se a folga aumentar, a pressão na câmara atrás do pistão aumenta, o que provoca um aumento da força hidráulica descendente. Quando a folga axial é reduzida, a pressão atrás do pistão diminui, resultando numa abertura do vedante. Dependendo dos parâmetros dos componentes do vedante e do acelerador, o pistão é instalado numa posição equilibrada sob uma determinada folga axial.

Nas vedações hidrostáticas, as fugas através da fenda axial são quase independentes da rotação relativa dos anéis de vedação e são determinadas pelo diferencial de pressão. Por conseguinte, as fugas permanecem as mesmas durante a paragem e durante o funcionamento da bomba. Assim, é necessário instalar vedantes de paragem adicionais, o que torna o design mais caro e complica a operação e a reparação.

2.2.3 Vedantes mecânicos hidrodinâmicos

Nas juntas de estanquidade rotativas hidrodinâmicas, as superfícies da junta de estanquidade dos anéis são concebidas de forma a que, quando se movem uma em relação à outra, seja gerada uma cabeça de velocidade na camada lubrificante. A transição de uma parte desta cabeça de velocidade para pressão estática é a fonte da componente hidrodinâmica da força de apoio na camada de lubrificante entre as superfícies de vedação dos anéis de vedação mecânica. As variantes de ranhuras nas superfícies de vedação mecânica dos selos hidrodinâmicos são mostradas na Fig. 2.21.

Fig. 2.21. Alguns padrões típicos de faces de vedação

A formação de uma força de apoio na fenda final das vedações mecânicas hidrodinâmicas devido à compressão da camada lubrificante é causada por uma alteração na dimensão das fendas entre as superfícies de vedação na direção circunferencial devido à forma em cunha, escalonada ou ondulada destas superfícies sob a influência de forças centrífugas.

É necessário conhecer os valores exactos dos elementos da forma das superfícies para calcular as juntas mecânicas hidrodinâmicas. Por conseguinte, na prática da conceção computacional, apenas se aplicam as concepções de vedantes cujas dimensões das superfícies de contacto podem ser fabricadas e controladas com precisão.

No caso dos vedantes hidrodinâmicos, a interface de contacto das superfícies das extremidades dos vedantes é assumida apenas na ausência de rotação do rotor e no período inicial da sua rotação. Com o deslocamento relativo das superfícies do anel da junta hidrodinâmica, forma-se um feedback rígido entre a magnitude da força hidrodinâmica que ocorre entre as superfícies de vedação da fenda final e as dimensões da fenda.

Nas juntas mecânicas hidrodinâmicas, a força que pressiona o anel axialmente móvel contra o axialmente estacionário é percebida pela força de reação que ocorre na camada de lubrificante que separa estas superfícies. A formação desta força de reação é devida às propriedades inerentes a essa camada durante o fluxo viscoso num espaço estreito entre as paredes delimitadoras. A forma da fenda de vedação devido à deformação térmica pode depender significativamente da velocidade de deslizamento no par de anéis de vedação.

No cálculo de vedantes mecânicos hidrodinâmicos, o objetivo é encontrar formas e proporções de tamanho das superfícies de vedação dos anéis, nas quais a rigidez hidrodinâmica da camada de lubrificante líquido para a fuga normalizada seria máxima [129].

Para além da rigidez hidrodinâmica da camada de lubrificante, o valor absoluto da força hidrodinâmica também é importante. Depende em grande medida da relação entre as dimensões das superfícies de vedação dos anéis, que determinam a área de ação da pressão na camada lubrificante e a fuga do meio vedante na direção radial.

Para os cálculos aproximados das juntas mecânicas hidrodinâmicas, são utilizados os métodos usados no desenvolvimento de chumaceiras axiais hidrodinâmicas e baseados em dados experimentais ricos sobre a sua investigação [74]. As juntas mecânicas hidrodinâmicas são utilizadas para quedas de pressão de 5 a 50 MPa.

Assim, as juntas mecânicas hidrodinâmicas, de acordo com o método de fornecimento de lubrificante, podem ser divididas nas seguintes categorias: fornecimento constante hidrodinâmico (com dispositivos para um fornecimento constante de lubrificação às câmaras efectuadas na superfície de um dos anéis do par de extremidades a partir do espaço vedado ou de uma fonte separada de alta pressão); fornecimento de impulso hidrodinâmico (com canais para o fornecimento cíclico de lubrificação às cavidades, efectuadas na superfície de um dos anéis do par de extremidades a partir do espaço vedado ou de uma fonte separada de alta pressão).

As juntas mecânicas hidrodinâmicas com um fornecimento constante de lubrificante, dependendo da combinação do tipo de canais de fornecimento de lubrificante ao par de fricção e da forma das cavidades nas superfícies da junta de contacto do par de anéis, podem ser divididas da seguinte forma:

- com câmaras de Rayleigh (Fig. 2.22 - forma de degrau *a* ou de cunha *b* na direção circunferencial);

- com ranhuras em espiral do tipo concha (Fig. 2.22, *c*);

- com ranhuras de descarga (como um impulsor);

- com superfícies de vedação circunferencialmente onduladas dos anéis.

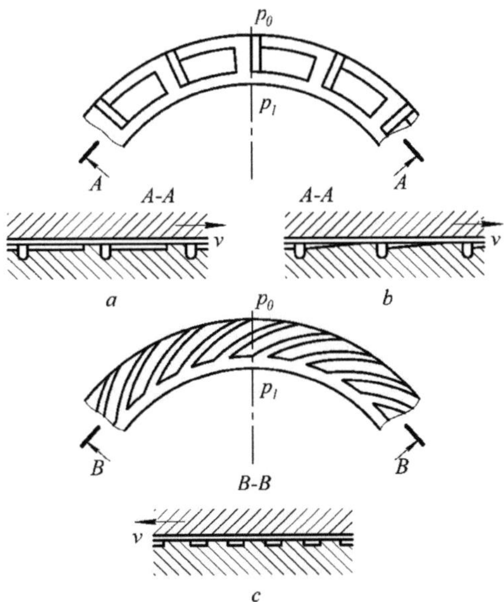

Fig. 2.22. Dispositivos de tipo hidrodinâmico para fornecer lubrificação às superfícies de um par de anéis em atrito:
a - alimentação de lubrificante nas câmaras de Rayleigh planas; *b* -

alimentação de lubrificante nas câmaras de Rayleigh em cunha; *c* - alimentação de lubrificante por ranhuras em espiral do tipo scoop; p_0 é a pressão na câmara de vedação; p_1 - pressão atrás da vedação

Considere os modelos de juntas de estanquidade rotativas hidrodinâmicas e algumas informações relacionadas com as suas caraterísticas. Várias câmaras de Rayleigh escalonadas na direção circunferencial, feitas na superfície de um dos anéis da junta mecânica, contêm ranhuras radiais de alimentação com décimos de milímetro de profundidade, que fornecem o meio a selar, normalmente em cavidades de forma retangular com vários micrómetros de profundidade.

As câmaras de Rayleigh podem ser fabricadas com um fundo plano (Fig. 2.22, *a*) e com um fundo em forma de cunha (Fig. 2.22, *b*), devendo as dimensões dos degraus do fundo em forma de cunha e do fundo plano ser comparáveis à folga de trabalho entre as superfícies formadas durante o funcionamento dinâmico da unidade de vedação.

A experiência disponível no desenvolvimento de vedantes com câmaras de Rayleigh mostrou que o vedante funciona de forma mais eficiente com uma profundidade de ranhura que é 22,5 vezes a abertura da extremidade [41].

A magnitude da força de suporte adicional na camada do meio a ser vedada por efeitos hidrodinâmicos depende em grande parte do comprimento das bolsas hidrodinâmicas entre as superfícies de vedação dos anéis, da relação entre a extensão radial das bolsas hidrodinâmicas e da largura da face de vedação. Nos vedantes mecânicos, a largura da face de vedação dos anéis é normalmente cerca de 0,1 dos diâmetros médios dos anéis. Durante o funcionamento normal do vedante, a pressão nas bolsas excede a pressão de vedação. No entanto, com um aumento da pressão nas bolsas hidrodinâmicas, o meio flui (fuga "lateral") das bolsas na direção radial para as cavidades com pressão de vedação e baixa pressão. A natureza deste processo é determinada pela resistência hidráulica das pontes entre as bolsas hidrodinâmicas e estas cavidades, cujos valores dependem da distância entre as superfícies de vedação dos anéis.

As caraterísticas das juntas mecânicas com câmaras de Rayleigh são determinadas tanto para suportes de largura infinita, introduzindo um coeficiente que tem em conta as fugas laterais, como por métodos numéricos [129].

As ranhuras em espiral na superfície de vedação de um dos anéis (Fig. 2.22, *c*) são feitas com uma profundidade constante de vários micrómetros e com uma direção da parte de entrada das ranhuras tal que as ranhuras são em forma de concha. Devido a isto, o meio compactado entra na ranhura sob a ação da queda de pressão e da rotação, acelera e abranda no final da ranhura, criando zonas com elevada pressão hidrodinâmica [135].

Com base em cálculos e dados experimentais obtidos durante o funcionamento de juntas de estanquidade rotativas com ranhuras em espiral, parte-se do princípio de que a rigidez máxima da película média na fenda se forma a uma profundidade da ranhura em espiral igual a três espessuras da fenda que ocorre durante o funcionamento dinâmico da junta [41]. Normalmente, a altura da ranhura em espiral é selecionada no intervalo h = 7-10 μm com o fator de carga do par de extremidades k = 0,8-0,85. Os bordos das ranhuras devem ser afiados.

De acordo com A.I. Golubev [23], uma junta de estanquidade rotativa com ranhuras em espiral pode funcionar de forma estável em modo sem contacto, mesmo a baixas velocidades do veio. Para tal, é suficiente uma profundidade de 3 μm de ranhuras em espiral.

As principais empresas estrangeiras especializadas na produção deste tipo de vedantes desenvolveram várias soluções técnicas: ranhuras em espiral ramificadas da John Crane, ranhuras opostas da EagleBurgmann e câmaras Rayleigh de dupla face da Pacific.

Uma comparação da eficiência das ranhuras helicoidais, das ranhuras em cunha de dupla face e das câmaras Rayleigh mostrou que a maior força de suporte de carga é gerada nas ranhuras helicoidais. As ranhuras bilaterais em forma de cunha geram uma força de suporte 30-50% inferior à das ranhuras em espiral, mas podem ser utilizadas em qualquer direção de rotação do rotor. Ao mesmo tempo, as ranhuras duplas em forma de cunha têm uma maior capacidade de suporte do que as vedações com ranhuras duplas de profundidade constante [6].

A ondulação das superfícies de vedação também pode ser a causa da ocorrência de forças hidrodinâmicas no par de fricção. No entanto, quando se utilizam vedantes com este tipo de superfície de vedação, observa-se um aumento significativo das fugas.

Para avaliar o efeito hidrodinâmico em pares de fricção com superfícies onduladas, alguns trabalhos [6, 23] propuseram dependências de cálculo que permitem determinar a força de apoio e a fuga na junta com caraterísticas conhecidas das formas das superfícies. Estas dependências baseiam-se na condição de descontinuidade da camada líquida devido à cavitação nas partes em expansão da fenda. Esta abordagem não é implementada para vedantes em que a cavitação no lado de alta pressão é suprimida [23].

Como já foi referido, uma caraterística destas juntas (Fig. 2.23, *a*) são as ranhuras em forma de crescente numa das superfícies de contacto. Estas juntas caracterizam-se pelo facto de o coeficiente de atrito nelas diminuir com o aumento da pressão de vedação (Fig. 2.23, *b*) e da velocidade circunferencial. Isto explica-se pelo facto de, na zona das ranhuras, as condições de arrefecimento serem melhores do que nas zonas da superfície de contacto afastadas das mesmas [86].

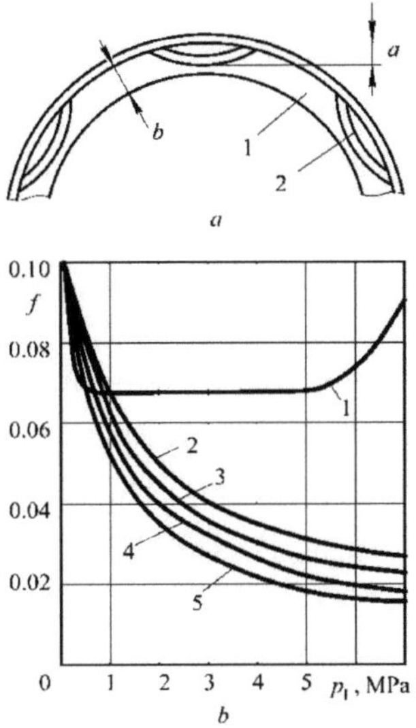

Fig. 2.23. Vedação mecânica termo-hidrodinâmica:

a - superfície de atrito; *b* - dependência do coeficiente de atrito da pressão a vedar para diferentes valores do parâmetro *a/b* da ranhura em forma de meia-lua:

1 - 0; 2 - 0.33; 3 - 0.5; 4 - 0.66; 5 - 0.83

A vantagem destes vedantes é que, à medida que a velocidade de deslizamento e o diferencial de pressão aumentam, a diferença de temperatura entre determinadas secções da superfície de funcionamento aumenta. Sob o impacto das elevadas tensões térmicas e das deformações que estas provocam, as zonas com micro-sulcos expandem-se, as forças de elevação aumentam e o coeficiente de atrito na fenda de funcionamento diminui. Durante uma paragem, uma vedação termo-hidrodinâmica proporciona uma estanquidade total, uma vez que não existem deformações da superfície causadas por tensões térmicas adicionais.

As vedações termo-hidrodinâmicas têm a capacidade de auto-regular as perdas de potência por atrito: um aumento da pressão de contacto conduz a um aumento dos efeitos da temperatura, que reduzem o valor constante das perdas de potência. Infelizmente, o feedback sobre a temperatura do par de fricção é relativamente fraco e não pode ser previsto. Por conseguinte, os êxitos alcançados no domínio das vedações termohidrodinâmicas baseiam-se na experiência prática e na procura de concepções óptimas por parte da engenharia [41].

A ondulação das superfícies de vedação também pode ser a causa da ocorrência de forças hidrodinâmicas no par de fricção. No entanto, quando se utilizam vedantes com este tipo de superfícies de vedação, observa-se um aumento significativo das fugas.

Para avaliar o efeito hidrodinâmico em pares de fricção com superfícies onduladas, vários trabalhos [1, 6] propuseram dependências de cálculo que permitem determinar a força de apoio e a fuga na junta com caraterísticas conhecidas das formas das superfícies. Estas dependências baseiam-se na condição de descontinuidade da camada líquida devido à cavitação nas partes em expansão da fenda. Esta abordagem não é implementada para vedantes em que a cavitação no lado de alta pressão é suprimida [1].

A Flowserve fabrica vedantes mecânicos com anéis que têm uma superfície ondulada no colar de vedação, criada através do aquecimento a laser de certas áreas [38]. Como resultado das deformações residuais após o processamento a laser, permanecem "colinas" e "cavidades" na superfície exterior da cintura terminal, distribuídas uniformemente ao longo da circunferência, e a parte interior da cintura permanece plana (Fig. 2.24).

Fig. 2.24. Processamento a laser da superfície de vedação [38]

A experiência de investigação e aplicação de tais vedantes mostra que a tecnologia especificada de criação de cunhas hidrodinâmicas, devido à ondulação, garante um funcionamento fiável dos vedantes em condições de funcionamento difíceis com um mínimo de desgaste e fugas.

Os vedantes LaserFace foram propostos pela primeira vez em 1997 por Mueller H. [78]. As ranhuras são feitas até vários micrómetros de profundidade. A forma das ranhuras pode ser muito diversa [78]. Com a ajuda de ranhuras abertas a partir do lado de alta pressão, o fluido a vedar é levado para uma parte da superfície do par de fricção [86].

Este meio, introduzido nas ranhuras, ao deslizar uma superfície sobre a outra, entra no espaço entre estas superfícies de vedação e (devido à renovação constante dos volumes do meio nas ranhuras) arrefece as superfícies de vedação dos anéis.

A Fig. 2.25 mostra as caraterísticas comparativas das vedações mecânicas com tecnologia de superfície tradicional, com ranhuras hidrodinâmicas e com tecnologia de superfície LaserFace™ obtidas em resultado de estudos experimentais [31].

A influência da forma das ranhuras na qualidade do arrefecimento é insignificante; pelo contrário, este efeito é significativo para as perdas de potência devidas ao atrito do fluido associado à natureza do escoamento em torno das ranhuras envolvidas no processo de fluxos médios.

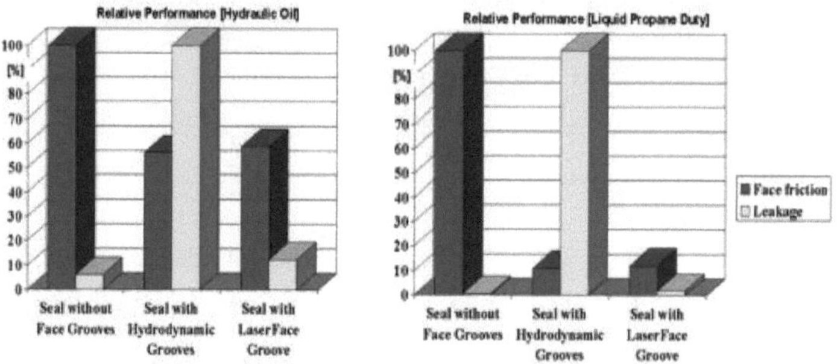

Fig. 2.25. Comparação do desempenho dos vedantes mecânicos com diferentes tipos de superfícies [31].

Desde o início do século XXI, a John Crane tem vindo a utilizar amplamente os anéis LaserFace nas vedações das bombas de alimentação, o que alargou o seu âmbito de aplicação a altas temperaturas e velocidades de deslizamento e reduziu significativamente as perdas de potência.

2.3. Vedantes mecânicos de impulso

Uma vedação mecânica de impulso pertence às vedações sem contacto com folga auto-ajustável; como alternativa às vedações mecânicas sem contacto hidrostáticas e hidrodinâmicas, foi inventada durante a criação das vedações do rotor das principais bombas de circulação das centrais nucleares [56]. Estudos experimentais exaustivos e ensaios à escala real mostraram que as vedações de impulso satisfazem os requisitos rigorosos de fiabilidade, estanquidade e duração dos recursos exigidos para o equipamento principal das centrais nucleares [60]. Devido às suas caraterísticas de elevado desempenho, os selos mecânicos de impulso atraíram a atenção dos criadores de máquinas centrífugas de alta velocidade para outras indústrias e, em particular, para as bombas de combustível dos motores de foguete de propulsão líquida (LRE) [54, 61]. Os vedantes de impulso foram também o protótipo de vedantes mecânicos de porta promissores com uma disposição coaxial de degraus.

Os selos mecânicos de impulso com folga auto-ajustável têm uma série de vantagens inegáveis em comparação com os selos mecânicos convencionais e os selos mecânicos sem contacto dos tipos hidrostático e hidrodinâmico. Nos selos mecânicos convencionais, a potência de atrito é proporcional à pressão de vedação e à velocidade periférica; por conseguinte, a sua operacionalidade é preservada apenas numa gama estreita e calculada de parâmetros de funcionamento - a pressão de vedação e a velocidade de rotação. Nos vedantes de impulso, um aumento da frequência de rotação resulta numa maior folga final, e as perdas de potência de fricção praticamente não aumentam, tornando assim a sua utilização especialmente eficaz em máquinas de alta velocidade. As baixas perdas de potência por fricção e a boa dissipação de calor com fugas do par de fricção tornam por vezes possível prescindir de sistemas de arrefecimento adicionais, mesmo em bombas que funcionam com líquidos quentes, por exemplo, em bombas de alimentação de centrais nucleares e térmicas.

Com a escolha adequada dos parâmetros geométricos básicos do par de fricção de uma vedação por impulso, é possível assegurar o valor ótimo da folga final, da fuga necessária e da perda de potência no par de fricção numa vasta gama de pressões de vedação e velocidades do rotor. Por conseguinte, é relevante o desenvolvimento de métodos de cálculo de vedantes mecânicos de impulso com base no estudo dos seus processos de trabalho.

A conceção mais simples de uma unidade de compactação por impulso de fase única é apresentada na Fig. 2.26. Um vedante de impulso difere de um vedante mecânico nas seguintes caraterísticas de conceção. As câmaras fechadas 2 estão localizadas na superfície da extremidade do anel móvel axial 1, e vários canais de alimentação radiais 5 são feitos no anel de suporte rotativo 6 e estão abertos na direção da cavidade a ser vedada.

Através destes canais, o fluido a selar é injetado nas câmaras sob uma pressão de selagem p1 durante os curtos períodos de tempo $t_c = \beta_c / \omega$, durante os quais os canais rotativos 5 passam pelas câmaras 2. Nestes momentos, a pressão p_2 nas câmaras aumenta abruptamente para $p_{2max} = p_1$ menos a pressão de inércia $p_* = 0{,}5\rho\left(r_3^2 - r_2^2\right)\omega^2$ que ocorre nos canais de alimentação radiais rotativos. Alterando a forma dos alimentadores, é possível alterar ligeiramente o valor de $p*$ e, consequentemente, o valor de $p_{2max} = p_1 - p_*$. A pressão de inércia pode ser completamente eliminada colocando os alimentadores num anel não rotativo e as câmaras num anel rotativo. A influência da pressão de inércia nas caraterísticas da vedação será ignorada.

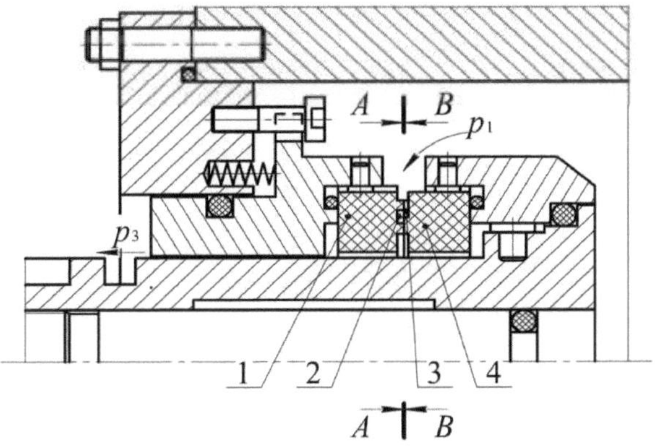

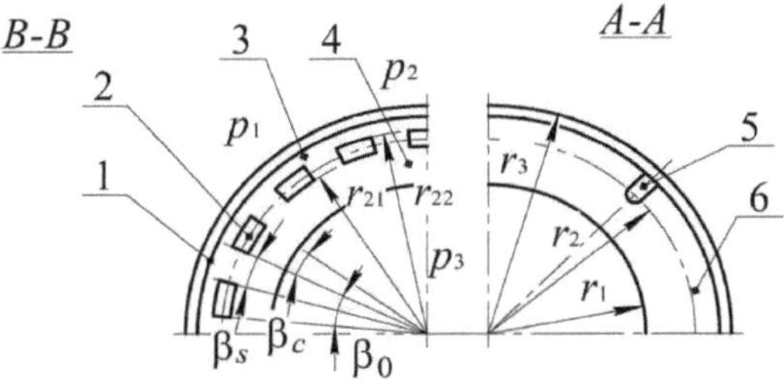

Fig. 2.26. Diagrama de uma vedação mecânica de impulso

Consideremos a natureza da variação da pressão na câmara durante um período de ($T = 2\pi/\omega n_i$ n_i é o número de alimentadores) entre duas injecções subsequentes. A variação da pressão depende da resistência hidráulica g_i dos comedouros e das condutividades das válvulas de estrangulamento internas (do lado da pressão pressurizada) 3 e externas 4 $g_1(z)$ e $g_3(z)$.

A Fig. 2.27 [110] mostra gráficos aproximados das variações de pressão numa câmara separada. Quanto maior for o intervalo, menor será o . $p_{2\min}$

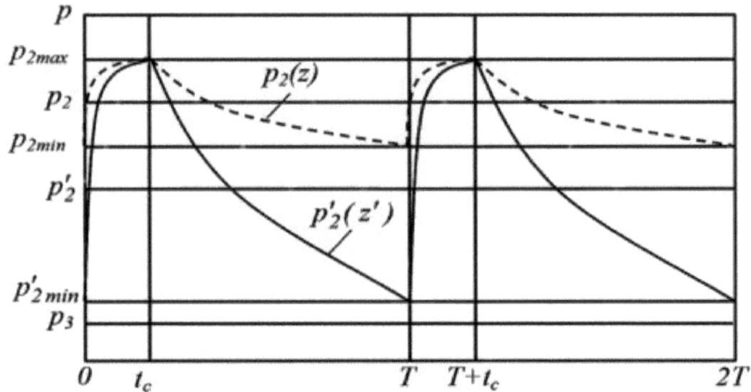

Fig. 2.27. Variação da pressão na câmara durante o período T entre injecções

Uma imagem semelhante ocorre durante o processo de expansão quando o alimentador está localizado fora do sector β_c no intervalo de tempo . $T - t_c$

Depois que o alimentador deixa o setor β_c ocupado pela câmara, a pressão p_2 na câmara começa a diminuir devido ao vazamento do meio comprimido através da fenda plana externa 4; A_1, A_3 são as áreas das paredes das fendas anulares planas (Fig. 2.28).

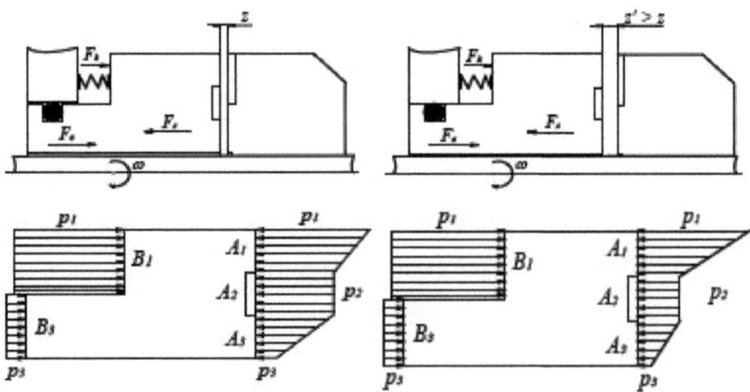

Fig. 2.28. Variação da pressão nas superfícies das extremidades

do anel axialmente móvel, em função da folga das extremidades:

z`>z

A queda de pressão continua até à injeção seguinte (Fig. 2.27), e a profundidade da queda, ou seja, o valor de p_{2min} , depende do tamanho da folga da extremidade: quanto maior for a folga, menor será o valor de p_{2min} . Outra combinação possível de parâmetros é quando a pressão atinge o mínimo de p_3 no tempo de $t < T = 2\pi/\omega n_i$. Com uma diminuição da folga, a amplitude das alterações de pressão na câmara diminui e a pressão média aumenta.

Por vezes, é feito um canal de purga radial na correia exterior A_3 . Este canal aumenta a fuga, pelo que pode ser utilizado se não existirem restrições rigorosas quanto à quantidade de fuga e se o meio a selar contiver sólidos. No momento em que o canal de purga passa através da câmara, a pressão na mesma diminui abruptamente e o jato de saída transporta as partículas sólidas que entraram na câmara através do alimentador interno.

Quanto mais curto for o tempo entre as injecções, menor será a profundidade da queda de pressão p_{2min} nas câmaras (Fig. 2.29), maior será a pressão média p_2 nas câmaras e maior será a força F_s que abre a junta de topo.

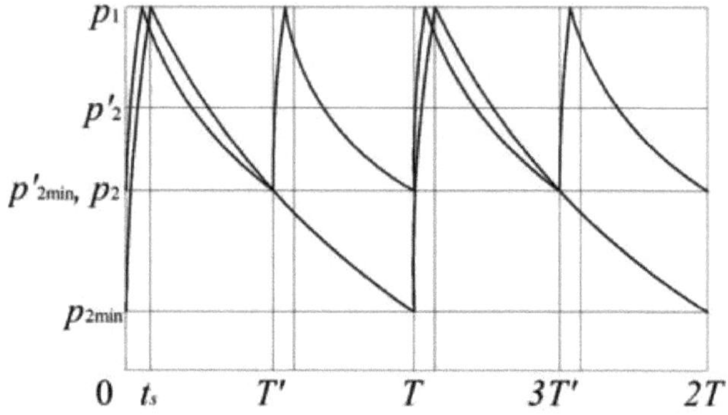

Fig. 2.29. A influência do período *T* na pressão média nas câmaras: *T'*=0,5*T*

A força de pressão $F_s(z)$ que revela a junta de extremidade depende da pressão $\overline{p}_2(z)$ e, consequentemente, da folga. À medida que a folga diminui, a força de pressão aumenta e o seu equilíbrio com a força externa F_e independente da folga é violado (Fig. 2.30).

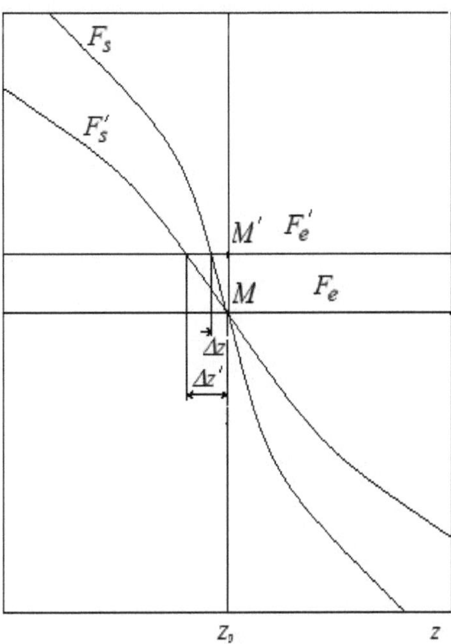

Fig. 2.30. Efeito da inclinação da curva na deformação estática sob carga externa

Sob a ação, num anel axialmente móvel, da diferença positiva $F_s - F_e > 0$, a dependência diminui (Δz) de modo a que a igualdade $F_s = F_e$ seja restabelecida. Quanto mais acentuada for a queda da dependência, menos a nova posição de equilíbrio M' se afasta da posição inicial M.

Assim, existe um feedback negativo entre a folga final z (valor ajustável) e a força F_s (efeito regulador), o que assegura a autorregulação da folga final. O funcionamento do vedante baseia-se na criação de impulsos de pressão de alta frequência nas câmaras de descarga; por isso, é designado por vedante de impulso.

O modelo de um vedante mecânico sem contacto, como sistema de controlo automático da folga mecânica e da fuga, com base no exemplo da compactação por impulso [11110] é apresentado na Fig. 2.31.

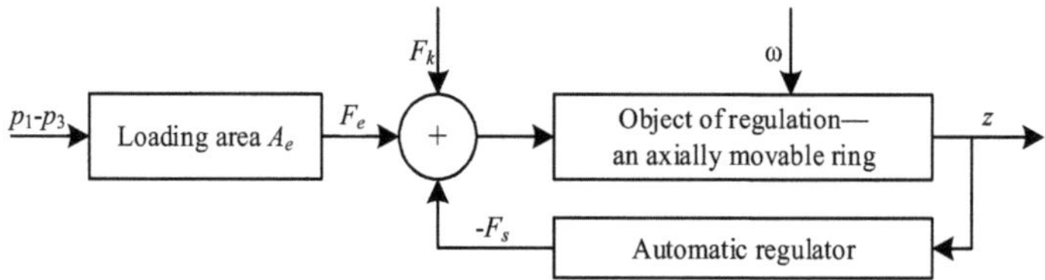

Fig. 2.31. O modelo do selo de impulso como sistema de controlo automático:

z - abertura da extremidade (ajustável); F_s - força de pressão que abre a junta de topo;

F_e - força externa (influência reguladora); F_k - a força dos elementos elásticos;

p_1 - pressão de selagem; p_3 - contrapressão; ω - velocidade do rotor.

O funcionamento do vedante baseia-se na criação de impulsos de pressão de alta frequência nas câmaras de descarga; por isso, é designado por vedante de impulso.

2.3.1 Investigação sobre a influência dos parâmetros de compactação por impulso nas caraterísticas estáticas

Para estimar a pressão nas câmaras, vamos considerar o escoamento radial de um fluido viscoso compressível num canal plano com a forma de um sector com um ângulo central β_c e uma dimensão radial de r_3 -r_1 formado por elementos das superfícies de vedação e separado por uma câmara de escoamento (Fig. 2.26). A parede direita da fenda onde se encontram os alimentadores roda; a parede esquerda tem liberdade de movimento axial dentro da fenda mecânica de dimensão micrónica. A componente circunferencial do escoamento não é tida em conta. O escoamento nos canais é instável. O alimentador, ao passar ao longo do tempo $t_c = \beta_c / \omega$ pela câmara cheia de líquido, traz-lhe espasmodicamente a pressão p_1 . Como resultado, a pressão aumenta até o valor máximo de p_1 , comprimindo o líquido na câmara. Depois de o alimentador sair do sector β_c , o volume do líquido comprimido na câmara escoa para fora, e a pressão diminui até ao valor mínimo inicial. O processo de expansão ocorre durante o tempo T-t_c . Depois disso, a compressão começa novamente e o processo repete-se (Fig. 2.29). Durante a compressão, a diferença entre os volumes do líquido que entra pelo alimentador e pela borboleta interna $(Q_i + Q_1)dt$ e que sai $(Q_3 dt)$ pela borboleta externa é compensada pelo volume que preenche o volume $-dV$ libertado em resultado da compressão do líquido na câmara:

$$(Q_i + Q_1)dt - Q_3 dt = -dV. \qquad (2.67)$$

No processo de expansão, o volume do fluido de saída $(Q_3 dt)$ é maior do que o volume do fluido de entrada $(Q_1 dt)$ pela quantidade de dV com o sinal oposto:

$$Q_3 dt - Q_1 dt = dV.$$

(2.68)

A equação (2.67) difere da (2.68) apenas no caudal através do alimentador e na condição inicial: a compressão começa a partir da pressão mínima e a expansão começa a partir da máxima.

O módulo de massa do fluido é

$$E = -V_0 \frac{dp}{dV},$$

em que $dV=V-V_0$ é a diferença entre os volumes final V e inicial V_0 do fluido, V_0 é o volume inalterado da câmara, E é o módulo de elasticidade volumétrico isotérmico do fluido, Q_i é o caudal através do alimentador, e , Q_1 Q_3 são os caudais através das borboletas de estrangulamento internas e externas do sector . β_c

Para um fluxo laminar, os custos dependem linearmente das quedas de pressão:

$$Q_i = g_i(p_1 - p),\ Q_1 = g_1(p_1 - p),\ Q_3 = g_3(p - p_3). \quad (2.69)$$

As condutividades das borboletas mecânicas para escoamentos laminares são proporcionais ao cubo da abertura Z [49] e são expressas pelas fórmulas:

$$g_1 = g_{1n}u^3,\ g_3 = g_{3n}u^3,\ u = z/z_n,$$

$$g_{1n} = \frac{\beta_c z_n^3}{12\mu \ln(r_3/r_{22})} \approx \frac{\beta_c z_n^3 r_3}{12\mu l_1},\quad l_1 = r_3 - r_{22},$$

$$g_{3n} = \frac{\beta_c z_n^3}{12\mu \ln(r_{21}/r_1)} \approx \frac{\beta_c z_n^3 r_{21}}{12\mu l_3},\quad l_3 = r_{21} - r_1,$$

z_n= (2...6) μm é a folga nominal da extremidade adoptada para esta conceção, $u=z/z_n$ é a folga de corrente sem dimensão, e μ é a viscosidade dinâmica do fluido a ser compactado.

Substituindo as expressões dos gastos em (2.67) e (2.68) e dividindo ambos os lados das igualdades por *dt*, obtemos as equações do balanço dos gastos em volume. Nos intervalos de tempo de compressão $(0 \le t \le t_c)$ e expansão $(t_c \le t, \le T - t_c)$ relativamente à pressão atual p_c , p_p na câmara, obtemos equações diferenciais não homogéneas de primeira ordem

$$\frac{V_0}{E}\frac{dp_c}{dt} = g_i(p_1 - p_c) + g_1(p_1 - p_c) - g_3(p_c - p_3),$$

$$\frac{V_0}{E}\frac{dp_p}{dt_*} = g_1(p_1 - p_p) - g_3(p_p - p_3),$$

(2.70)

$$(t_* = t - t_c).$$

Após algumas transformações, as equações do crescimento da pressão durante a compressão e da queda de pressão durante a expansão na câmara assumem a seguinte forma:

$$T_c\frac{dp_c}{dt} + p_c = \frac{1}{G}\left[\left(1 + \alpha_{1i}u^3\right)p_1 + \alpha_{3i}u^3 p_3\right] = G_c,$$

(2.71)

$$T_p\frac{dp_p}{dt_*} + p_p = \alpha_{e3}p_1 + \alpha_{e1}p_3 = G_p,$$

em que as constantes do tempo de enchimento e esvaziamento da câmara, os coeficientes de peso, a pressão adimensional e a condutividade são expressos pelas fórmulas:

$$T_c = \frac{\overline{T}_c}{G(u)},\ \overline{T}_c = \frac{V_0}{Eg_i},\ G(u) = 1 + (\alpha_{1i} + \alpha_{3i})u^3;\ T_p = \frac{\overline{T}_p}{u^3},\ \overline{T}_p = \frac{V_0\alpha_{e3}}{Eg_{1n}},$$

$$G_c = \frac{1}{G}\left[\left(1 + \alpha_{1i}u^3\right)p_1 + \alpha_{3i}u^3 p_3\right],\ G_p = \alpha_{e3}p_1 + \alpha_{e1}p_3,$$

$$\alpha_{e3} = \frac{g_{en}}{g_{3n}},\ \alpha_{e1} = \frac{g_{en}}{g_{1n}} = 1 - \alpha_{e3},$$

$$\alpha_{1i} = \frac{g_{1n}}{g_i},\ \alpha_{3i} = \frac{g_{3n}}{g_i},\ \alpha_{31} = \frac{g_{3n}}{g_{1n}};\ g_{en} = \frac{g_{1n}g_{3n}}{g_{1n} + g_{3n}},\ g_e = g_{en}u^3.$$

A pressão de vedação p_1 e a contrapressão p_3 são constantes no tempo; por conseguinte, introduzindo as substituições

$$p_c = p_c' + G_c, p_p = p_p' + G_p \qquad (2,72)$$

chegamos às equações homogéneas

$$T_c \frac{dp_c'}{dt} + p_c' = 0, T_p \frac{dp_p'}{dt} + p_p' = 0. \qquad (2.73)$$

As condições iniciais necessárias para resolver as equações (2.71) são determinadas com base nos gráficos aproximados da variação de pressão na câmara durante os períodos de compressão e expansão (Fig. 2.27). O fim da compressão significa que $p_c \approx G_c$ e no fim da expansão significa que $p_p \approx G_p$. Utilizando estes valores-limite, obtém-se

$$p_c(0) \approx G_p, \quad p_p(0) = p_c(t_c) \approx G_c.$$

Para encontrar uma solução para as equações de (2.73), utilizaremos o método operacional. Vamos denotar a imagem de Laplace da pressão desejada como $p_c'(t) \div P_c'(s)$ e a imagem da derivada será $\frac{dp_c'}{dt} \div sP_c'(s) - p_c'(0)$. Substituindo estas expressões na primeira equação de (2.73), chegamos a uma equação algébrica para a imagem

$$(T_c s + 1)P_c'(s) - T_c p_c'(0) = 0,$$

em que a imagem da pressão é

$$P_c'(s) = \frac{T_c p_c'(0)}{T_c s + 1}.$$

Utilizando as tabelas das transformadas inversas de Laplace, obtemos a pressão original como

$$p_c' = p_c'(0)e^{-\frac{t}{T_c}}. \qquad (2.74)$$

Tendo em conta (2.72) e as condições iniciais, temos finalmente

$$p_c = G_c - (G_c - G_p)e^{-\frac{t}{T_c}}. \qquad (2.75)$$

Na Fig. 2.32, a resposta transiente da compressão é representada pelo expoente no intervalo de tempo de $t \leq t_c$. A caraterística aproxima-se assintoticamente da linha horizontal de $G_c = \text{const}$, e a constante de tempo T_c é numericamente igual ao comprimento da tangente na assíntota G_c =const. Se não tivermos em conta a compressibilidade do meio que está a ser comprimido *($E \to \infty$)*, então T_c =0, p_c =G_c , a pressão permanece constante, e o seu valor é determinado pelo rácio das condutividades das borboletas terminais g_1, g_3 e dos alimentadores g_i . Com crescimento ilimitado de , . g_i $\alpha_{1i} \approx \alpha_{3i} \approx 0$, $p_c \approx p_1$

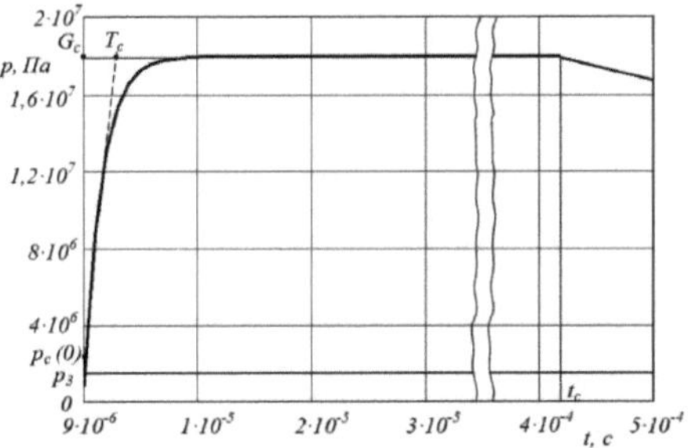

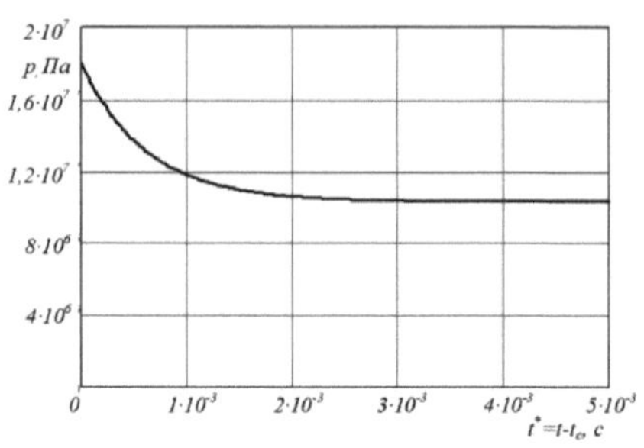

a

b

Fig. 2.32. A alteração da pressão na câmara nos segmentos:

a - compressão$\left(0 \le t \le t_c\right)$; b - extensões $\left(t_c < t \le T\right)$

As caraterísticas estáticas são as dependências dos valores em estado estacionário da folga final das pressões em estado estacionário p_1, p_3 e da velocidade do rotor ω. Os valores actuais das pressões de compressão e expansão devem ser substituídos pelos valores médios durante um período *T* para os determinar.

A pressão média p_{2c} na câmara durante o tempo de compressão t_c é

$$p_{2c} = \frac{1}{t_c}\int_0^{t_c} p_c dt = G_c - \left(G_c - G_p\right)\frac{T_c}{t_c}\left(1 - e^{-\frac{t_c}{T_c}}\right).$$

A curva $p_c(t)$ na secção $0 < t < T_c$ praticamente se funde com o eixo das ordenadas, e na secção $T_c < t < t_c$, o mesmo acontece com a linha horizontal $G_c \approx p_1$. Assim, numa primeira aproximação, a pressão média na câmara durante o período de compressão pode ser considerada igual à pressão de compactação de . $p_{2c} \approx p_1$

O processo de expansão é descrito pela segunda equação (2.71), cuja solução é semelhante à (2.74):

$$p'_p = p'_p(0_*)e^{-\frac{t_*}{T_p}}. \qquad (2.76)$$

A expansão começa no momento em que o alimentador sai do sector em que se encontra a câmara, ou seja, no momento t_c quando $t_* = 0$. O tempo atual na secção de expansão é $t_* = t - t_c$. De acordo com as fórmulas, (2.72) e (2.76) são semelhantes a (2.75):

$$p_p(t_*) = G_p - (G_p - G_c)e^{-\frac{t_*}{T_p}}.$$

Para fluidos incompressíveis, . $T_c = T_p = 0$, $p_p = G_p = \text{const}$

A pressão média p_{2p} durante o tempo de expansão $T{-}t_c$ na câmara é

$$p_{2p} = \frac{1}{T-t_c}\int_0^{T-t_c} p_p dt_* = G_p - (G_p - G_c)\frac{T_p}{(T-t_c)}\left[1-\exp\left(-\frac{T-t_c}{T_p}\right)\right].$$

Como se vê na Fig. 2.32, a curva da pressão de expansão $p_p(t)$ aproxima-se assimptoticamente da linha horizontal de $G_p = \alpha_{e3}p_1 + \alpha_{e1}p_3$ e difere pouco da pressão média . p_{2p}

Com base nas expressões encontradas da pressão média nos segmentos temporários de compressão e expansão, vamos determinar a pressão média total ao longo de todo o período T entre injecções sucessivas:

$$p_2 = \frac{1}{T}\left[p_{2c}t_c + p_{2p}(T - t_c)\right] \qquad (2.77)$$

A pressão de compressão distribuída ao longo de todo o período é incluída em (2.77) com um pequeno fator de t_c/T ; a pressão de expansão tem um fator de $(T - t_c)/T$ próximo de um. Assim, a principal contribuição para a pressão média é feita pelo processo de expansão. Por conseguinte, os métodos de cálculo existentes [3, 4] não têm em conta a pressão . p_{2c}

Após algumas simplificações [110], obtém-se a seguinte fórmula para calcular o valor adimensional da pressão média nas câmaras:

$$\psi_2(u) \approx \alpha_{e3}\psi_1 + \alpha_{e1}\psi_3 + \alpha_{e1} \cdot \frac{t_{cn}/\Omega - \overline{T}_c + \overline{T}_p/u^3}{T_n}\Omega\Delta\psi,$$

(2.78)

em que os dois primeiros somatórios representam a pressão na fenda sem alimentadores, os dois últimos somatórios com os factores T_p, T_c são as pressões médias durante a expansão e a contração do líquido na câmara. A principal contribuição para o valor de $\psi_2(u)$ é dada pela adenda . $\alpha_{e3}\psi_1$

Utilizando os gráficos de pressão linear apresentados na Fig. 2.28, vamos calcular as forças incluídas nas equações de equilíbrio axial. A ação reguladora é a força de pressão F_s sobre a superfície de contacto, revelando a folga mecânica. A força de pressão F_e que pressiona o anel contra o disco de suporte é uma carga externa, e a força motriz é a força F_k dos elementos elásticos.

$$F_s = 0.5(p_1 + p_2)A_1 + p_2A_2 + 0.5(p_2 + p_3)A_3 = F_{s0} + Ap_2(u),$$
$$F_{s0} = 0.5(A_1p_1 + A_3p_3),$$

(2.79)

$$A_1 = \pi\left(r_3^2 - r_{22}^2\right), \quad A_2 = \pi\left(r_{22}^2 - r_{21}^2\right), \quad A_3 = \pi\left(r_{21}^2 - r_1^2\right),$$

$A = 0.5\left(A_1 + 2A_2 + A_3\right)$ é a superfície de contacto efectiva em relação à pressão média na câmara . p_2

$$F_e = B_1 p_1 + B_3 p_3, \qquad F_k = k(\Delta + z),$$

(2.80)

$$B_1 = \pi\left(r_3^2 - r_4^2\right), \quad B_3 = \pi\left(r_4^2 - r_1^2\right)$$

A componente da força de pressão F_{s0} na folga e a força de pressão de compressão F_e não dependem da dimensão da folga mecânica. A equação de equilíbrio axial $F_s = F_e + F_k$, tendo em conta o facto de a folga final ser desprezável em comparação com a deformação preliminar dos elementos elásticos $z \ll \Delta$, depois de substituir as forças em (2.79) e (2.80), reduz-se a

$$Ap_2 = -0.5(A_1 p_1 + A_3 p_3) + B_1 p_1 + B_3 p_3 + k\Delta,$$

(2.81)

onde k é o coeficiente reduzido de rigidez axial dos elementos elásticos. Dividiremos este termo de igualdade por Ap_n e passaremos às forças adimensionais introduzindo a seguinte notação:

$$\chi = F_k / Ap_n = k(\Delta + z)/ Ap_n \approx k\Delta / Ap_n,$$

$$\varphi_e = F_e / Ap_n = \frac{1}{A}(B_1\psi_1 + B_3\psi_3),$$

(2.82)

$$\varphi_s = \frac{F_s}{Ap_n} = \varphi_{s0} + \psi_2(u), \qquad \varphi_{s0} = \frac{F_{s0}}{Ap_n} = \frac{1}{2A}(A_1\psi_1 + A_3\psi_3),$$

onde p_n é a pressão nominal do líquido que está a ser selado à entrada. Como resultado, a partir de (2.81) obtém-se a equação de equilíbrio numa forma adimensional:

$$\varphi_s = \varphi_{s0} + \psi_2 = \varphi_e + \chi$$

ou

$$\psi_2(u) = -\varphi_{s0} + \varphi_e + \chi. \qquad (2.83)$$

Dada (2.82), representaremos esta última igualdade sob a forma de

$$\psi_2(u) = \frac{B_1 - 0{,}5A_1}{A}\psi_1 + \frac{B_3 - 0{,}5A_3}{A}\psi_3 + \chi.$$

Introduziremos a notação das áreas sem dimensão K e σ e revelaremos a diferença de : $\varphi_e - \varphi_{s0}$

$$K = (B_1 - 0.5A_1)/A,$$

$$\sigma = (B_3 - 0.5A_3)/A = 1 - K,$$

$$\varphi_e - \varphi_{s0} = K\psi_1 + (1 - K)\psi_3. \qquad (2.84)$$

Neste caso, a equação (2.83) do equilíbrio axial do anel axialmente móvel assume a forma

$$\psi_2(u) = K\psi_1 + (1 - K)\psi_3 + \chi,$$

onde $\psi_2(u)$ é também determinado pela fórmula (2.78). A partir da solução conjunta das equações do equilíbrio das despesas e da equação de equilíbrio axial do anel axialmente móvel, expressaremos a dependência da folga em relação às perturbações externas ψ_1, ψ_3, Ω e à ação motriz χ como

$$K\Delta\psi + \psi_3 + \chi =$$

$$\alpha_{e3}\psi_1 + \alpha_{e1}\psi_3 + \alpha_{e1} \cdot \frac{t_{cn}/\Omega - \overline{T}_c + \overline{T}_p/u^3}{T_n}\Omega\Delta\psi.$$

Depois de agrupar os termos, encontraremos a dependência da folga final na queda de pressão de compactação, na velocidade do rotor e na força de pré-compressão dos elementos elásticos, ou seja, encontraremos a caraterística estática desejada:

$$u = \left\{ \frac{\alpha_{e1} \frac{\overline{T}_p}{T_n} \Omega}{\frac{\chi}{\Delta\psi} + K - \alpha_{e3} - \alpha_{e1} \frac{t_{cn} - \overline{T}\Omega_c}{T_n}} \right\}^{1/3} \quad (2.85)$$

A análise das caraterísticas estáticas revelou a influência dos parâmetros de conceção da compactação por impulsos no tamanho da folga final. Pode ver-se na fórmula (2.85) que um aumento dos parâmetros de $\Delta\psi, \Omega, \overline{T}_p, n_i$, bem como uma diminuição de $K, \chi, \overline{T}_{c,} z_n$, conduz a um aumento do valor em estado estacionário da folga final.

2.3.2 Identificação dos factores que afectam as caraterísticas dinâmicas da vedação

Consideremos as vibrações axiais do anel, excitadas por influências externas que variam harmonicamente ψ_1, ψ_3 , relativamente à posição de equilíbrio. Nas máquinas centrífugas, em regra, a pressão de vedação e a contrapressão variam com uma frequência igual ou múltipla da velocidade de rotação. As amplitudes máximas têm harmónicas fundamentais com a frequência ω ; por isso, as oscilações forçadas do anel em relação à posição de equilíbrio estático u_0 serão consideradas sob a influência de pressões adimensionais:

$$u = u_0 + u_a e^{i\omega t}, \psi_1 = \psi_{10} + \psi_{1a} e^{i\omega t}, \psi_3 = \psi_{30} + \psi_{3a} e^{i\omega t}$$

(2,86)

em que ψ_{10}, ψ_{30} são as componentes constantes das pressões; ψ_{1a}, ψ_{3a} são as amplitudes das suas oscilações; u_a é a amplitude das oscilações axiais do anel. A frequência de rotação e a ação de regulação mudam de forma quase estática, pelo que apenas afectam a posição do anel em estado estacionário.

Na dinâmica, as vibrações axiais do anel levam ao aparecimento de componentes de fluxo adicionais. O período de variação destes termos é $2\pi/\omega$, e difere dos períodos t_c e $T - t_c$ das taxas de compressão e expansão causadas por impulsos de pressão fornecidos à câmara pelos alimentadores. Para facilitar a consideração destes termos na equação generalizada do balanço de gastos, vamos considerar com mais pormenor a transformação das equações (2.70):

$$Q_i + Q_1 - Q_3 = \frac{V_0}{E}\left(\frac{dp}{dt}\right)_c, \quad Q_1 - Q_3 = \frac{V_0}{E}\left(\frac{dp}{dt}\right)_p.$$

Tendo multiplicado estas equações por $(dt)_c$ e $(dt)_p$, respetivamente, passamos às equações de balanço de volume

$$(Q_i + Q_1 - Q_3)(dt)_c = \frac{V_0}{E}(dp)_c, \quad (Q_1 - Q_3)(dt)_p = \frac{V_0}{E}(dp)_p,$$

que não contêm derivadas no tempo e podem ser adicionadas soma a soma:

$$Q_i(dt)_c + (Q_1 - Q_3)\left[(dt)_c + (dt)_p\right] = \frac{V_0}{E}\left[(dp)_c + (dp)_p\right]$$

As somas dos incrementos de tempo e de pressão cobrem todo o período T entre injecções sucessivas; podem assim ser designadas por : $(dt)_c + (dt)_p = dt, (dp)_c + (dp)_p = dp$

$$Q_i(dt)_c + (Q_1 - Q_3)dt = \frac{V_0}{E}dp.$$

Dividindo esta igualdade por *dt*, chegamos à equação completa do balanço das despesas

$$Q_i\frac{(dt)_c}{dt} + Q_1 - Q_3 = \frac{V_0}{E}\dot{p}.$$

Substituímos os incrementos de tempo infinitesimais no lado esquerdo da última equação pelos correspondentes incrementos finitos

, $\cdot (dt)_c \approx \Delta t_c = t_c - 0 = t_c = \beta_c / \omega$ $dt \approx \Delta T = T - 0 = T$ Como resultado, a equação de equilíbrio do fluxo na ausência de vibrações axiais forçadas assume a forma

$$Q_i \frac{t_c}{T} + Q_1 - Q_3 = \frac{V_0}{E} \dot{p}. \tag{2.87}$$

A equação obtida com vibrações axiais do anel axialmente móvel excitado por oscilações harmónicas de pressões externas contém dois termos adicionais. Estes têm em conta o caudal de compressão-expansão do fluido nas câmaras Q_p e o caudal de deslocamento Q_v da folga final (sector βc) com uma variação periódica da pressão causada por flutuações na folga com frequência ω sob a influência de pressões externas (2.86) [19]:

$$Q_p = \frac{V_0}{E} p_n \frac{d\psi}{(dt)_\omega}, \; Q_v = A_s z_n \frac{du}{(dt)_\omega}, \tag{2.88}$$

em que $A_s = \frac{\beta_c}{2\pi}(A_1 + A_2 + A_3)$ é a superfície de topo do sector $\beta_{.c}$

O menor índice ω indica que o incremento $(dt)_\omega$ muda num intervalo igual ao período $T_0 = 2\pi/\omega = n_i T$ das oscilações axiais. Ao contrário da análise estática, em que foi utilizada a pressão média independente do tempo $\psi_2 = p_2 / p_n$ (2.77), aqui estamos a lidar com uma pressão variável no tempo, que denotaremos por p sem um índice, mas na forma adimensional . $\psi = p / p_n$

Tal como na derivação da equação (2.87), substituiremos os diferenciais por incrementos finitos, ou seja, utilizaremos expressões aproximadas:

$$\frac{d\psi}{(dt)_\omega}=\frac{d\psi}{dt}\frac{dt}{(dt)_\omega}\approx\dot{\psi}\frac{\Delta t}{(\Delta t)_\omega}=\dot{\psi}\frac{T}{T_0}=\frac{1}{n_i}\dot{\psi},$$

$$\frac{du}{(dt)_\omega}=\frac{du}{dt}\frac{dt}{(dt)_\omega}\approx\dot{u}\frac{\Delta t}{(\Delta t)_\omega}=\dot{u}\frac{T}{T_0}=\frac{1}{n_i}\dot{u}.$$

Substituamo-las em (2.88) e adicionemos as expressões resultantes ao lado direito de (2.87)

$$Q_i\frac{t_c}{T}+Q_1-Q_3=\frac{V_0}{E}\dot{\psi}\left(1+\frac{1}{n_i}\right)+A_s\frac{z_n}{n_i p_n}\cdot\dot{u}.$$

Tendo expressado o gasto através das quedas de pressão (2.69), chegamos a uma equação diferencial não linear de primeira ordem relativa à pressão sem dimensão desejada ψ na câmara:

$$\left(g_i\frac{t_c}{T}+g_{1n}u^3\right)(\psi_1-\psi)-g_{3n}u^3(\psi-\psi_3)=\frac{V_0}{E}\left(1+\frac{1}{n_i}\right)\dot{\psi}+A_s\frac{z_n}{n_i p_n}\dot{u}.$$

(2.89)

No futuro, consideraremos o sistema linearizado sem ter em conta a inércia do líquido durante o seu movimento instável. Linearizaremos a área da posição de equilíbrio estático, passando para os desvios das variáveis de ambos os lados da equação (2.89). Introduziremos também as notações ; $,g_i'=g_i t_c/T$ $g_{1n}u_0^3=g_{10}$ $g_{3n}u_0^3=g_{30}$, onde g_{10}, g_{30} são as condutividades das borboletas de extremidade correspondentes para o valor da folga em estado estacionário de z_0. Após uma série de transformações, a equação normalizada do equilíbrio das despesas em desvios assume a forma

$$T_2\dot{\psi}+\psi=-(\tau_2\dot{u}+\kappa_s'u)+k_1\psi_1+k_3\psi_3,$$

onde $T_2=\frac{V_0}{Eg_{s0}}\left(1+\frac{1}{n_i}\right)$, $\tau_2=\frac{A_s z_n}{n_i p_n g_{s0}}$,

$$k'_s = \frac{3}{g_{s0}u_0}\left[g_{30}(\psi_0 - \psi_{30}) - g_{10}(\psi_{10} - \psi_0)\right]$$

$$= \frac{3}{g_{s0}u_0}(k_1 g_{30} - k_3 g_{10})(\psi_{10} - \psi_{30}) \qquad ,(2.90)$$

$$k_1 = \frac{g_i' + g_{10}}{g_{s0}},\ k_3 = \frac{g_{30}}{g_{s0}},\ g_{s0} = g_i + g_{10} + g_{30} = g_{sn}u_0^3.$$

Se introduzirmos o operador de diferenciação temporal $s=d/dt$ e denotarmos

$$T_2 s + 1 = D_2(s),\ \tau_2 s + k'_s = M_2(s),$$

então chegaremos à equação na forma de operador em relação à pressão na câmara:

$$D_2(s)\psi(t;u) = -M_2(s)u + k_1\psi_1 + k_3\psi_3. \qquad (2.91)$$

Obteremos a equação dinâmica do controlador automático substituindo a pressão $\psi(t;u)$, determinada pela equação diferencial (2.91), na expressão linear (2.82) para a força adimensional : φ_s

$$\psi(t;u) = -\frac{M_2}{D_2}u + \frac{k_1\psi_1 + k_3\psi_3}{D_2}.$$

Ao mesmo tempo, o impacto regulamentar é

$$\varphi_s = \psi(t;u) + \varphi_{s0} = -\frac{M_2}{D_2}u + \frac{k_1\psi_1 + k_3\psi_3}{D_2} + \varphi_{s0},$$

e obtemos a equação do controlador multiplicando ambos os lados desta igualdade pelo operador diferencial $D_2 = T_2 s + 1$

$$D_2(s)\varphi_s = -M_2(s)u + k_1\psi_1 + k_3\psi_3 + D_2(s)\varphi_{s0}.$$

(2.92)

A partir da equação (2.92), a rigidez dinâmica adimensional do sistema, que é a função de transferência do controlador por engano, é expressa pela fórmula

$$W_2(s)=\frac{\varphi_s}{u}=-\frac{\tau_2 s+k'_s}{T_2 s+1}.$$

O anel é considerado um sistema de massa única que realiza vibrações axiais unidimensionais descritas pela equação

$$m\ddot{z}=F_s-F_e-F_k-c\dot{z},$$

onde o termo $c\dot{z}$ representa a força de atrito viscoso linear externo (fora da folga da extremidade). As restantes forças são descritas pelas fórmulas (2.80) e (2.82) quando se substitui a pressão média na câmara $\psi_2(u)$ por uma pressão de $\psi(t;u)$ que depende tanto da folga como do tempo. Utilizando estas fórmulas, escrevemos

$$m\ddot{z}+c\dot{z}+kz=F_s-F_e-k\Delta=Ap+0.5(A_1p_1+A_3p_3)-(B_1p_1+B_3p_3)-k\Delta,$$

e depois de passar para os desvios com a condição de que , $k\Delta$=const $\delta(k\Delta)$=0 e depois de dividir cada termo por Ap_n , obteremos

$$\frac{mz_n}{Ap_n}\ddot{u}+\frac{cz_n}{Ap_n}\dot{u}+\frac{kz_n}{Ap_n}u=\varphi_s-\varphi_e=\psi+\frac{1}{2A}(A_1\psi_1+A_3\psi_3)-\frac{1}{A}(B_1\psi_1+B_3\psi_3).$$

Denotemos os coeficientes do lado esquerdo desta equação

$$T_1^2=\frac{mz_n}{Ap_n},\ 2\xi=\sqrt{\frac{c^2z_n}{mAp_n}},\ \chi_n=\frac{kz_n}{Ap_n}$$

e utilizar o fator de carga K (2,84):

$$\varphi_{s0}-\varphi_e=-[K\psi_1+(1-K)\psi_3].$$

Na forma de operador, obteremos a forma final da equação das oscilações axiais do anel:

$$D_1(s)u=\varphi_s-\varphi_e=\psi-K\psi_1-(1-K)\psi_3,$$

(2.93)

$$D_1(s)=T_1^2s^2+2\xi T_1 s+\chi_n.$$

Os coeficientes têm o seguinte significado físico: T_1 é o período de vibrações livres do anel axialmente móvel; ξ é o coeficiente de amortecimento das vibrações livres devido ao atrito linear externo; e χ_n é o coeficiente de rigidez adimensional dos elementos elásticos.

Se o lado direito de (2.93) for igual a zero, então a equação

$$D_1(s)u = T_1^2\ddot{u} + 2\xi T_1\dot{u} + \chi_n u = 0$$

passa a ser a equação das vibrações axiais livres do anel suspenso em elementos elásticos de rigidez equivalente *k* sem ter em conta as forças de pressão. Neste caso, $\chi_n/T_1^2 = k/m = \omega_0^2$ é a frequência natural das vibrações axiais do anel sem uma ação reguladora.

Obtemos a equação da dinâmica da compactação por impulsos como um sistema de controlo automático, eliminando a força φ_s das equações (2.92) e (2.93):

$$D_1 u = -\frac{M_2}{D_2}u + \frac{k_1\psi_1 + k_3\psi_3}{D_2} + \varphi_{s0} - \varphi_e.$$

Multipliquemos ambos os lados da igualdade pelo operador D_2

$$(D_1 D_2 + M_2)u = k_1\psi_1 + k_3\psi_3 + D_2(\varphi_{s0} - \varphi_e)$$

e agrupar os termos em potências de *s*, tendo em conta (2.84):

$$\left[T_1^2 T_2 s^3 + \left(T_1^2 + 2\xi T_1 T_2\right)s^2 + \left(2\xi T_1 + \chi_n T_2 + \tau_2\right)s + \chi_n + k'_s\right]u =$$
$$= -[KT_2 s + K - k_1]\psi_1 - [(1 - k_s)T_2 s + 1 - k_s - k_3]\psi_3.$$

As expressões entre parênteses rectos representam o operador do sistema $D(s)$ e os operadores $N_1(s), N_3(s)$ de influências externas:

$$D(s)u = -N_1(s)\psi_1 - N_3(s)\psi_3, \qquad (2.94)$$

onde $D(s) = a_0 s^3 + a_1 s^2 + a_2 s + a_3$,

$$N_1(s) = b_0 s + b_1, \quad N_3(s) = c_0 s + c_1,$$

(2.95)

$$a_0 = T_1^2 T_2,\ a_1 = T_1^2 + 2\xi T_1 T_2,\ a_2 = 2\xi T_1 + \chi_n T_2 + \tau_2,\ a_3 = k'_s + \chi_n,$$

$$b_0 = KT_2,\ b_1 = K - k_1; c_0 = (1 - K)T_2,\ c_1 = 1 - K - k_3.$$

(2.96)

Um anel axialmente móvel na direção axial é afetado por uma série de perturbações, entre as quais prevalecem as perturbações harmónicas com frequências iguais à velocidade do rotor (2.86). Na forma adimensional, os desvios de pressão são

$$\delta\psi_1 \to \psi_1 = \psi_{1a} e^{i\omega t}, \delta\psi_1 \to \psi_3 = \psi_{3a} e^{i\omega t}, \delta\psi \to \Delta\psi = (\psi_{1a} - \psi_{3a}) e^{i\omega t}.$$

No âmbito do modelo de compressão linear em consideração, o princípio da sobreposição é válido, ou seja, a reação resultante do anel é a soma das reacções harmónicas a perturbações harmónicas elementares individuais. Por isso, a análise das vibrações axiais harmónicas do anel causadas por cada uma das perturbações harmónicas é de importância prática. A frequência de rotação, como regra, tem a forma de uma função gradual ou linear do tempo, e a reação a ela é caracterizada por caraterísticas de tempo. As oscilações forçadas são caracterizadas por caraterísticas de frequência de amplitude e fase, que são as amplitudes e fases das funções de transferência de frequência. Para a equação (2.94) com dois efeitos harmónicos, as funções de transferência de frequência são escritas da seguinte forma

$$W_1(i\omega) = \frac{u_{1a} e^{i(\omega t + \gamma_1)}}{\psi_{1a} e^{i\omega t}} = -\frac{N_1(i\omega)}{D(i\omega)} = A_1(\omega) e^{i\gamma_1},$$

$$W_3(i\omega) = \frac{u_{3a} e^{i(\omega t + \gamma_3)}}{\psi_{3a} e^{i\omega t}} = -\frac{N_3(i\omega)}{D(i\omega)} = A_3(\omega) e^{i\gamma_3},$$

onde A_1, A_3 são as caraterísticas de amplitude e γ_1, γ_3 são as caraterísticas de frequência de fase para as perturbações ψ_1 e ψ_3 , respetivamente. As fórmulas acima mostram que, quando o operador natural é igual a zero, as amplitudes aumentam indefinidamente. As velocidades correspondentes são as frequências naturais do sistema anel-regulador. É necessário representar as funções de transferência como números complexos na forma algébrica para expressar as amplitudes e fases em termos dos coeficientes (2.96). Para o fazer, nos operadores de (2.94), introduziremos as seguintes alterações em $d/dt=s=i:\omega$

$$D(i\omega) = -ia_0\omega^3 - a_1\omega^2 + ia_2\omega + a_3 = U + i\omega V;$$

$$U = a_3 - a_1\omega^2, \; V = a_2 - a_0\omega^2;$$

$$N_1(i\omega) = ib_0\omega + b_1, \quad N_3(i\omega) = ic_0\omega + c_1.$$

Agora as funções de transferência tomam a forma

$$W_1(i\omega) = -\frac{b_1 + i\omega b_0}{U + i\omega V}, \; W_3(i\omega) = -\frac{c_1 + ic_0\omega}{U + i\omega V}.$$

Dividiremos as partes reais e imaginárias dessas expressões multiplicando os numeradores e denominadores pelo número complexo conjugado ao denominador:

$$W_1(i\omega) = -\frac{(b_1 + i\omega b_0)(U - i\omega V)}{U^2 + \omega^2 V^2} = -(U_1 - i\omega V_1) = -A_1(\omega)e^{i\gamma_1},$$

$$W_3(i\omega) = -\frac{(c_1 + i\omega c_0)(U - i\omega V)}{U^2 + \omega^2 V^2} = -(U_3 - i\omega V_3) = -A_3(\omega)e^{i\gamma_3},$$

$$U_1 = -\frac{b_1 U + \omega^2 b_0 V}{U^2 + \omega^2 V^2}, \; V_1 = \frac{b_1 V - b_0 U}{U^2 + \omega^2 V^2}, \tag{2.97}$$

$$U_3 = -\frac{c_1 U + \omega^2 c_0 V}{U^2 + \omega^2 V^2}, \; V_3 = \frac{c_1 V - c_0 U}{U^2 + \omega^2 V^2}.$$

As amplitudes e fases de (2.97) são expressas pelas fórmulas:

$$A_1(\omega) = \frac{u_{1a}}{\psi_{1a}} = \sqrt{U_1^2 + \omega^2 V_1^2} = \sqrt{\frac{b_1^2 + \omega^2 b_0^2}{U^2 + \omega^2 V^2}},$$

$$\gamma_1 = -\operatorname{arctg}\omega\frac{b_0U - b_1V}{b_1U + \omega^2 b_0V},$$

$$A_3(\omega) = \frac{u_{3a}}{\psi_{3a}} = \sqrt{U_3^2 + \omega^2 V_3^2} = \sqrt{\frac{c_1^2 + \omega^2 c_0^2}{U^2 + \omega^2 V^2}}, \tag{2.98}$$

$$\gamma_3 = -\operatorname{arctg}\omega\frac{c_0U - c_1V}{c_1U + \omega^2 c_0V}.$$

De acordo com as caraterísticas de frequência da amplitude, é possível estimar os valores dimensionais das amplitudes das vibrações axiais forçadas do anel a qualquer velocidade se a magnitude das amplitudes das oscilações dos desvios de pressão p_{1a}, p_{3a} for definida como se segue:

$$z_{1a} = A_1(\omega)z_n\, p_{1a}/p_n, \quad z_{3a} = A_3(\omega)z_n\, p_{3a}/p_n.$$

O critério de estabilidade de Routh-Hurwitz pode ser utilizado para a análise da estabilidade dinâmica. De acordo com este critério, o sistema de terceira ordem é estável se todos os coeficientes (2.96) do seu próprio operador forem positivos (os coeficientes satisfazem esta condição). Além disso, a desigualdade $a_1\ a_2 > a_0 a$ deve ser satisfeita, o que, após a substituição dos valores dos coeficientes, se reduz a

$$2\xi\left[T_1^2 + T_2(2\xi T_1 + \chi_n T_2)\right] > T_1\left(k'_s T_2 - \tau_2 - 2\xi\frac{T_2}{T_1}\tau_2\right).$$

Se o amortecimento externo $(c = \xi = 0)$ não for tido em conta, então a condição de estabilidade reduz-se à desigualdade

$$\tau_2 > T_2 k'_s, \tag{2.99}$$

a partir do qual existe uma margem de estabilidade com alguma tolerância.

Após substituir os valores de (2.90) em (2.99), é possível determinar o volume da câmara admissível em estabilidade:

$$V_0 < \frac{A_s E z_0 g_{s0}}{3(1+n_i)(k_1 g_{30} - k_3 g_{10})(p_{10} - p_{30})}. \qquad (2.100)$$

Dado que $k'_s \sim \Delta\psi$ (2.90), a condição de estabilidade dinâmica deve ser satisfeita para a pressão diferencial máxima de funcionamento possível do líquido que está a ser vedado, ou seja, para o valor do coeficiente de rigidez correspondente a . $\Delta\psi_{max}$

2.3.3 Um exemplo de cálculos de engenharia para a vedação mecânica de impulso

Consideraremos o procedimento de cálculo de engenharia utilizando um exemplo de uma vedação mecânica de impulso semelhante a uma fase da vedação da bomba de circulação principal de uma central nuclear.

Os dados iniciais são r_0 =0,115 m, p_1 = (4÷16) MPa, p_3 =0, p_n =p_{1n} =10 MPa, e $\omega=\omega_n$ =150 s^{-1} . O meio selado é a água, $\mu=10^{-3}$ Pa·s, $E=2{,}2\cdot10^3$ MPa.

Para efeitos de conceção, as dimensões da superfície de contacto são as seguintes: $r_1 = r_0 + 0{,}005 = 0{,}12$ m, $r_3 = 0{,}14$ m, $r_2 = 0{,}5(r_1 + r_3$) = 0,13 m, r_{21} = 0.128 m, r_{22} = 0,132 m, $l_1 = l_3$ = 0,08 m, bem como o tamanho e o número de câmaras e alimentadores: $n_i = 4$, $n_c = 32$, $V_0 \approx \cdot$ m^3 , $d_i = 0{,}4 \cdot 10^{-3}$ m, $l_i = 8 \cdot 10^{-3}$ m, $\beta_s = 2\pi/n_c = 0.196 \approx 1.6\beta_c$ e $\beta_c = b_c / r_2 = 0.123$ rad.

Vamos calcular a área das secções finais: m ; m ; m ; m ; m .

$A_1 = \pi(r_3^2 - r_{22}^2) = 6.84 \cdot 10^{-3\,2}$ $A_2 = \pi(r_{22}^2 - r_{21}^2) = 3.27 \cdot 10^{-3\,2}$

$A_3 = \pi(r_{21}^2 - r_1^2) = 6.23 \cdot 10^{-3\,2}$ $A_c = 64 \cdot 10^{-6\,2}$

$A = 0.5(A_1 + 2A_2 + A_3) = 9.8 \cdot 10^{-3\,2}$

Os parâmetros determinados são a condutividade das borboletas de extremidade e os seus valores adimensionais, as constantes de tempo de enchimento e esvaziamento das câmaras e os coeficientes de peso. Os resultados dos cálculos são apresentados nos quadros 2.5-2.7 para 5 valores da folga nominal. Isto permitir-nos-á avaliar o efeito de z_n nas caraterísticas estáticas.

Tabela 2.5. Condutividade do estrangulamento

z_n, μm	g_i	g_{1n}	g_{3n}	g_{en}
3	$7.854 \cdot 10^{-11}$	$4.843 \cdot 10^{-15}$	$4.428 \cdot 10^{-15}$	$2.313 \cdot 10^{-15}$
4		$1.148 \cdot 10^{-14}$	$1.05 \cdot 10^{-14}$	$5.483 \cdot 10^{-15}$
6		$3.875 \cdot 10^{-14}$	$3.542 \cdot 10^{-14}$	$1.851 \cdot 10^{-14}$
8		$9.184 \cdot 10^{-14}$	$8.397 \cdot 10^{-14}$	$4.386 \cdot 10^{-14}$
10		$1.794 \cdot 10^{-13}$	$1.64 \cdot 10^{-13}$	$8.567 \cdot 10^{-14}$

Tabela 2.6. Condutividades adimensionais

z_n, μm	α_{1i}	α_{3i}	α_{e1}	α_{e3}
3	$6.166 \cdot 10^{-5}$	$5.638 \cdot 10^{-5}$	0.48	0.52
4	$1.462 \cdot 10^{-4}$	$1.336 \cdot 10^{-4}$		
6	$4.933 \cdot 10^{-4}$	$4.51 \cdot 10^{-4}$		
8	$1.169 \cdot 10^{-3}$	$1.069 \cdot 10^{-3}$		
10	$2.284 \cdot 10^{-3}$	$2.088 \cdot 10^{-3}$		

Tabela 2.7. Constantes de tempo das câmaras de enchimento e esvaziamento, bem como factores de ponderação

z_n, μm	G_c	G_p	T_c	T_p	T_n	t_c
3	10^7	$5.224 \cdot 10^6$	$1.736 \cdot 10^{-6}$	0.015	0.01	$8.2 \cdot 10^{-4}$
4	10^7		$1.736 \cdot 10^{-6}$	$6.205 \cdot 10^{-3}$		
6	$9.995 \cdot 10^6$		$1.735 \cdot 10^{-6}$	$1.839 \cdot 10^{-3}$		
8	$9.989 \cdot 10^6$		$1.732 \cdot 10^{-6}$	$7.756 \cdot 10^{-4}$		
10	$9.979 \cdot 10^6$		$1.729 \cdot 10^{-6}$	$3.971 \cdot 10^{-4}$		

Calculemos o coeficiente de rigidez hidrostática (Tabela 2.8).

Tabela 2.8. Coeficientes de rigidez hidrostática

z_n, μm	3	4	6	8	10
k_s	-0.5	-0.21	-0.06	-0.03	-0.014

Como resultado, $\kappa_s < 0$, ou seja, a condição de estabilidade de equilíbrio, é satisfeita para 5 valores de z_n . Vamos calcular o fator de carga K_n , que fornece a folga nominal no modo nominal de $\Delta\psi \approx \Omega \approx 1$, bem como a área de carga B1 e o raio interior r_4 correspondente a este valor (Tabela 2.9).

Tabela 2.9. Valores dos parâmetros de compactação

z_n, μm	K_n	B_1 , m^2	r_4 , m
3	1.231	0.015	0.121
4	0.843	0.012	0.126
6	0.644	$9.726 - 10^{-3}$	0.128
8	0.595	$9.251 - 10^{-3}$	0.129
10	0.578	$9.082 - 10^{-3}$	0.129

A avaliação numérica do efeito da força de pré-compressão dos elementos elásticos será efectuada para os seus três valores: χ = 0,004, 0,01 e 0,03.

Vamos construir caraterísticas estáticas (Fig. 2.33) e de consumo (Fig. 2.34).

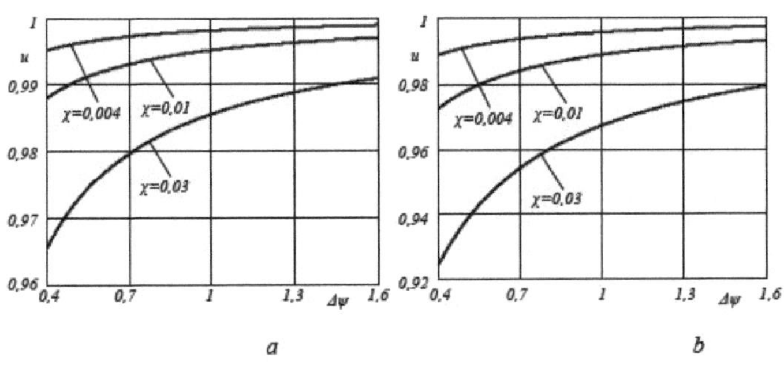

Fig. 2.33. Caraterísticas estáticas para várias folgas nominais $z_{:n}$

a - z_n =3 μm; b - z_n =4 μm

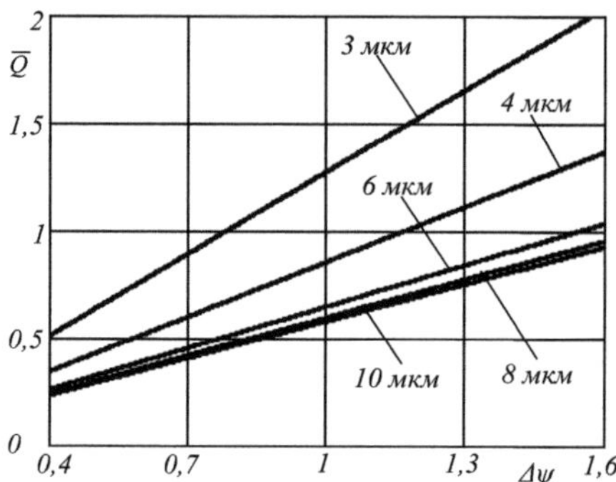

Fig. 2.34. Caraterísticas de consumo para vários valores da folga nominal z_n

O cálculo dinâmico consiste em construir as caraterísticas de frequência de amplitude e de fase para influências externas ψ_1 e ψ_3 . De interesse prático são, em primeiro lugar, as caraterísticas de frequência de amplitude. Os resultados do seu cálculo para vários valores da folga nominal são mostrados na Fig. 2.35.

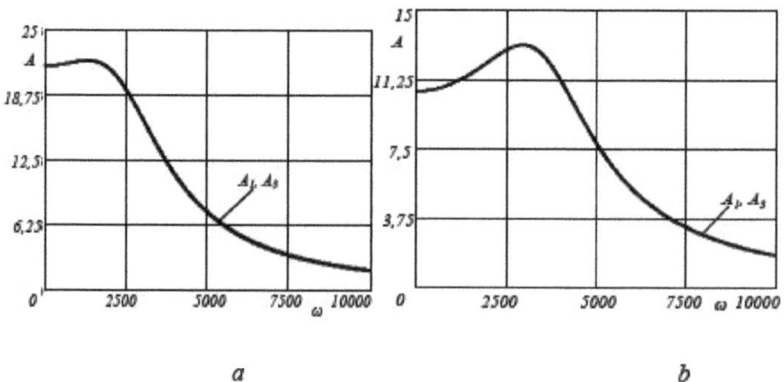

a *b*

Fig. 2.35. Caraterísticas de amplitude-frequência para vários intervalos nominais z :$_n$

a - z_n =6 μm; b - z_n =8 μm

As caraterísticas obtidas durante os cálculos de engenharia mostram que, na gama de pressões do líquido a vedar, a folga final difere pouco do valor de base, o que garante condições de trabalho óptimas. Um aumento da força de compressão sem dimensão dos elementos elásticos χ leva a uma diminuição da folga.

As expressões obtidas das caraterísticas das frequências de amplitude e de fase (2.98) permitem identificar as regiões perigosas das frequências de rotação e selecionar os parâmetros de vedação de modo a que as amplitudes das vibrações axiais forçadas do anel não possam ultrapassar os limites admissíveis.

Foram identificados os factores que afectam a estabilidade dinâmica da compactação por impulsos. A expressão resultante (2.99) mostra que a estabilização é facilitada por um aumento da constante de tempo de deslocamento τ_2 , uma diminuição da constante de tempo de compressão T_2 , e o coeficiente hidrostático de rigidez k'_s . Da fórmula (2.100) para determinar o volume da câmara que é aceitável para a estabilidade, conclui-se que a região de estabilidade se expande, em primeiro lugar, devido a uma diminuição do volume da câmara e a uma diminuição do coeficiente de rigidez hidrostática. As expressões obtidas permitem fornecer um limite de estabilidade com uma certa margem devido à seleção dos parâmetros geométricos de compactação.

As restrições adoptadas durante o desenvolvimento da metodologia de cálculo dos selos de impulso foram que a variação de pressão na secção de folga final com uma abertura constante é linear no seu raio, e as forças de inércia do líquido nas aberturas mecânicas são pequenas. Os autores acreditam que as suposições feitas não distorcem a imagem qualitativa dos processos em curso e, tendo em conta os cálculos com uma certa margem, são bastante aceitáveis para utilização prática. Este facto é confirmado pela experiência bem sucedida no funcionamento industrial de vedantes de impulso desenvolvidos e concebidos utilizando a metodologia de cálculo desenvolvida.

Deve notar-se que o funcionamento das vedações de impulso é acompanhado por processos hidrodinâmicos complexos e não estacionários de alta frequência no par de fricção. Este facto abre um vasto campo de estudo, uma vez que subsiste um grande número de questões relativas às caraterísticas do funcionamento de vedantes deste tipo em várias condições que requerem mais investigação.

2.4. Conceção e caraterísticas de funcionamento dos selos mecânicos

2.4.1 Selos mecânicos para bombas de energia

Como exemplo, considere-se a conceção de vedantes mecânicos para bombas de energia, que, regra geral, bombeiam meios quentes e funcionam em condições de funcionamento difíceis [9].

A conceção do bloco da vedação mecânica do tipo T [111] é apresentada na Fig. 2.36.

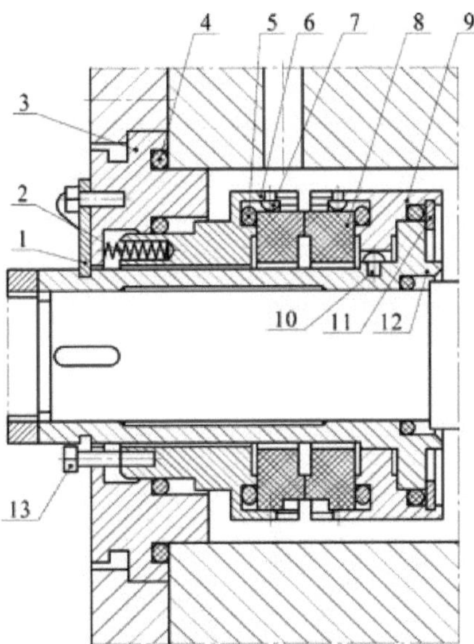

Fig. 2.36. Vedação mecânica tipo T

O par de fricção é formado por dois anéis idênticos 8 feitos de grafite siliconizada, livremente instalados em clipes axialmente móveis 6 e rotativos 9. Os anéis são impedidos de rodar por correias 7 e selados com anéis de borracha 5. A gaiola axialmente móvel com molas 2 é instalada na caixa de vedação 3 e fixada contra a rotação por parafusos 13. O suporte 1, juntamente com a manga de adaptação, assegura o design em bloco do conjunto de vedação. Os O-rings de borracha são utilizados como vedantes secundários 4.

A conceção da gaiola (o fator de carga da gaiola axialmente móvel é de 0,7) e o método de instalação dos anéis garantem a sua deformação mínima. O diâmetro médio das bandas de vedação é de 75 a 120 mm, a pressão do líquido vedado é de até 6 MPa e a velocidade circunferencial é de até 25 m/s.

Os vedantes são utilizados nas bombas de alimentação principais e de reserva das unidades de energia das centrais nucleares, bem como em bombas de condensação, bombas de refrigeração, bombas de aspersão e outras bombas com uma velocidade de rotor até 3000 rpm.

Uma análise dos desenhos dos selos mecânicos das bombas eléctricas dos principais fabricantes mundiais revelou as principais tendências nas direcções do seu desenho:

- A EagleBurgmann nas unidades fabricadas [11] (Fig. 2.37) utiliza carboneto de silício com um revestimento tipo diamante nas superfícies de trabalho em pares de fricção, em vez dos anéis termo-hidrodinâmicos do par de fricção anteriormente utilizados;

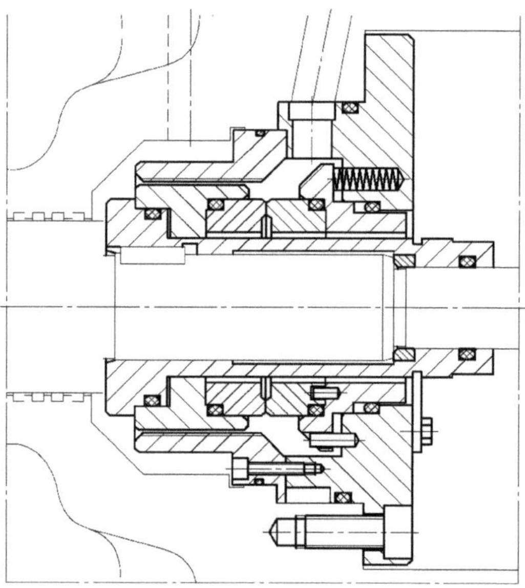

Fig. 2.37. Vedante mecânico da bomba de energia EagleBurgmann [11]

- A Flowserve, nos seus projectos [13] (Fig. 2.38), utiliza pares de fricção com uma superfície ondulada;

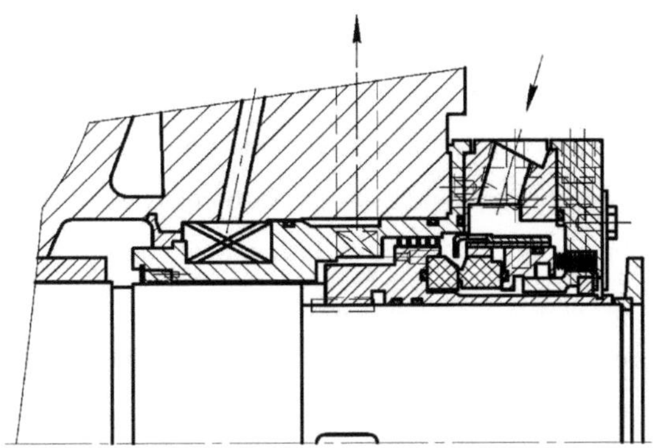

Fig. 2.38. Vedante mecânico da bomba eléctrica Flowserve [13]

- A empresa John Crane, cuja conceção do conjunto de vedação [26] é mostrada na Fig. 2.39, - pares de fricção de carboneto de silício sobre grafite impregnada de antimónio.

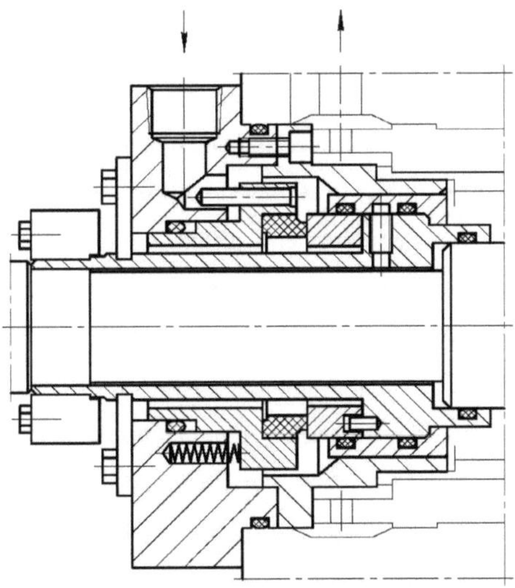

Fig. 2.39. Selo mecânico da bomba de energia John Crane [26]

O principal objetivo das bombas de condensado é fornecer condensado de vapor de água do condensador através de aquecedores de baixa pressão para o desaerador.

Estruturalmente, as bombas de condensado dividem-se em verticais e horizontais. As bombas de condensado verticais são, regra geral, multiestágio com um impulsor a montante para garantir as caraterísticas de cavitação necessárias. As bombas horizontais podem ser de fase única com um impulsor de entrada dupla e uma divisão horizontal da caixa e seccionais de fase múltipla.

Os selos mecânicos de dois tipos têm encontrado aplicação nas bombas de condensado:

1) selos mecânicos simples;

2) juntas de estanquidade rotativas duplas.

Nas bombas verticais de condensado, os selos mecânicos duplos são amplamente utilizados, os quais utilizam um fornecimento de condensado frio com uma pressão que excede a pressão do líquido a ser selado antes do selo mecânico (plano 54, de acordo com a API 682). A utilização de empanques mecânicos duplos deve-se ao facto de, quando a bomba está parada e durante o funcionamento, se poder formar uma zona de pressão negativa na zona de empanque, o que leva à fuga de ar do ambiente através do empanque da extremidade do veio. O esquema mais comummente utilizado é o do sistema com o fornecimento de fluido de barreira a partir de uma tubagem separada com excesso de pressão através do vedante para o canal. A temperaturas do fluido de trabalho da bomba até 150 °C, os vedantes são utilizados sem um refrigerador, a temperaturas do fluido bombeado de 150...400 °C - com um refrigerador.

A Fig. 2.40 mostra um selo mecânico duplo para bombas de condensado.

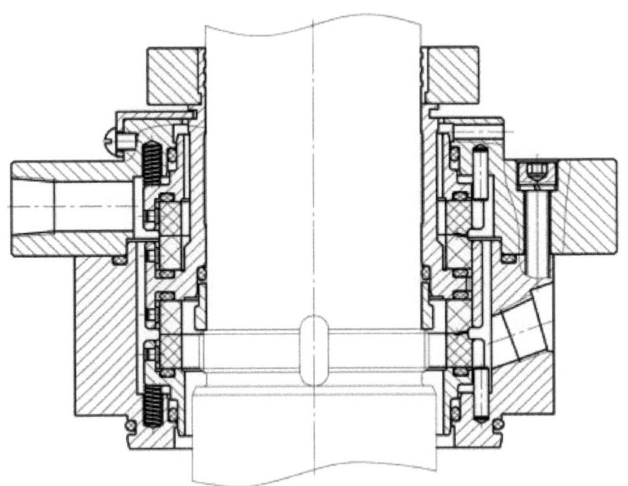

Fig. 2.40. Vedação mecânica dupla da bomba de condensados

Além disso, uma das soluções técnicas promissoras é a utilização de vedantes mecânicos simples em bombas verticais com o fornecimento de condensado frio a partir de uma fonte externa, que entra na cavidade da bomba através de um vedante com fenda (Fig. 2.41).

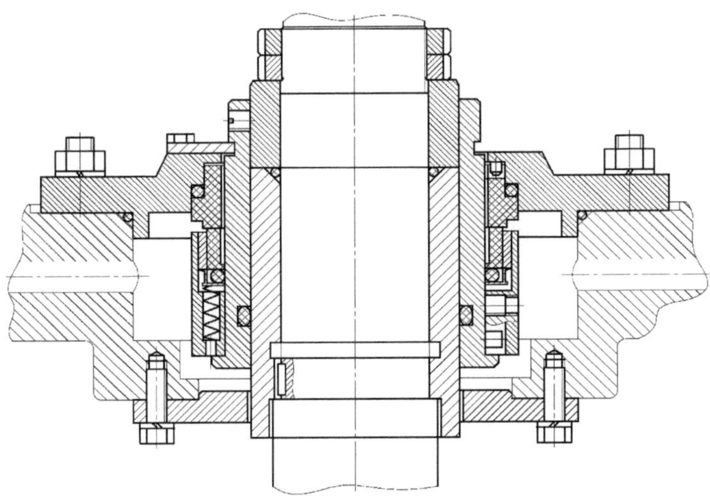

Fig. 2.41. Vedação mecânica completa com ranhura

2.4.2 Selos mecânicos para bombas químicas e auxiliares

As bombas cantilever químicas são utilizadas numa variedade de aplicações químicas e utilizam tradicionalmente vedantes mecânicos duplos sem cartucho [53, 83].

A Fig. 2.42 mostra modelos de vedantes mecânicos duplos para bombas centrífugas de produtos químicos.

Tendo em conta o aumento dos requisitos de segurança para o equipamento de bombagem de líquidos inflamáveis, os selos mecânicos do tipo tandem com tubagem API 52 têm vindo a ser cada vez mais utilizados.

Os empanques mecânicos do tipo "tandem" podem ser utilizados tanto com um refrigerador a uma temperatura do fluido de trabalho da bomba até 400 °C como sem ele a uma temperatura do fluido de trabalho até 150 °C.

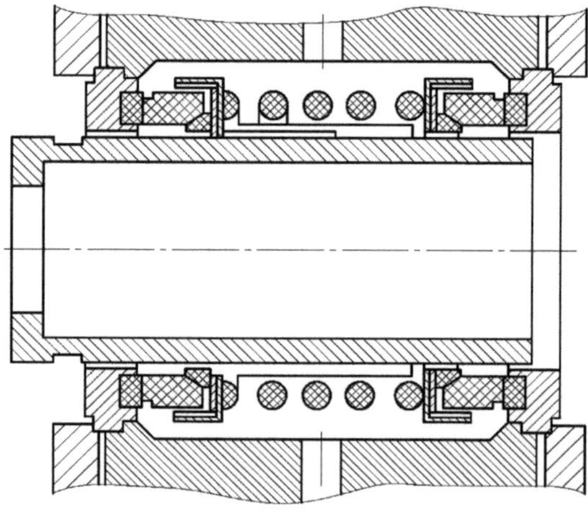

a

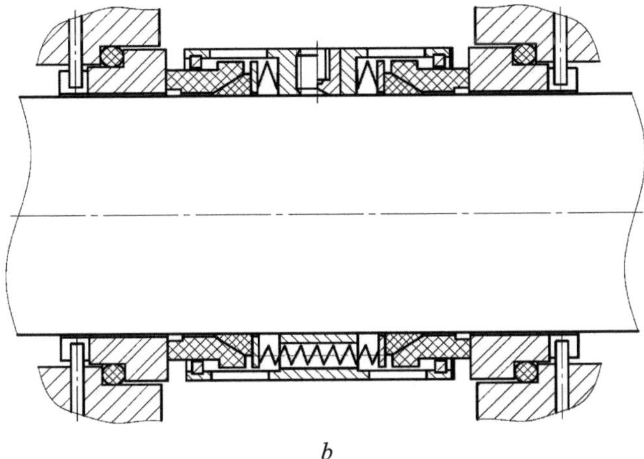

Fig. 2.42. Modelos de vedantes mecânicos duplos para bombas químicas

Por vezes, os selos mecânicos são fabricados com um bloco flutuante ou com um anel adicional de um par de atrito colocado entre os anéis rotativo e não rotativo, sem que este anel de vedação adicional esteja protegido contra deslocamentos angulares, ou seja, com o chamado anel "flutuante" [87] (Fig. 2.43).

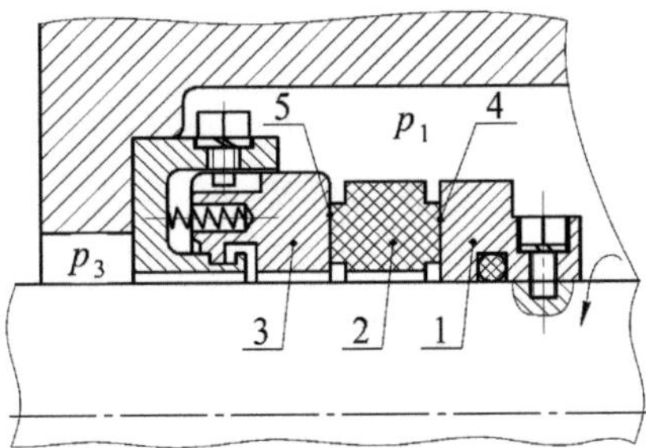

Fig. 2.43. Vedação mecânica com anel intermédio flutuante

A vantagem de uma junta de estanquidade rotativa com um anel flutuante é a melhoria da remoção de calor, associada a uma rotação lenta do anel 2 ou a uma interface de contacto alternada do anel 2 com um anel 1 rotativo ou com um anel 3 não rotativo através das juntas de estanquidade rotativas 4.5. Estas alterações periódicas nas taxas de deslizamento relativo dos anéis no acoplamento contribuem para aumentar a vida útil da vedação a uma pressão de contacto elevada e para a geração de calor no par de fricção; no entanto, as fugas neste tipo de vedação são normalmente mais elevadas do que na sua conceção tradicional.

2.4.3 Vedantes de motores de aeronaves e foguetões

O funcionamento fiável dos vedantes das extremidades dos rotores de uma turbina a gás altamente carregada (GTE) e dos motores de foguetão é um dos problemas cuja solução determina o nível de desenvolvimento de ambos os ramos da indústria moderna e o nível de desenvolvimento das indústrias que utilizam as realizações da indústria aeroespacial. Considerar os problemas e as soluções modernas utilizadas nos motores de turbina a gás e nas unidades de turbobomba dos motores de foguetão.

Os principais problemas que surgem aquando da criação de novas aeronaves estão principalmente relacionados com os requisitos para aumentar a sua eficiência e aumentar a sua vida útil. Os motores de turbina a gás contêm um compressor para comprimir o ar, um sistema de abastecimento de combustível, uma câmara de combustão e uma turbina fabricados numa única unidade.

A energia da mistura gás-ar obtida durante a combustão do combustível na câmara de combustão é convertida em trabalho mecânico através de uma turbina a gás.

Os suportes dos rolamentos dos rotores GTE (compressor e turbina), situados nas partes de fluxo e lavados por uma mistura aquecida de gás e ar, são lubrificados com óleo proveniente de um sistema de óleo separado e, por conseguinte, necessitam de unidades de vedação.

As condições em que os vedantes são forçados a trabalhar: temperatura - até 1700 K, pressão - até 4 MPa, velocidade circunferencial - até 450 m/s. No futuro, espera-se um novo aumento do grau de compressão do ar no compressor, da temperatura do gás em frente à turbina e da velocidade do rotor [25]. Recursos necessários dos motores de turbina a gás - 30 mil horas.

Um motor de turbina a gás de aviação tem cerca de 50 dispositivos de vedação diferentes, e o seu desempenho afecta significativamente a fiabilidade do motor. As falhas dos vedantes ocupam o terceiro lugar entre as 28 causas de acidentes com GTE [12]. O ar quente entra na câmara de óleo através dos vedantes dos rolamentos do rotor, causando névoa de óleo e coqueificação do óleo. A deterioração resultante do arrefecimento dos rolamentos pode reduzir significativamente a vida útil do motor. De acordo com a Rolls-Royce, reduzir as fugas de ar do compressor em 1% aumenta a sua eficiência em 2...6%, reduz o consumo de combustível e aumenta a autonomia de voo em 3%.

As caraterísticas da utilização de vedantes mecânicos para turbomáquinas de motores de aviões são os valores elevados das cargas em termos de diferenças de temperatura e velocidades de deslizamento, bem como as alterações cíclicas destas cargas durante o funcionamento do motor.

Nos últimos anos, os criadores de unidades de turbobombas de motores de foguete de propulsão líquida (LRE) utilizaram, na maioria dos casos, vedantes mecânicos como conjuntos de vedantes de estacionamento, cuja tarefa era separar de forma fiável as cavidades adjacentes do LRE apenas quando o veio não estava a rodar. Com um veio rotativo, a separação destas cavidades era confiada a dispositivos de impulsores (rodas de bomba adicionais), apesar dos custos energéticos significativos necessários para realizar as funções pretendidas. No entanto, com a melhoria dos HPS e o aumento das exigências em termos dos seus indicadores económicos relacionados com a sua competitividade no mercado mundial de serviços para a exportação de mercadorias para as órbitas próximas da Terra, nas últimas décadas, surgiram as questões da criação de sistemas de vedação fiáveis e económicos para a vedação das cavidades dos HPS.

Os seguintes requisitos são impostos aos selos aquando da criação do desenho LRE:

- estanquicidade fiável;
- baixo desgaste das superfícies de contacto;
- baixas perdas de potência devido ao atrito;
- elevada vida útil, incluindo um prazo de validade calculado em anos;
- a simplicidade da tecnologia de fabrico e montagem do conjunto de vedantes e a possibilidade de controlar o seu desempenho após a montagem da unidade de turbobomba.

Como se mostra na Fig. 2.44, o conjunto de vedação da extremidade é típico para TPA de utilização única [25].

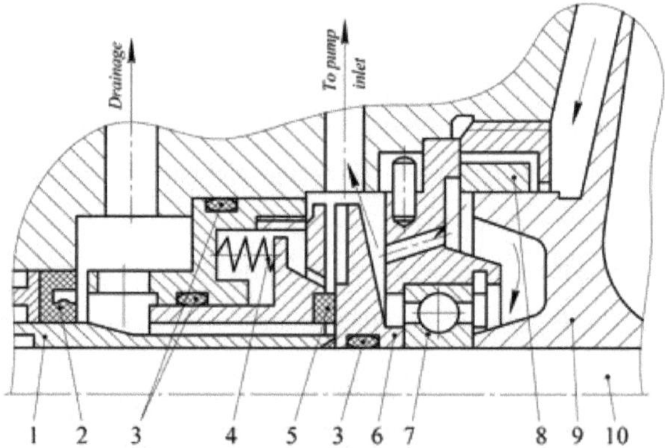

Fig. 2.44. Vedante mecânico de estacionamento do conjunto da turbobomba do motor de foguetão:

1 - manga de veio; *2* - manguito; *3* - juntas tóricas de borracha; *4* - molas; *5* - bloco axialmente móvel com um anel não rotativo de um par de fricção; *6* - anel rotativo de um par de fricção com um impulsor; *7* - rolamento; *8* - anel flutuante; *9* - roda da bomba; *10* - veio

O par de peças 5 e 6 da extremidade de vedação é feito de materiais de aço-grafite. O eixo da bomba 10 com uma roda centrífuga 9 e um anel flutuante 8 está montado em rolamentos, um dos quais é arrefecido por um componente que passa através da junta de vedação do anel flutuante 8. Atrás da chumaceira encontra-se um impulsor 6, cuja superfície de extremidade, a partir do lado das pás, o anel 5 do vedante mecânico é pressionado pela mola 4. A manga de segurança 2 está instalada atrás da cavidade de drenagem entre a manga 1 e o corpo da junta de estanquidade rotativa.

Antes do arranque da unidade, o papel de vedante principal é desempenhado pelo vedante mecânico. Quando a unidade atinge o modo de funcionamento nominal, o fluido bombeado após a roda centrífuga 9 entra na chumaceira 7 através da junta de estanquidade do anel flutuante 8. O impulsor 6 reduz a pressão na câmara do vedante mecânico e cria uma circulação de fluido na câmara vedada, o que permite a remoção do calor da chumaceira e do vedante mecânico.

Numa tal conceção das unidades de vedação, depois de o TPA entrar no seu modo de funcionamento normal, sem arrefecimento e lubrificação suficientes, pode permanecer o cuff 2, cuja capacidade de vedação, antes da destruição do lábio do cuff, pode proporcionar apenas um ou dois lançamentos do TPA. Isto deve-se ao facto de as juntas poderem funcionar durante muito tempo em condições de boa lubrificação a velocidades circunferenciais não superiores a 15...20 m/s.

A unidade de vedação mecânica de contacto TPA com uma vedação secundária de fole para componentes de combustível estáveis e compatíveis é mostrada na Fig. 2.45.

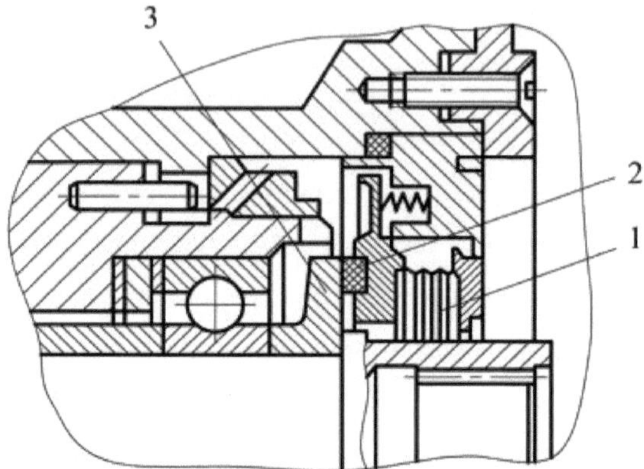

Fig. 2.45. Vedação mecânica de fole de turbina:

1 - fole; *2* - bloco axialmente móvel; *3* - anel rotativo

A utilização do fole 7, que tem baixa rigidez axial e cria uma pequena força de pressão sobre os anéis 2 e 3 do par de extremidades, materiais bem escolhidos, bem como a geometria selecionada das partes dos anéis e do fole, torna possível a utilização deste vedante para múltiplos lançamentos.

2.4.4 Conceção de selos mecânicos sem contacto

Um dos problemas que se colocam no desenvolvimento de vedantes para compressores de aeronaves (GTE) é o efeito do disco do compressor, sujeito a vibrações de várias formas e a efeitos de temperatura, na deformação do anel rotativo do vedante mecânico associado a esse disco. A utilização de anéis sólidos elásticos reforçados de vedantes mecânicos tornou possível seguir as deformações da superfície final de um disco rotativo [90]. Mas esta solução ainda não encontrou aplicação nos selos GTE devido às propriedades de baixa resistência dos materiais elastómeros nas condições de funcionamento consideradas.

Outro problema importante que surge no desenvolvimento de vedantes de compressores para motores de turbina a gás de aeronaves é a dificuldade de implementar um funcionamento sem contacto do vedante mecânico em todos os modos de funcionamento do motor (modo de marcha lenta, modo de descolagem, modo de cruzeiro). Quando se alteram os modos de funcionamento do motor, os rácios das forças de carga mudam. Os valores das deformações das peças do conjunto de vedação também mudam, o que afecta a forma da fenda de vedação, a possibilidade de um circuito de contacto para o funcionamento de um par de anéis, o desgaste dos anéis e a baixa vida útil associada do conjunto de vedação. Por conseguinte, um dos problemas importantes na criação de unidades de vedação é garantir a operacionalidade das suas estruturas em todos os modos de funcionamento do motor, minimizando as deformações dos anéis de vedação ou controlando racionalmente essas deformações.

Alguns estudos efectuados para este efeito [91, 111] mostraram que é desejável utilizar uma junta mecânica gás-estática ou hidrostática quando as condições de funcionamento da junta durante o funcionamento da turbomáquina se alteram de forma insignificante. Estas vedações são eficazes quando as quedas de pressão são elevadas e as velocidades do veio são baixas.

O vedante dinâmico de gás mecânico é eficaz com quedas de pressão elevadas através do vedante, velocidades elevadas do veio e também durante o funcionamento multimodo, quando não é possível proporcionar uma vedação fiável pelo método estático de gás.

Os recentes desenvolvimentos em termos de criação de vedantes mecânicos para motores de turbina a gás podem ser ilustrados pelo exemplo do conjunto de vedante mecânico apresentado na Fig. 2.46.

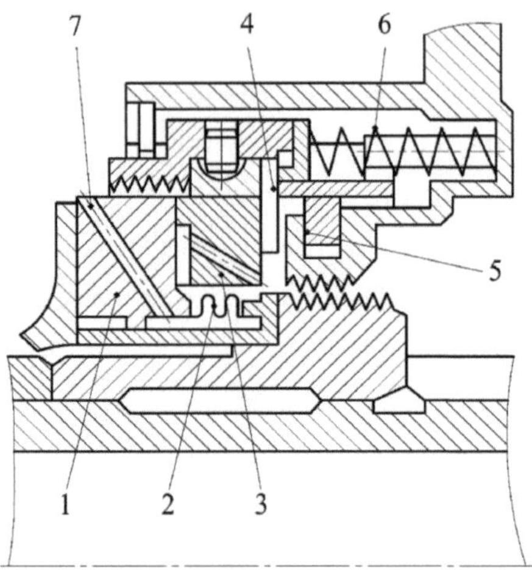

Fig. 2.46. Vedação mecânica híbrida (hidrostática-dinâmica)

O vedante principal da unidade é um vedante mecânico híbrido, no qual é criada uma câmara estática de gás anular na extremidade de trabalho do anel não rotativo 3 e são colocadas doze câmaras Rayleigh, nas quais é fornecido ar vedado a alta pressão através dos canais. O anel 3 é fixado no suporte 4 e pressionado contra o anel rotativo 1 por molas 6. O anel de pistão 5 é um vedante secundário. No anel 1, para reduzir as deformações térmicas, são efectuados canais radiais 7 através dos quais é bombeado óleo. O fole 2 é um vedante auxiliar.

O vedante foi concebido para os seguintes parâmetros de funcionamento: queda de pressão de 2 MPa, velocidade circunferencial de 240 m/s. A folga de trabalho em diferentes modos situa-se no intervalo de 2,5...12 μm [5].

A implementação de ranhuras em espiral em vez de câmaras de Rayleigh no anel de grafite permitiu obter uma folga de trabalho na gama de 5 ... 8 microns; a fuga de óleo não foi superior a 11,6 g/s. No entanto, o tempo de funcionamento desta opção de vedação foi de apenas 2700 h, devido ao desgaste do anel de grafite provocado pela deformação a alta temperatura dos anéis 1 e 3. Os resultados dos estudos mostraram a necessidade de reduzir o efeito das deformações de temperatura durante o funcionamento do conjunto de vedação.

Os ensaios de montagem demonstraram que, para o bom funcionamento de uma junta de estanquidade rotativa deste tipo, devem ser satisfeitas as seguintes condições

- confusor da folga de vedação em todos os modos de funcionamento do motor de turbina a gás;
- remoção eficiente do calor do par de fricção;
- boa mobilidade do anel axialmente móvel do par de atrito na direção axial;
- o baixo valor da força de pressão axial dos anéis do par devido às molas;
- elevadas propriedades dinâmicas do conjunto de vedantes;
- para facilitar a instalação e os trabalhos de reparação, o conjunto do vedante deve ser fabricado como uma unidade separada, ou seja, um cartucho.

2.4.5 Projectos de vedantes mecânicos de impulso

A Fig. 2.47 apresenta um conjunto unificado de vedação mecânica de impulso para bombas de alta velocidade. [56].

As bombas são utilizadas no circuito primário de reactores arrefecidos a água para fornecer água de fecho com boro aos vedantes da bomba de circulação principal (MCP), bem como para injetar os aditivos necessários que reduzem a atividade corrosiva do refrigerante. A água bombeada contém até 30 g/kg de ácido bórico, até 30 mg/l de amoníaco e alguns outros compostos químicos. A temperatura não excede os 70 °C. A pressão do líquido selado é de 0,6-1,0 MPa, a velocidade do rotor é de 8900 rpm, o diâmetro do eixo sob o selo é de 0,07 m, e a velocidade periférica média da superfície de contacto do selo mecânico é de 50 m/s.

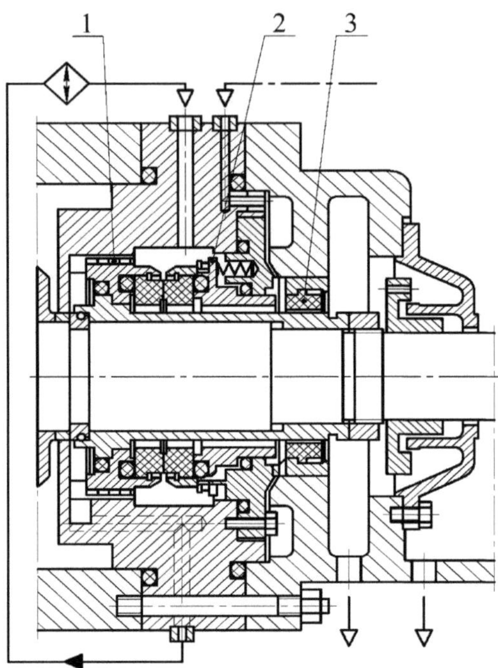

Fig. 2.47. Junta de estanquidade rotativa para bomba de reforço de alta velocidade

Devido à elevada velocidade circunferencial, as bombas tinham originalmente vedantes de folga, cuja fuga era de cerca de 10 m^3 /h. A preparação de fugas para reutilização era dispendiosa, pelo que foi desenvolvido o projeto de um vedante mecânico de impulso, que foi recomendado após testes de bancada detalhados [54].

A seleção das principais dimensões geométricas da junta foi efectuada de acordo com o método descrito na secção 2.3. A folga final óptima é de 2 μm, o que proporciona uma lubrificação de fronteira estável com um baixo coeficiente de atrito, de modo a que as juntas não necessitem de sistemas de arrefecimento externos. A remoção do calor do par de fricção é efectuada por água bombeada, cuja circulação através da câmara de vedação é assegurada pelo impulsor axial 1. Nas zonas de estagnação, as superfícies ficam cobertas de cristais de boro ao longo do tempo, pelo que é necessária uma lavagem periódica destas superfícies. Para reduzir o consumo de condensado para a lavagem, a cavidade por detrás do anel axialmente móvel 2 é selada com um vedante de fenda de bloqueio 3, que também é uma emergência em caso de falha do vedante principal.

A Fig. 2.48 mostra uma vedação mecânica de extremidade de veio concebida para bombas de alimentação de centrais térmicas [61]. Este tipo de vedante de impulso é utilizado em bombas com parâmetros de carga de pressão não superiores a 18 MPa e velocidades periféricas até 100 m/s.

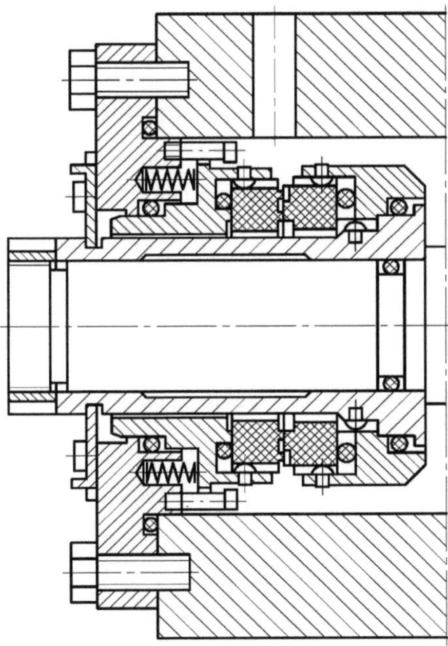

Fig. 2.48. Montagem da vedação mecânica de impulso de uma bomba de alta velocidade

Quando a pressão de vedação aumenta acima de 15 MPa e para evitar que o líquido bombeado pela bomba entre no ambiente, são utilizados selos mecânicos com dois ou três estágios. A Fig. 2.49

mostra um exemplo de uma solução deste tipo para um conjunto de vedação mecânica de impulso [49].

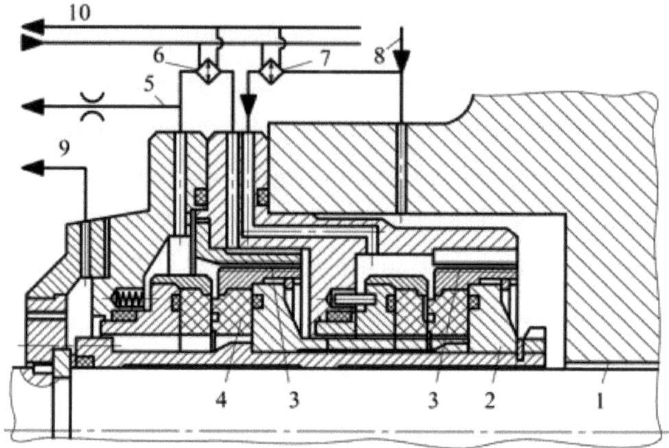

Fig. 2.49. Vedação de impulso de duas fases:

1 - vedante de folga; *2*, *4* - a primeira e a segunda fases do vedante mecânico de impulso;

3 - vedante de labirinto; *5* - linha de fuga organizada; *6*, *7* - frigoríficos; *8* - linha de abastecimento de água tampão; *9* - linha de fuga; *10* - linhas de entrada e saída de água de arrefecimento

O conjunto de vedação funciona a temperaturas elevadas (até 285 °C) do fluido bombeado. Para evitar fugas de água quente para o espaço circundante, a água de arrefecimento e de selagem é fornecida à unidade de selagem com uma pressão 0,05 ... 0,1 MPa superior à pressão na cavidade selada da bomba. Os principais elementos do sistema de vedação são uma junta de estanquidade interna 1, duas fases de uma junta de estanquidade mecânica de impulso 2 e 4, circuitos de arrefecimento 6 e 7, um abastecimento de água de barreira 8 e uma saída de fuga organizada 5. Durante o funcionamento normal, a fase final do vedante mecânico assume a queda de pressão total e a outra fase desempenha a função de reserva (emergência). A grafite silicificada é utilizada como material para ambos os anéis de pares de fricção. A fuga de fluido da barreira externa não é superior a 1 l/h, o que é dez vezes inferior à de conjuntos de vedantes semelhantes com anéis flutuantes.

O funcionamento dos selos de impulso é acompanhado por processos hidrodinâmicos complexos, não estacionários e de alta frequência, determinados por intervalos de extremidade de mícron. A experiência acumulada mostra que os selos mecânicos de impulso cumprem os requisitos rigorosos de fiabilidade, durabilidade e estanquicidade impostos aos selos dos rotores das máquinas centrífugas modernas.

A vedação do rotor é um dos componentes mais complexos e críticos do MCP que determina a fiabilidade de toda a unidade. Este facto é explicado pelas difíceis condições de funcionamento dos vedantes em combinação com os elevados requisitos de estanquidade em operações nominais, transitórias e de emergência da bomba. O conjunto de vedantes (Fig. 2.50) é composto por vedantes como o interno 1, o principal 2, o de fecho 3 e o final 4.

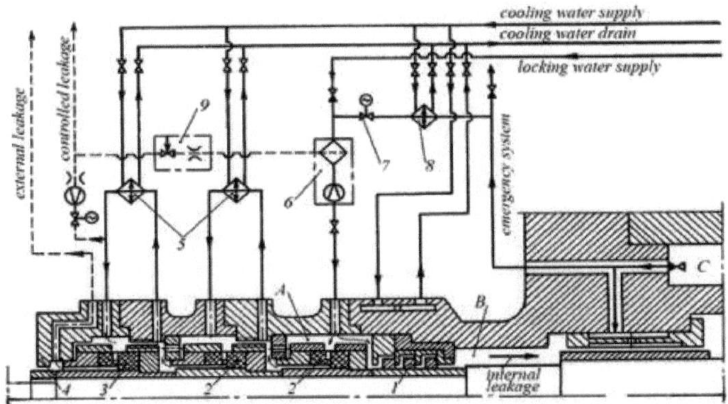

Fig. 2.50. Diagrama do sistema de vedação do rotor da bomba de circulação principal da central nuclear

O vedante interior 1, que é um conjunto de três anéis flutuantes, separa a câmara A, onde a água fria é fornecida, da cavidade de vedação B da bomba. Nos anéis flutuantes, as correias de contacto final são feitas em ambos os lados. No caso de uma queda de emergência na pressão da água de bloqueio, os anéis funcionam com uma diferença de pressão que é alterada na direção, e todo o conjunto fornece a estanquidade necessária durante 40 segundos. A queda de pressão através do vedante interior é mantida entre 0,1-0,5 MPa; os diâmetros interior e exterior dos anéis são de 200 mm e 210 mm. O vedante principal 2 é constituído por duas fases ligadas em série do vedante de extremidade de impulso. O mesmo nível 3 serve de vedante de fecho, que deve desempenhar brevemente as funções do vedante principal em caso de falha deste último. O vedante final 4 é um simples anel de estrangulamento. O sistema de vedação inclui uma linha de alimentação de água de fecho da câmara A por bombas de alimentação de alta pressão através de um hidrociclone 6. A água estrangulada nos vedantes principais 2 é arrefecida em permutadores de calor 5. Em caso de falha do sistema de abastecimento de água de fecho, o sistema de alarme é ativado: a válvula 7 abre-se através do refrigerador 8 e o hidrociclone 6 entra na câmara B, assegurando o funcionamento normal a longo prazo da junta. Parte da fuga controlada através do dispositivo de estrangulamento 9 pode ser devolvida à linha de abastecimento da água de fecho, se necessário.

A experiência acumulada no funcionamento industrial mostra que as vedações mecânicas de impulso satisfazem os rigorosos requisitos de fiabilidade, durabilidade e estanquidade impostos às vedações dos rotores do equipamento de bombagem das centrais nucleares [105].

2.5. Conclusões

Com base no modelo de vedação mecânica acima descrito e nas recomendações propostas para o cálculo da unidade, a tarefa do programador consiste em conceber os elementos das partes da unidade de vedação de modo a que o nível e o tipo de deformação dos anéis devido à pressão do meio e aos factores de temperatura proporcionem a forma ideal calculada necessária da folga, no final, junta de vedação do par de anéis. As formas das superfícies de vedação na interface final devem proporcionar a possibilidade de fornecer ao par de fricção um lubrificante que satisfaça as condições de carga e garanta o modo de fricção líquida durante o funcionamento no modo nominal, bem como valores aceitáveis e estabilidade de elevado desempenho.

Para uma junta de estanquidade rotativa com um modo de carga hidrostática e um modo de fricção líquida, as cargas de temperatura e de força nas partes da unidade levam à formação de formas radialmente curvas das superfícies de estanquidade de cada um dos anéis, com a maior aproximação destas superfícies na ranhura final perto do raio interior do anel de estanquidade. É possível simplificar o processo de cálculo, assumindo a forma de uma fenda de vedação cónica. Tal simplificação dá origem a desvios de 10-15%, como demonstrado por estudos.

Também considerados selos mecânicos hidrostáticos, hidrodinâmicos e de impulso sem contacto, cuja principal diferença é o princípio da criação e manutenção de uma camada lubrificante na fenda final.

Os selos mecânicos hidrostáticos não têm tido uma utilização generalizada nas máquinas de produção de energia devido a várias desvantagens que lhes são inerentes, nomeadamente, grandes fugas durante o funcionamento causadas por grandes folgas no par mecânico, baixa rigidez hidrostática da película de líquido na folga, fugas quando estacionados e caraterísticas de desempenho instáveis, devido à tendência para entupir os orifícios de alimentação calibrados (bicos).

Os selos mecânicos hidrodinâmicos são amplamente utilizados em turbobombas de alimentação, nas condições de funcionamento dos selos, nas quais não se pode chamar confortável - um líquido de baixa viscosidade e baixo ponto de ebulição sendo selado a altas velocidades de deslizamento em um par de fricção não contribui para a formação de um filme lubrificante estável, cuja presença é uma condição indispensável para o funcionamento a longo prazo do selo. Estes vedantes diferem na forma e no tamanho das ranhuras na superfície da extremidade, mas o que é comum é a formação de fendas micrométricas no par de fricção devido à interação do líquido com as ranhuras micrométricas, uma ligeira alteração no tamanho das quais, devido ao inevitável desgaste erosivo, leva a uma deterioração significativa das caraterísticas de desempenho.

Devido às suas qualidades de alto desempenho, os selos mecânicos do tipo impulso têm sido usados em bombas de energia há bastante tempo; eles têm as seguintes vantagens:

- o valor ótimo da folga final situa-se no intervalo de 2...3 microns, o que permite uma lubrificação fiável e a remoção de calor das superfícies de vedação, enquanto as fugas permanecem a um nível aceitável;

- a dimensão da fenda final depende da pressão a vedar e da velocidade de rotação do veio, com um aumento da qual a fenda final também aumenta, o que permite uma vasta gama de operações de vedação, tanto em termos de pressão como de velocidade. Pode argumentar-se que os vedantes de impulso não têm praticamente restrições quanto à velocidade de rotação, pelo que a sua utilização é especialmente eficaz em máquinas de alta velocidade;

- os vedantes de impulso são reversíveis, ou seja, o seu desempenho não depende do sentido de rotação do veio;

- desempenham de forma fiável o papel de parques de estacionamento, uma vez que, na ausência de rotação do veio, o líquido sob pressão não entra na maior parte das câmaras e a força de pressão do meio selado excede largamente a força que abre a fenda final.

A experiência em investigação e operação bem sucedida de vedantes mecânicos de impulso demonstrou que estes são insensíveis às propriedades físicas do meio vedado e são capazes de operar de forma fiável em vários líquidos, incluindo os criogénicos, em gases e mesmo em misturas gás-líquido.

O que precede permite-nos concluir sem ambiguidade que as vedações mecânicas de impulso têm vantagens significativas sobre outros tipos de vedações mecânicas sem contacto e são as mais promissoras para condições de funcionamento severas.

Chapter 3. Vedantes de folga e sua influência nas caraterísticas dinâmicas da máquina centrífuga

Os vedantes sem contacto, para além da vedação, desempenham uma função igualmente importante - melhorar o estado de vibração da máquina centrífuga [2, 39, 50, 79, 80, 131]. As medidas de conceção destinadas a aumentar a resistência hidráulica dos vedantes, regra geral, aumentam a sua rigidez hidrostática e o seu amortecimento, melhorando assim as suas qualidades dinâmicas. O desempenho dinâmico é especialmente importante para os vedantes em máquinas rotativas de alta velocidade.

Outro indicador importante é o recurso do conjunto, que é determinado pelo desgaste das superfícies de vedação. Ao conceber sistemas de vedação, é necessário harmonizar a sua estanquidade e fiabilidade, por um lado, e os indicadores de recursos, por outro.

Por exemplo, as bombas para a indústria energética necessitam de um aumento da vida útil das unidades de vedação. Para isso, é necessário utilizar sistemas de vedação com fugas controladas garantidas para proporcionar lubrificação, arrefecimento e, consequentemente, a vida útil necessária.

Os requisitos mais importantes para a tecnologia dos foguetões e da aviação são a fiabilidade e a estanquicidade das vibrações. A vida útil das unidades de vedação, mesmo para naves espaciais reutilizáveis, não é tão importante.

3.1. Modelo da junta de estanquidade

A Fig. 3.1 mostra um modelo da vedação g ap que é um acelerador anular formado por um cilindro interior (veio) com um pequeno ângulo de conicidade ϑ_A e um cilindro exterior (manga) com um ângulo de conicidade ϑ_B ; ângulo de conicidade total do canal $\vartheta_0 = \vartheta_B - \vartheta_A$. Parâmetro de conicidade do canal

$$\theta_0 = \vartheta_0 l/2H, |\theta_0| \leq 1$$

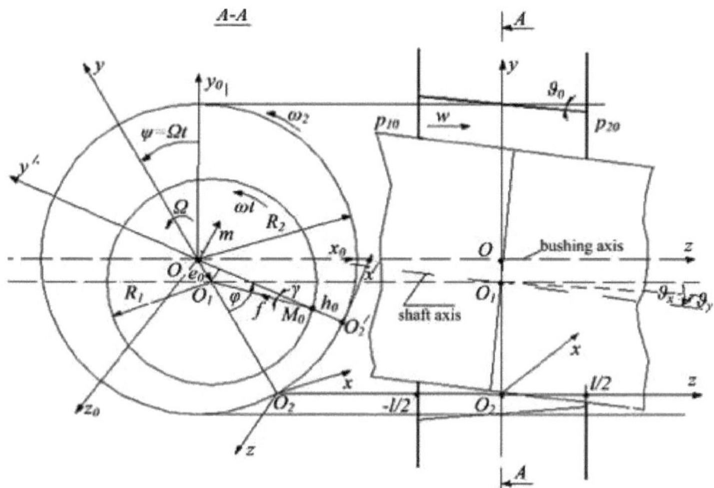

Fig. 3.1. Modelo da vedação da fenda

O veio e o casquilho rodam em torno dos seus próprios eixos com as frequências da sua própria rotação ω_1, ω_2 . Os próprios eixos rodam em torno do centro fixo *O* com frequências de precessão Ω_1, Ω_2 e também efectuam oscilações radiais e angulares.

Assim, ao desenvolver vedantes de folga, é necessário considerar não só o seu objetivo direto de reduzir as perdas volumétricas, mas também a sua função igualmente importante, que tem de proporcionar as caraterísticas de vibração necessárias do rotor.

O regime de escoamento é caracterizado pelas constantes C, n da fórmula generalizada de Blasius para o coeficiente de arrasto por fricção $\lambda = C\mathrm{Re}^{-n}$. As resistências locais são determinadas pelos coeficientes relativos das perdas hidráulicas

$$\chi_1 = \varsigma_{11}/\varsigma,\ \chi_2 = \varsigma_{12}/\varsigma \qquad (3.1)$$

$$\varsigma = \varsigma_{11} - \varsigma_{12} + \varsigma_2,\ \varsigma_2 = \lambda l/2H$$

Onde ς_{11}, ς_{12} são os coeficientes de perdas hidráulicas locais à entrada e à saída da fenda; ς_2 é o coeficiente de perdas hidráulicas ao longo do comprimento do canal. Para escoamentos turbulentos, com base em dados experimentais, é aceite $\varsigma_{11} = 1{,}0 - 1{,}15$, $\varsigma_{12} = 0{,}05 - 0{,}3$ [7, 30, 32, 56, 101].

Para escoamentos laminares, o coeficiente de resistência local foi determinado em [102] para vedantes com ranhuras anulares. Os resultados mostraram que, neste caso, as resistências locais são próximas de zero. Assim, com um estreitamento súbito do escoamento à entrada da fenda, é apenas necessário ter em conta os custos da energia potencial de pressão para a formação da energia cinética do escoamento de alta velocidade: $\Delta p_{11} = \varsigma_{11} \rho w_1^2 / 2$, $\varsigma_{11} \approx 1$; fator de perda de saída . $\varsigma_{12} \approx 0$

O turbilhão inicial do fluxo é estimado pelo coeficiente

$$\kappa = \omega_c / \omega_a , \qquad (3.2)$$

em que , $\omega_a = 0{,}5(\omega_1 + \omega_2)$

ω_c é a velocidade angular média do líquido no canal.

O fator de torção não pode ser determinado com exatidão. Na ausência de fluxo de pressão axial, o valor constante da velocidade circunferencial média na fenda anular é proporcional à média aritmética das velocidades circunferenciais das paredes do canal:

$$u_c = R_0 \omega_c = R_0 \kappa \omega_a = \kappa u_a, . u_a = 0{,}5 R_0 (\omega_1 + \omega_2)$$

Nos modelos tradicionais de bombas centrífugas, a manga exterior é fixa $(\omega_2 = 0)$, pelo que $u_c = R_0 \kappa 0{,}5 \omega_1$. Se não houver uma torção preliminar na entrada, então , $u_c = u_a$ $\kappa = 1$. No entanto, esta velocidade circunferencial só é atingida durante um determinado período de tempo, dependendo da viscosidade do líquido e da folga.

Sob a ação de uma queda de pressão selável, um líquido com uma velocidade axial elevada (até 70 m/s) entra na fenda anular formada por cilindros rotativos curtos ($l < 2R_0$). Devido à viscosidade, a velocidade circunferencial das partículas adjacentes às paredes rotativas espalha-se gradualmente para as camadas interiores. O tempo durante o qual o volume de líquido que entrou no canal está na fenda, $T = l/w_0$. No final deste período, perto da saída do canal, o líquido adquire a velocidade circunferencial média máxima. Na entrada do canal, a velocidade é próxima de zero. Assim, a velocidade circunferencial média e a razão de turbilhonamento variam ao longo do comprimento do canal.

3.2. Modelo hidromecânico do sistema rotor-vedantes de folga

O modelo do sistema hidromecânico "rotor-slotted seals", apresentado nos artigos [92, 100], é mostrado na Fig. 3.2.

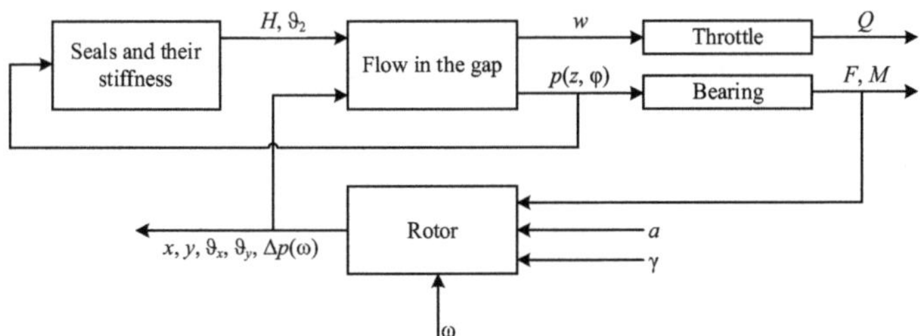

Fig. 3.2 Modelo do sistema hidromecânico de vedantes com ranhuras no rotor:

x, y - vibrações radiais do rotor; ϑ_x , ϑ_y - oscilações angulares do rotor; F, M - forças e momentos hidrodinâmicos que surgem em fendas de vedação;

H, ϑ_2 - folga radial média e conicidade; $p(z,\varphi)$ - pressão de folga; w - caudal de fluido da abertura; Q - caudal de vedação; Δp - pressão de vedação;

a - excentricidade do centro de massa; ω - velocidade do rotor

γ - o ângulo de desvio do eixo de inércia.

As oscilações radiais (x, y) e angulares (ϑ_x , ϑ_y) do rotor são em grande parte determinadas por forças hidrodinâmicas (F) e momentos (M) que surgem nas fendas de vedação (em estranguladores anulares), e as próprias forças e momentos dependem da natureza do movimento do rotor. Existe um outro feedback entre a forma geométrica da fenda (fenda radial média H e conicidade ϑ_2) e a pressão na fenda p (z, φ): as deformações dos anéis de vedação são determinadas pela distribuição da pressão, e esta última é muito sensível a alterações no tamanho e na forma da fenda.

O modelo construído mostra claramente que, ao escolher o design dos vedantes com ranhuras, é necessário ter em conta não só o seu objetivo direto - reduzir as perdas de volume, mas também a sua função não menos importante - fornecer as caraterísticas de vibração necessárias do rotor.

3.3. Forças radiais e momentos em vedações de fendas

Os artigos [35, 63, 82, 84, 85, 116, 134] forneceram uma avaliação das caraterísticas da força para os regimes de escoamento laminar e turbulento, tendo em conta as resistências locais e o turbilhão do escoamento na entrada da fenda.

Projecções nos eixos fixos das coordenadas dos componentes individuais das forças e momentos hidrodinâmicos

$$F_{s(x,y)} = F_{g(x,y)} + F_{d(x,y)} + F_{p(x,y)},,$$

$$\mathrm{M}_{\mathrm{s(x,y)}} = M_{g(x,y)} + M_{d(x,y)} + M_{p(x,y)}$$

que surgem numa junta de estanquidade e que se referem à massa do rotor são as seguintes

– forças e momentos devidos à inércia do fluido:

$$\frac{F_{gx}}{m} = -k_g\left[\ddot{x} - \frac{12\theta_0 q_0}{Hl(2-n)}\dot{x} + \kappa\omega_a\dot{y} - \frac{2}{15}\kappa\omega_a\theta_0\frac{l}{2}\dot{\vartheta}_x\right],$$
$$\frac{F_{gy}}{m} = -k_g\left[\ddot{y} - \frac{12\theta_0 q_0}{Hl(2-n)}\dot{y} - \kappa\omega_a\dot{x} - \frac{2}{15}\kappa\omega_a\theta_0\frac{l}{2}\dot{\vartheta}_y\right],$$

(3.3)

$$\frac{M_{gx}}{m} = -k_g\frac{l}{30}\left(\frac{l}{2}\ddot{\vartheta}_x + 2\kappa\omega_a\theta_0\dot{x} + \kappa\omega_a\frac{l}{2}\dot{\vartheta}_y\right),$$
$$\frac{M_{gy}}{m} = -k_g\frac{l}{30}\left(\frac{l}{2}\ddot{\vartheta}_y + 2\kappa\omega_a\theta_0\dot{y} - \kappa\omega_a\frac{l}{2}\dot{\vartheta}_x\right);$$

(3.4)

– forças e momentos devidos ao fluxo de deslocamento:

$$\frac{F_{dx}}{m} = -k_d\left[\dot{x} + \kappa\omega_a y - \frac{l}{5}\theta_0\left(\kappa\omega_a\vartheta_x - \dot{\vartheta}_y\right)\right],$$
$$\frac{F_{dy}}{m} = -k_d\left[\dot{y} - \kappa\omega_a x - \frac{l}{5}\theta_0\left(\kappa\omega_a\vartheta_y + \dot{\vartheta}_x\right)\right],$$

(3.5)

$$\frac{M_{dx}}{m} = -k_d\frac{l}{5}\left[\theta_0\left(\dot{y} - \kappa\omega_a x\right) + \frac{l}{12}\left(\kappa\omega_a\vartheta_y + \dot{\vartheta}_x\right)\right],$$
$$\frac{M_{dy}}{m} = k_d\frac{l}{5}\left[\theta_0\left(\dot{x} + \kappa\omega_a y\right) + \frac{l}{12}\left(\kappa\omega_a\vartheta_x - \dot{\vartheta}_y\right)\right];$$

(3.6)

– forças e momentos devidos à queda de pressão estrangulada na junta de estanquidade rotativa Δp_0 (fluxo de pressão):

$$\frac{F_{px}}{m} = -k_p\left[\left(\theta_0 + N\chi_m\right)x + \left(1 + 2\Delta\chi\right)\frac{l}{2}\vartheta_y\right],$$
$$\frac{F_{py}}{m} = -k_p\left[\left(\theta_0 + N\chi_m\right)y - \left(1 + 2\Delta\chi\right)\frac{l}{2}\vartheta_x\right],$$
(3.7)

$$\frac{M_{px}}{m} = -k_p\frac{l}{6}\left[N\Delta\chi y - 2\chi_m\frac{l}{2}\vartheta_x\right],$$
$$\frac{M_{py}}{m} = k_p\frac{l}{6}\left[N\Delta\chi x + 2\chi_m\frac{l}{2}\vartheta_y\right]$$
(3.8)

em que $q_0 \left[m^2/s \right]$ é o caudal através de um canal de largura unitária.

As expressões para os coeficientes de força são dadas no trabalho [106].

Vamos passar nas fórmulas (3.3-3.8) para coordenadas adimensionais e forças e momentos reduzidos, bem como vamos introduzir representações adicionais

$$K_i = \frac{12q_0}{Hl(2-n)}, \quad j = \frac{ml^2}{60I}$$

onde K_i - parâmetro que considera a componente local da força de inércia do fluido;

j - parâmetro adimensional que caracteriza os momentos hidrodinâmicos na junta de estanquidade: converte os coeficientes de rigidez radial k_g, k_d, k_p nos correspondentes coeficientes de rigidez angular . k_gj, $k_d j, k_p j$

Nas nossas notações

$$k_p = k'_p / mH, \; M^*_{px} = M_{px} l / 2HI = 10 k_p j \chi_m \theta_x .$$

O turbilhão inicial do escoamento é estimado pelo coeficiente

$$\kappa = \omega_c / \omega_a ,$$

em que , $\omega_a = 0,5(\omega_1 + \omega_2)$

ω_c - a velocidade angular média do fluido no canal.

Além disso, considera-se que o rotor roda em duas juntas de estanquidade rotativas simetricamente localizadas com pistas exteriores fixas$\left(\omega_2 = 0\right)$, , pelo que se considera $\omega_a = 0,5\omega_1 = 0,5\omega$, em que $\omega_1 = \omega$ - velocidade do rotor.

Os valores das forças e dos momentos serão duplicados pelo número de selos. Para facilitar as transformações posteriores, os componentes serão agrupados de acordo com a sua dependência das coordenadas generalizadas$\left(F_3^*, M_3^*\right)$, das velocidades generalizadas $\left(F_2^*, M_2^*\right)$ e das acelerações generalizadas :$\left(F_1^*, M_1^*\right)$

$$-F_{1x}^* = 2k_g \ddot{u}_x, \; -F_{1y}^* = 2k_g \ddot{u}_y, \; -M_{1x}^* = -2k_g j \ddot{\theta}_x, \; -M_{1y}^* = 2k_g j \ddot{\theta}_y$$

$$-F_{2x}^* = 2\left(k_d + k_g K_i \theta_0\right)\dot{u}_x + k_g \kappa\omega \dot{u}_y - \frac{2}{15} k_g \kappa\omega\theta_0 \dot{\theta}_x + \frac{4}{5} k_d \theta_0 \dot{\theta}_y$$

$$-F_{2y}^* = -k_g \kappa\omega \dot{u}_x + 2\left(k_d + k_g K_i \theta_0\right)\dot{u}_y - \frac{4}{5}k_d\theta_0\dot{\theta}_x - \frac{2}{15}k_g\kappa\omega\theta_0\dot{\theta}_y$$

$$-M_{2x}^* = j\left(2k_g\kappa\omega\theta_0\dot{u}_x + 12k_d\theta_0\dot{u}_y + 2k_d\dot{\theta}_x + k_g\kappa\omega\dot{\theta}_y\right),$$

$$-M_{2y}^* = j\left(-12k_d\theta_0\dot{u}_x + 2k_g\kappa\omega\theta_0\dot{u}_y - k_g\kappa\omega\dot{\theta}_x + 2k_d\dot{\theta}_y\right);$$

$$-F_{3x}^* = 2k_p\left(\theta_0 + N\chi_m\right)u_x + k_d\kappa\omega u_y - \frac{2}{5}k_d\kappa\omega\theta_0\theta_x + 2k_p\left(1 + 2\Delta\chi\right)\theta_y$$

,

$$-F_{3y}^* = -k_d\kappa\omega u_x + 2k_p\left(\theta_0 + N\chi_m\right)u_y - 2k_p\left(1 + 2\Delta\chi\right)\theta_x - \frac{2}{5}k_d\kappa\omega\theta_0\theta_y$$

,

$$-M_{3x}^* = j\left(-6k_d\kappa\omega\theta_0 u_x + 10k_p N\Delta\chi u_y - 20k_p\chi_m\theta_x + k_d\kappa\omega\theta_y\right),$$

$$-M_{3y}^* = j\left(-10k_p N\Delta\chi u_x - 6k_d\kappa\omega\theta_0 u_y - k_d\kappa\omega\theta_x - 20k_p\chi_m\theta_y\right).$$

Vamos introduzir as notações dos coeficientes de força duplicados

$$a_{11} = 2k_g,\ a_{21} = 2\left(k_d + k_g K_i\theta_0\right),\ a_{41} = k_g\kappa\omega,\ \alpha_2 = \frac{2}{15}k_g\kappa\omega\theta_0,\ \alpha_4 = \frac{4}{5}k_d\theta_0$$

$$a_{31} = 2k_p\left(\theta_0 + N\chi_m\right),\ a_{51} = k_d\kappa\omega,\ \alpha_3 = \frac{2}{5}k_d\kappa\omega\theta_0,\ \alpha_5 = 2k_p\left(1 + 2\Delta\chi\right)$$

As expressões das forças e momentos relativos para duas juntas de vedação tornam-se agora:

$$-F_{1x}^* = a_{11}\ddot{u}_x,\ -F_{1y}^* = a_{11}\ddot{u}_y,\ -M_{1x}^* = a_{11}j\ddot{\theta}_x,\ -M_{1y}^* = a_{11}j\ddot{\theta}_y,$$

$$-F_{2x}^* = a_{21}\dot{u}_x + a_{41}\dot{u}_y - \alpha_2\dot{\theta}_x + \alpha_4\dot{\theta}_y,\ -F_{2y}^* - a_{41}\dot{u}_x + a_{21}\dot{u}_y - \alpha_4\dot{\theta}_x - \alpha_2\dot{\theta}_y,$$

(3.9)

$$-M_{2x}^* = j\left[15\alpha_2\dot{u}_x + 15\alpha_4\dot{u}_y + 2k_d\dot{\theta}_x + a_{41}\dot{\theta}_y\right],$$

$$-M_{2y}^* = j\left[-15\alpha_4\dot{u}_x + 15\alpha_2\dot{u}_y - a_{41}\dot{\theta}_x + 2k_d\dot{\theta}_y\right].$$

(3.10)

$$-F^*_{3x} = a_{31}u_x + a_{51}u_y - \alpha_3\theta_x + \alpha_5\theta_y,\quad -F^*_{3y} = -a_{51}u_x + a_{31}u_y - \alpha_5\theta_x - \alpha_3\theta_y,$$

$$-M^*_{3x} = j\left(-15\alpha_3 u_x + 5\alpha_5 \frac{N\Delta\chi}{1+2\Delta\chi}u_y - 10a_{31}\frac{\chi_m}{\theta_0 + N\chi_m}\theta_x + a_{51}\theta_y\right)$$

$$-M^*_{3y} = j\left(-5\alpha_5 \frac{N\Delta\chi}{1+2\Delta\chi}u_x - 15\alpha_3 u_y - a_{51}\theta_x - 10a_{31}\frac{\chi_m}{\theta_0 + N\chi_m}\theta_y\right).$$

(3.11)

Os momentos adicionais das forças elásticas são os seguintes:

$$\Delta M_{3x} = -2l_c\Delta F_{3y} = -2a_{31}Hm\frac{l_c^2}{l}\theta_x,\quad \Delta M_{3y} = -2l_c\Delta F_{3x} = -2a_{31}Hm\frac{l_c^2}{l}\theta_y$$

, (3.12)

De forma semelhante, são calculados momentos adicionais de outros componentes da força radial devido à diferença nas coordenadas generalizadas, velocidades e acelerações dos centros dos veios nas juntas [101].

Os aditivos dependem das coordenadas angulares, pelo que devem ser introduzidos nos componentes de momento determinados pelos ângulos de rotação do disco, velocidades angulares e acelerações.

Os coeficientes de força das vedações de folga são determinados por parâmetros geométricos (folga, raio, comprimento, conicidade, forma dos bordos de entrada) e operacionais (queda de pressão, gama de velocidades de funcionamento, propriedades físicas do meio bombeado). Uma escolha propositada destes parâmetros pode influenciar o estado de vibração do rotor e da própria máquina. Uma caraterística importante das máquinas centrífugas é o facto de as quedas de pressão que são estranguladas nas juntas de vedação serem proporcionais à velocidade do rotor.

3.4. Influência das vedações na dinâmica dos rotores das máquinas centrífugas

Em [22, 29, 40, 56, 90, 99, 119, 122, 132, 133] foi efectuado um estudo detalhado dos problemas da hidrodinâmica das juntas ranhuradas e da sua influência no estado vibratório dos rotores das máquinas centrífugas.

As forças radiais e os momentos nas juntas de estanquidade, cujas fórmulas são propostas na secção 3.3, são incluídos nas equações de oscilação do rotor como coeficientes [56].

O rotor considerado em vedantes de ranhura é um sistema oscilatório de oitava ordem com quatro coordenadas generalizadas: $u_x, u_y, \theta_x, \theta_y$. O sistema oscila em torno de uma posição de equilíbrio estável, pelo que as raízes da equação caraterística são quatro pares de números complexos adjacentes.

3.4.1 Oscilações radial-angulares conjuntas do rotor em juntas de estanquidade

As oscilações radial-angulares forçadas do rotor com uma queda de pressão constante nos vedantes são descritas pelas equações [43].

$$
\begin{aligned}
& a_1\ddot{u} + a_2\dot{u} + a_3u \mp i\left(a_4'\dot{u} + a_5'u\right)\omega - \left(\alpha_2'\dot{\theta} + \alpha_3'\theta\right)\omega \mp \\
& \mp i\left(\alpha_4\dot{\theta} + \alpha_5\theta - \alpha_0\theta\right) = \omega^2 a^* = \omega^2\left|a^*\right|e^{\pm i\omega t}, \\
& b_1\ddot{\theta} + b_2\dot{\theta} + b_3\theta \mp i\left(b_4'\dot{\theta} + b_5'\theta\right)\omega + \left(\beta_2'\dot{u} - \beta_3'u\right)\omega \mp \\
& \mp i\left(\beta_4\dot{u} + \beta_5u + \beta_0u\right) = \left(1\text{-j}_0\right)\omega^2\gamma^* = \left(1\text{-j}_0\right)\omega^2\left|\gamma^*\right|e^{\pm i\omega t};
\end{aligned}
\tag{3.13}
$$

Utilizando programas padrão, é possível encontrar imediatamente a solução numérica para estas equações. No entanto, a abordagem tradicional aqui utilizada permite estimar a influência de várias forças e momentos nas amplitudes e fases a partir das suas expressões analíticas (avaliando os coeficientes do operador próprio e dos operadores de influências externas).

Os diagramas de frequência - dependências das frequências naturais em relação à velocidade de rotação - são apresentados na Fig. 3.3 para quedas de pressão constantes e independentes da velocidade $\Delta p_0 = (1{,}5; 3{,}98; 13{,}3)\,\text{MPa}$, respetivamente. Por sua vez, em cada uma das figuras, estão representadas as dependências das frequências naturais do parâmetro da conicidade da fenda anular das juntas ranhuradas na gama $-0,3 \leq \theta_0 \leq 0,3$ e da velocidade de rotação.

Os resultados da análise dos diagramas de frequência são os seguintes

Um aumento do confusor $\left(\theta_0 > 0\right)$ e da queda de pressão (independentemente da velocidade de rotação) aumenta as duas primeiras frequências naturais $\overline{s}_1$, $\overline{s}_2$, que diferem pouco entre si e estão próximas das frequências parciais $\overline{s}_{u1}$, $\overline{s}_{u2}$ de oscilações radiais independentes. A diferença entre estas frequências naturais só é percetível com quedas de pressão elevadas $\Delta p_0 > 5\text{MPa}$ e frequências de rotação $\overline{\omega} > 4$. As duas frequências naturais mais elevadas $\overline{s}_3$, $\overline{s}_4$ são praticamente independentes da queda de pressão e do cone e estão próximas das frequências parciais $\overline{s}_{\vartheta 1}$, $\overline{s}_{\vartheta 2}$ de oscilações angulares independentes. Com um aumento do número de rotações, a segunda e a terceira frequências naturais aproximam-se uma da outra.

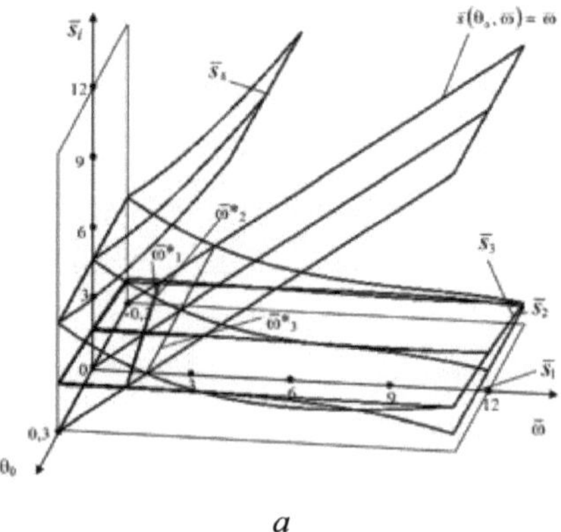

a

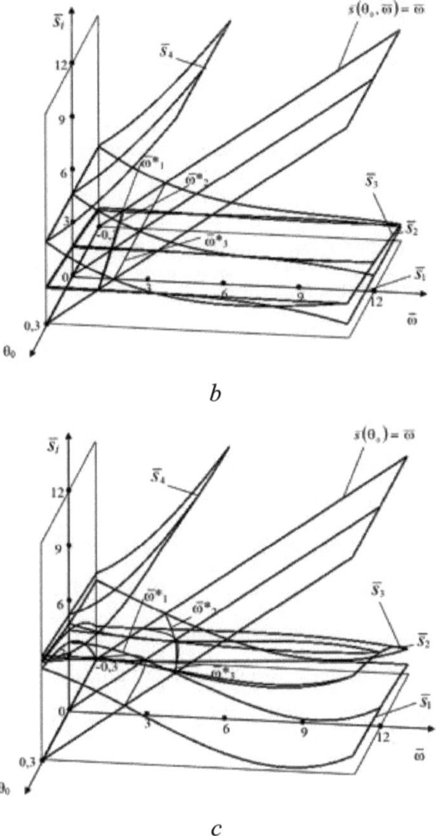

b

c

Fig. 3.3. Diagramas de frequência para pressão diferencial constante :

$$\Delta p_0$$

a - 1,5 MPa; *b* - 3,98 MPa; *c* - 13,3 MPa.

As frequências críticas estão localizadas nas linhas de intersecção do plano $\overline{s}\left(\overline{\omega},\theta_0\right)=\overline{\omega}$ com as superfícies $\overline{s}_{1-4}\left(\overline{\omega},\theta_0\right)$. Não existe uma quarta velocidade crítica para os exemplos considerados: o momento giroscópico provoca o auto-aperto do rotor.

A pressão desenvolvida pelo estágio centrífugo é estrangulada na vedação da ranhura frontal do estágio. Esta pressão é proporcional ao quadrado da velocidade de rotação do rotor. São estas condições que são peculiares às máquinas centrífugas. Isto afecta a forma das caraterísticas de frequência, que são dependências das frequências naturais da velocidade de rotação. Neste caso, o diferencial de pressão deixa de ser uma influência externa independente e passa a estar associado a um rácio adicional $\Delta p_0 = B\omega^2$. Como resultado, apenas a velocidade de rotação é uma influência externa, e o efeito de auto-endurecimento do rotor é reforçado.

Se a pressão diferencial estrangulada nos vedantes estiver relacionada com a velocidade de rotação através de uma relação quadrática, apenas a velocidade de rotação constitui uma influência externa e o efeito de auto-endurecimento do rotor é reforçado (Fig. 3.4). Uma vez que muitos coeficientes das equações (3.13) dependem da queda de pressão, também dependem da velocidade de rotação, o que se reflecte na forma das caraterísticas de frequência - a dependência das frequências naturais da velocidade do rotor.

Neste caso, as quedas de pressão deixam de ser uma influência externa independente. Como resultado, apenas a velocidade de rotação é uma influência externa, e obtemos [56]

$$\alpha_2 = \alpha_2'\omega,\ \alpha_2' = \frac{2}{15}a_4'\theta_0 = \frac{2}{15}k_g\kappa\theta_0;\ \alpha_3 = \alpha_3'\omega^2,\ \alpha_3' = \frac{2}{5}a_5'\theta_0 = \frac{2}{5}k_d'\kappa\theta_0,$$

$$\alpha_4 = \alpha_4'\omega,\quad \alpha_4' = \frac{4}{5}k_d'\theta_0,\quad \alpha_5 = \alpha_5'\omega^2,\quad \alpha_5' = 2k_p'\left(1+2\Delta\chi\right), \quad (3.14)$$

$$\beta_2 = \beta_2'\omega,\ \beta_2' = 2k_g\kappa\theta_0 j;\ \beta_3 = \beta_3'\omega^2,\ \beta_3' = 6k_d'\kappa\theta_0 j,$$

$$\beta_4 = \beta_4'\omega,\ \beta_4' = 12k_d'\theta_0 j;\ \beta_5 = \beta_5'\omega^2,\ \beta_5' = 10k_p'\Delta\chi j.$$

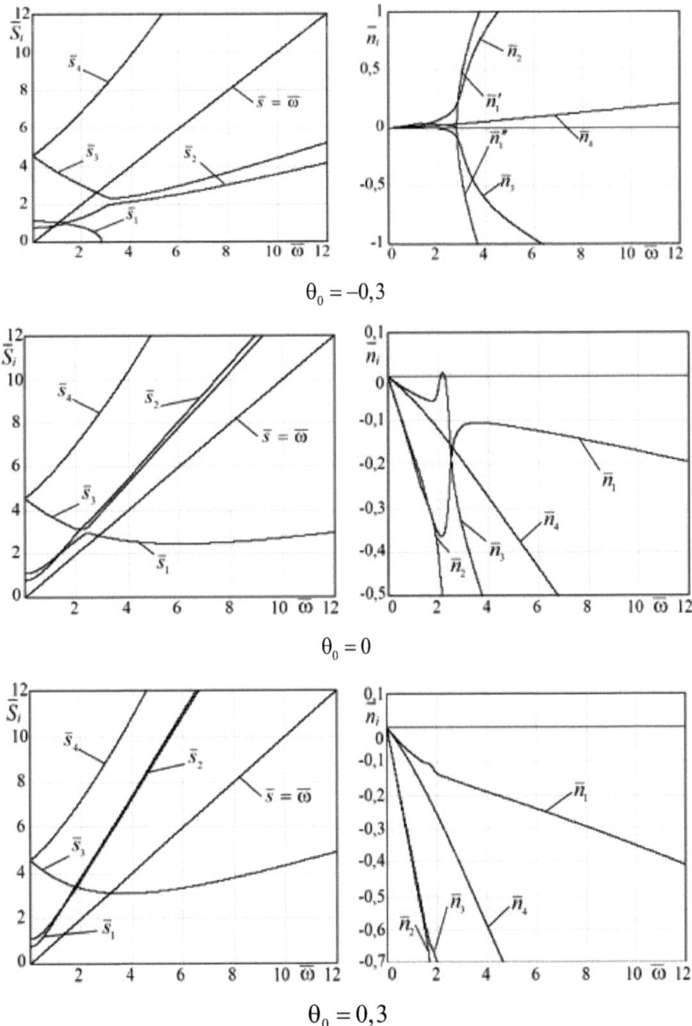

Fig. 3.4. Diagrama de frequências e gráficos dos coeficientes de amortecimento a $\Delta p_0 = \mathrm{B}\omega^2$, $\mathrm{B} = \text{const}$

Substituindo a solução das equações (3.13) na forma

$$u = u_a e^{i(\omega t + \phi_u)} = \tilde{u} e^{i\omega t}, \ \theta = \theta_a e^{i(\omega t + \phi_\theta)} = \tilde{\theta} e^{i\omega t},$$

e tendo em conta (3.14), obtemos um sistema de equações algébricas para as amplitudes complexas A e Γ:

$$\left[-a_1\omega^2+a_3+a_4\omega^2+i(a_2-a_5)\omega\right]\tilde{u}-\left[(\alpha_3-\alpha_4)\omega+i\left(\alpha_2\omega^2+\alpha_5-\alpha_0\right)\right]\tilde{\theta}=\mathrm{A}\omega^2$$
$$\left[-(\beta_3-\beta_4)\omega+i\left(\beta_2\omega^2-\beta_5-\beta_0\right)\right]\tilde{u}+\left[-b_1\omega^2+b_3+b_4\omega^2+i(b_2-b_5)\omega\right]\tilde{\theta}=\Gamma\omega^2.$$

(3.15)

Passemos às frequências adimensionais $\bar{\omega}=\omega/\Omega_{u0}$ e introduzamos a notação:

$$U_{11}=(-a_1+a_4')\bar{\omega}^2+1+\frac{a_{31}}{\Omega_{u0}^2},\quad V_{11}=\frac{a_{20}+a_{21}-a_5'}{\Omega_{u0}}\bar{\omega},$$

$$U_{12}=\frac{-\alpha_3'+\alpha_4}{\Omega_{u0}}\bar{\omega},\quad V_{12}=-\alpha_2'\bar{\omega}^2-\frac{\alpha_5-\alpha_0}{\Omega_{u0}^2};\ (3.16)$$

$$U_{21}=\frac{-\beta_3'+\beta_4}{\Omega_{u0}}\bar{\omega},\quad V_{21}=\beta_2'\bar{\omega}^2-\frac{\beta_5+\beta_0}{\Omega_{u0}^2},$$

$$U_{22}=(-b_1+b_4')\bar{\omega}^2+\frac{\Omega_{\theta 0}^2}{\Omega_{u0}^2}+\frac{b_{31}}{\Omega_{u0}^2},$$

$$V_{22}=\frac{b_{20}+b_{21}-b_5'}{\Omega_{u0}}\bar{\omega}.$$

Depois disto, as equações (3.15) tomam a forma

$$\begin{aligned}(U_{11}+iV_{11})\tilde{u}+(U_{12}+iV_{12})\tilde{\theta}&=\mathrm{A}\bar{\omega}^2,\\(U_{21}+iV_{21})\tilde{u}+(U_{22}+iV_{22})\tilde{\theta}&=\Gamma\bar{\omega}^2.\end{aligned}\quad(3.17)$$

Aqui $U_{11}+iV_{11}$, $U_{22}+iV_{22}$ são operadores próprios das oscilações radiais e angulares independentes, respetivamente. Os operadores transversais $U_{12}+iV_{12}$, $U_{21}+iV_{21}$ caracterizam a influência das oscilações angulares sobre as radiais e o efeito das radiais sobre as angulares, ou seja, a interligação destas oscilações.

3.4.2 Respostas em frequência e estabilidade dinâmica

A partir do sistema de equações algébricas não-homogéneas (3.17), após uma série de transformações, obtemos as amplitudes e fases expressas em termos de perturbações externas:

$$u_a = \bar{\omega}^2 \sqrt{\frac{\left(\mathrm{A}U_{22} - \Gamma U_{12}\right)^2 + \left(\mathrm{A}V_{22} - \Gamma V_{12}\right)^2}{U_0^2 + V_0^2}},$$

$$\theta_a = \bar{\omega}^2 \sqrt{\frac{\left(\Gamma U_{11} - \mathrm{A}U_{21}\right)^2 + \left(\Gamma V_{11} - \mathrm{A}V_{21}\right)^2}{U_0^2 + V_0^2}},$$

$$\phi_u = -arctg \frac{\left(\mathrm{A}U_{22} - \Gamma U_{12}\right)V_0 - \left(\mathrm{A}V_{22} - \Gamma V_{12}\right)U_0}{\left(\mathrm{A}U_{22} - \Gamma U_{12}\right)U_0 + \left(\mathrm{A}V_{22} - \Gamma V_{12}\right)V_0},$$

$$\phi_\vartheta = -arctg \frac{\left(\Gamma U_{11} - \mathrm{A}U_{21}\right)V_0 - \left(\Gamma V_{11} - \mathrm{A}V_{21}\right)U_0}{\left(\Gamma U_{11} - \mathrm{A}U_{21}\right)U_0 + \left(\Gamma V_{11} - \mathrm{A}V_{21}\right)V_0}.$$

(3.18)

Usando as fórmulas (3.18), podemos construir caraterísticas de amplitude-frequência como a razão entre a amplitude das oscilações correspondentes e as amplitudes das excitações externas:

$$A_{ua} = \frac{u_{aa}}{\mathrm{A}},\ A_{\vartheta a} = \frac{\theta_{aa}}{\mathrm{A}},\ A_{u\gamma} = \frac{u_{a\gamma}}{\Gamma},\ A_{\vartheta\gamma} = \frac{\theta_{a\gamma}}{\Gamma}$$

Aqui $u = r/H$, $\theta = \vartheta l/2H$; r, ϑ são os valores absolutos do deslocamento radial e do ângulo de rotação do disco; , $A = a^* = a/H$ $\Gamma = (1 - j_0)\gamma^* = (1 - j_0)\gamma l/2H$ - valores relativos do desequilíbrio estático e dinâmico.

As caraterísticas de amplitude-frequência como reacções apenas ao desequilíbrio estático e apenas ao desequilíbrio dinâmico são encontradas a partir das fórmulas (3.18):

$$\Gamma = 0: A_{ua} = \frac{u_{aa}}{\mathrm{A}} = u_{aa}\frac{H}{|a|} = \bar{\omega}^2 \sqrt{\frac{U_{22}^2 + V_{22}^2}{U_0^2 + V_0^2}},$$

(3.19)

$$A_{\vartheta a} = \frac{\theta_{aa}}{\mathrm{A}} = \theta_{aa}\frac{H}{|a|} = \bar{\omega}^2\sqrt{\frac{U_{21}^2 + V_{21}^2}{U_0^2 + V_0^2}};$$

$$\mathrm{A}=0:\ A_{u\gamma} = \frac{u_{a\gamma}}{\Gamma} = u_{a\gamma}\frac{2H}{|\gamma|\, l\left(1 - j_0\right)} = \bar{\omega}^2\sqrt{\frac{U_{12}^2 + V_{12}^2}{U_0^2 + V_0^2}}, \qquad (3.20)$$

$$A_{\vartheta\gamma} = \frac{\theta_{a\gamma}}{\Gamma} = \theta_{a\gamma}\frac{2H}{|\gamma|\, l\left(1 - j_0\right)} = \bar{\omega}^2\sqrt{\frac{U_{11}^2 + V_{11}^2}{U_0^2 + V_0^2}}.$$

Foram efectuados cálculos numéricos para o modelo de rotor com um disco entre as juntas. Foram consideradas as juntas de dilatação com três parâmetros de conicidade: $\theta_0 = -0,3; 0; 0,3$. Os diagramas para estes parâmetros na Fig. 3.5, 3.6 são designados pelos números 1, 2 e 3, respetivamente.

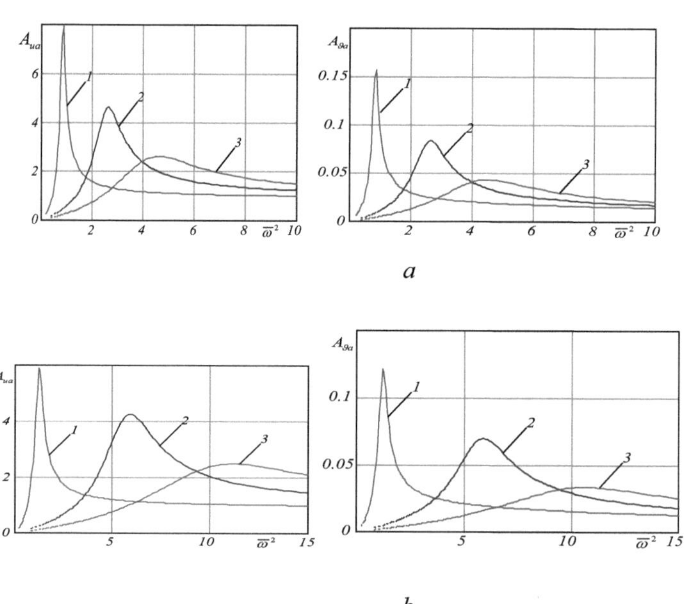

a

b

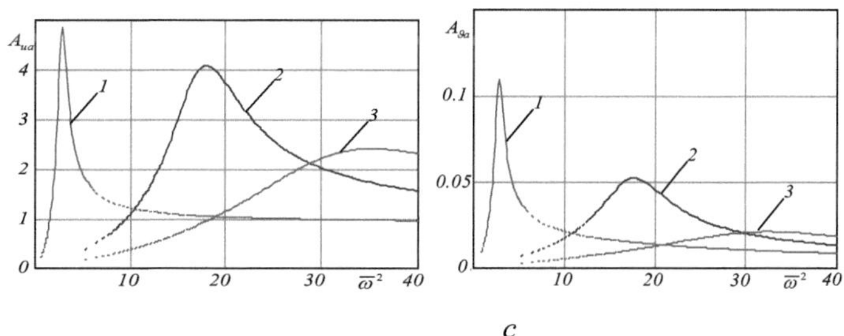

c

Fig. 3.5. - Caraterísticas de frequência da amplitude em resposta ao desequilíbrio estatístico:

a - $\Delta p_0 = 1{,}5\,\text{MPa} = \text{const}$, b - $\Delta p_0 = 4\,\text{MPa} = \text{const}$, c - $\Delta p_0 = 13{,}3\ \text{MPa} = \text{const}$

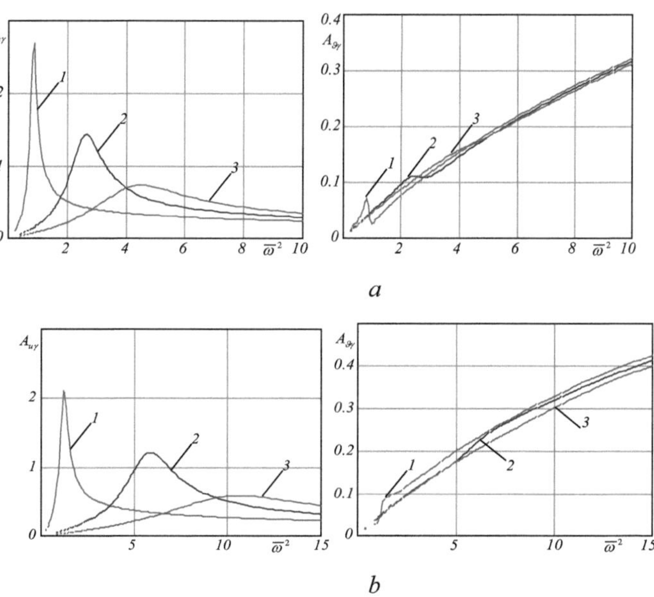

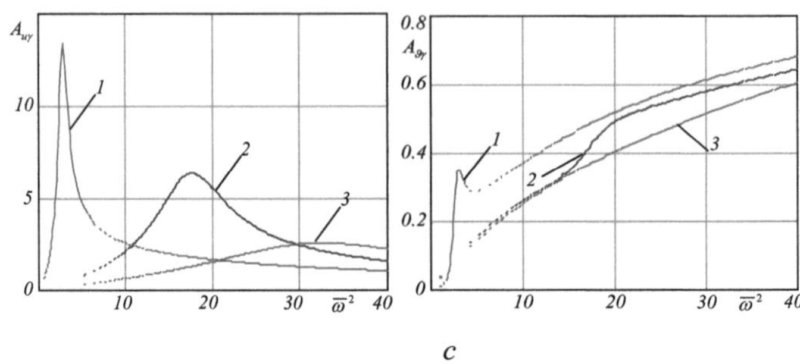

c

Fig. 3.6 - Caraterísticas de frequência da amplitude em resposta ao desequilíbrio dinâmico:

a - $\Delta p_0 = 1{,}5\,\text{MPa} = \text{const}$, b - $\Delta p_0 = 4\,\text{MPa} = \text{const}$, c - $\Delta p_0 = 13{,}3\ \text{MPa} = \text{const}$

A Fig. 3.7 mostra as respostas em frequência construídas para três valores do parâmetro de conicidade. Uma caraterística de fase positiva corresponde a uma resistência total negativa.

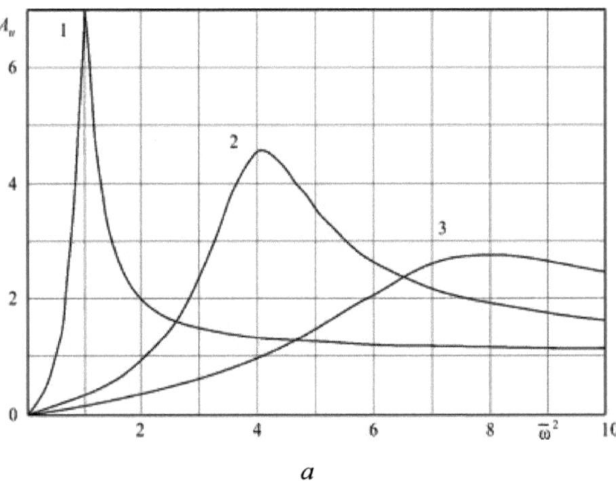

a

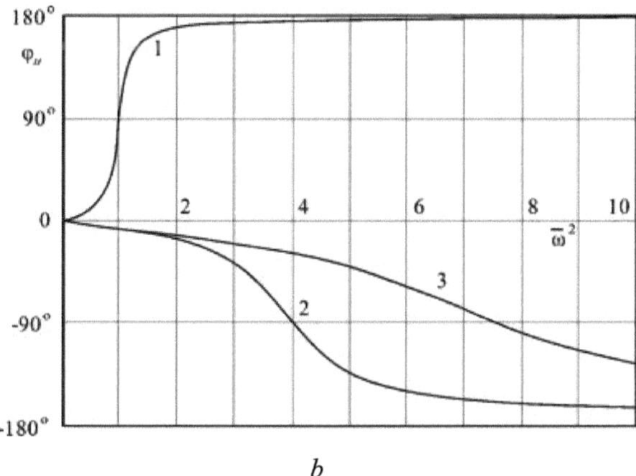

b

Fig. 3.7. Caraterísticas de frequência a uma queda de pressão constante nos vedantes:

a - amplitude, *b* - fase, $1-\theta_0=-0{,}3$; $2-\theta_0=0$; $3-\theta_0=0{,}3$

Se a diferença de pressão estrangulada nas juntas for proporcional ao quadrado da velocidade do rotor $\Delta p_0=\mathrm{B}\omega^2$, então as partes real e imaginária (3.16) para o escoamento laminar e para uma região auto-similar de escoamento turbulento são expressas pelas fórmulas [56]:

$$U=U^{(l)}=U^{(t)}=\Omega_{u0}^2\left[1-\left(a_1-a_{31}'-a_4'\right)\overline{\omega}^2\right]$$

$$\mathrm{V}^{(l)}=\Omega_{u0}^2\overline{\omega}\left[\left(\frac{a_{20}+2\mathrm{k_d}}{\Omega_{\mathrm{u0}}}-\frac{a_5'}{\Omega_{\mathrm{u0}}}\right)+2k_g\theta_0K_i'\Omega_{u0}\overline{\omega}^2\right],$$

$$\mathrm{V}^{(t)}=\Omega_{u0}^2\overline{\omega}\left[\frac{a_{20}}{\Omega_{u0}}+\left(a_{21}'-a_5'\right)\overline{\omega}\right].$$

Em forma adimensional

$$U=\Omega_{u0}^2a_1\left[\frac{1}{a_1}-\left(1-\frac{a_{31}'}{a_1}-2\eta_u'\right)\overline{\omega}^2\right],$$

$$V_1=\Omega_{u0}^2a_1\overline{\omega}\left[2\left(\xi_{u0}+2\xi_{u1d}\right)-\varsigma_u'+\xi_{u1g}'\overline{\omega}^2\right],$$

$$V_t = \Omega_{u0}^2 a_1 2\bar{\omega}\left[\xi_{u0} + \left(\xi'_{u1} - \varsigma'_u\right)\bar{\omega}\right],$$

$$\text{em que , . } \xi_{u1d} = k_d / 2a_1\Omega_{u0} \; \xi'_{u1g} = 2k_g\theta_0 K'_i\Omega_{u0}/a_1$$

Usando estas expressões, encontramos as caraterísticas de amplitude e frequência de fase. Neste caso, elas são diferentes para as regiões laminar e auto-similar dos fluxos turbulentos:

$$A_u^{(l)}(\bar{\omega}) = \frac{\bar{\omega}^2/a_1}{\sqrt{\left[\frac{1}{a_1} - \left(1 - \frac{a'_{31}}{a_1} - 2\eta'_u\right)\bar{\omega}^2\right]^2 + \bar{\omega}^2\left\{\left[2\left(\xi_{u0} + 2\xi_{u1d}\right) - \varsigma'_u\right] + \xi'_{u1g}\bar{\omega}^2\right\}^2}},$$

(3.21)

$$\phi_u^{(l)}(\bar{\omega}) = -\operatorname{arctg}\bar{\omega}\frac{\left[2\left(\xi_{u0} + 2\xi_{u1d}\right) - \varsigma'_u\right] + \xi'_{u1g}\bar{\omega}^2}{\frac{1}{a_1} - \left(1 - \frac{a'_{31}}{a_1} - 2\eta'_u\right)\bar{\omega}^2}$$

$$A_u^{(t)}(\bar{\omega}) = \frac{\bar{\omega}^2/a_1}{\sqrt{\left[\frac{1}{a_1} - \left(1 - \frac{a'_{31}}{a_1} - 2\eta'_u\right)\bar{\omega}^2\right]^2 + 4\bar{\omega}^2\left[\xi_{u0} + \left(\xi'_{u1} - \varsigma'_u\right)\bar{\omega}\right]^2}}$$

(3.22)

$$\phi_u^{(t)}(\bar{\omega}) = -\operatorname{arctg}\bar{\omega}\frac{2\left[\xi_{u0} + \left(\xi'_{u1} - \varsigma'_u\right)\bar{\omega}\right]}{\frac{1}{a_1} - \left(1 - \frac{a'_{31}}{a_1} - 2\eta'_u\right)\bar{\omega}^2}$$

Em ambos os casos, as caraterísticas de amplitude não apresentam picos de ressonância na condição

$$1 - a'_{31}/a_1 - 2\eta'_u < 0$$

(3.23)

os denominadores das fórmulas (3.21) e (3.22) aumentam monotonicamente com o aumento da velocidade de rotação.

A Fig. 3.8 mostra as caraterísticas de frequência do modelo de ensaio do rotor, construído de acordo com as fórmulas (3.22) para três valores do parâmetro de conicidade.

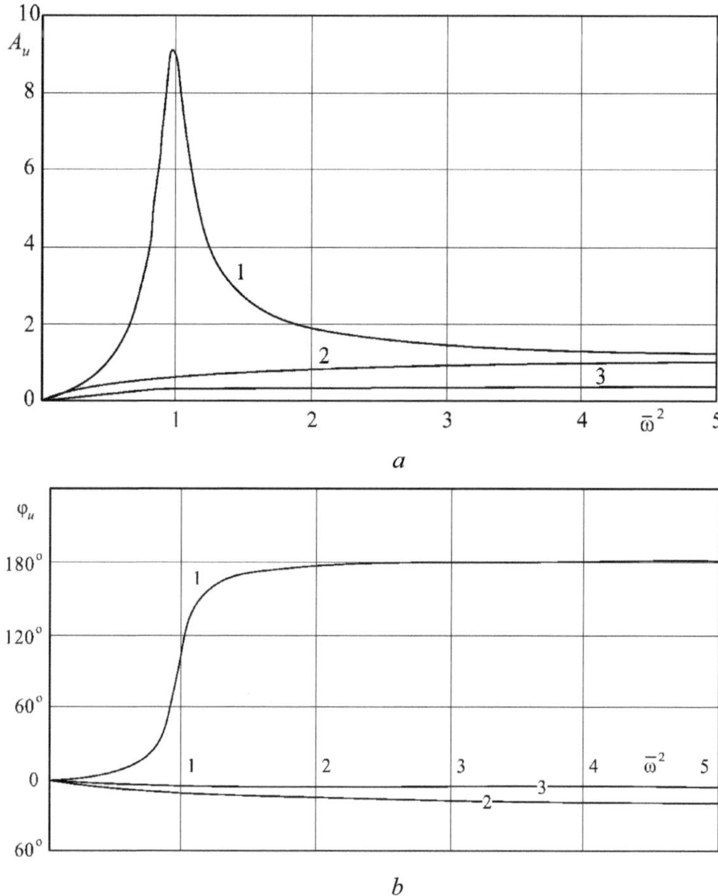

Fig. 3.8. Caraterísticas de frequência da amplitude (*a*) e da fase (*b*), tendo em conta a dependência da queda de pressão através dos vedantes da velocidade do rotor:

$1-\theta_0=-0{,}3;\ 2-\theta_0=0;\ 3-\theta_0=0{,}3$

Para um canal difusor $(\theta_0=-0{,}3)$, a resistência total é negativa, e a parte imaginária V_I é positiva. Como resultado, a caraterística de fase é positiva. Para canais $(\theta_0=0)$ cilíndricos e confusores $(\theta_0=0{,}3)$, a condição (3.23) é satisfeita. Neste caso, a parte real (3.17) é positiva em todas as frequências de rotação (não passa por zero), e a caraterística de fase não vai além do quarto quadrante: . $-\frac{\pi}{2} < \phi_u \leq 0$

Uma comparação dos resultados dos cálculos das caraterísticas de frequência de acordo com as expressões obtidas com os dados de estudos experimentais [133] (Fig. 3.9) mostra que os erros de cálculo não excedem 5%, o que sugere a possibilidade de utilizar as fórmulas obtidas.

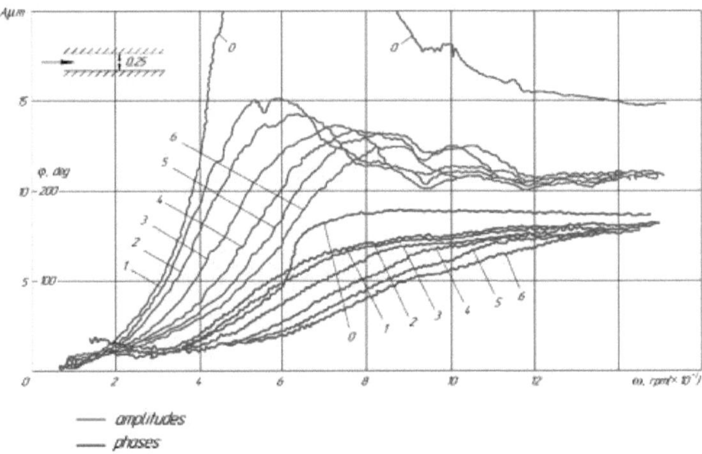

Fig. 3.9. Caraterísticas das frequências de amplitude (A) e de fase (φ) do rotor em vedantes de folga (dados experimentais): ω é uma frequência de rotação do rotor;

pressão de compactação em MPa: 0-0; 1-0,18; 2-0,2; 3-0,4; 4-0,6; 5-0,8; 6-1,0.

Uma análise das caraterísticas dinâmicas das juntas de estanquidade rotativas mostrou que os coeficientes de força das juntas de estanquidade rotativas são determinados por parâmetros geométricos (folga, raio, comprimento, conicidade, forma dos bordos de ataque) e operacionais (queda de pressão, gama de velocidades de funcionamento, propriedades físicas do meio bombeado). Com uma escolha intencional destes parâmetros, é possível influenciar o estado de vibração do rotor e da própria máquina.

Uma caraterística importante das máquinas centrífugas é o facto de as quedas de pressão estranguladas nas juntas de estanquidade serem proporcionais à velocidade do rotor. Isto é devido ao efeito de auto-aperto do rotor, que leva a um deslocamento positivo das frequências críticas.

A estabilidade é determinada utilizando o critério de Routh-Hurwitz para um sistema de 4ª ordem [15, 128]

$$a_2\left(a_2 a_3 + a_4 a_5\right) - a_1 a_5^2 > 0,$$

que se reduz à forma [55]:

$$\omega_u^2 < \frac{a_{21}^2 \Omega_{u0}^2}{a_1 a_5^2 - a_{21}^2 a_{31} - a_{21} a_4 a_5}. \quad (3.24)$$

em que: Ω_{u0} é a rigidez à flexão de um veio;

$a_1, , , , , a_2\ a_3\ a_4\ a_5\ a_{21}\ a_{31}$,são os coeficientes das equações de movimento, que dependem dos parâmetros das juntas.

Pode ver-se a partir da desigualdade (3.24) que o principal fator de desestabilização é a força de circulação caracterizada pelo coeficiente a_5 . O amortecimento a_{21} , a força giroscópica a_4 e a rigidez à flexão do veio Ω_{u0} estabilizam o rotor nos selos.

A estabilidade do rotor pode ser avaliada pelo sinal das partes reais da equação caraterística [56]: a presença de raízes com uma parte real positiva indica a instabilidade do movimento do rotor nas juntas de estanquidade. Para avaliar o impacto na estabilidade do cone e a perda de carga Δp_0 estrangulada nos selos das Fig. 3.10, 3.11, são apresentados os gráficos $\overline{n}_i\left(\overline{\omega}\right)$ e os diagramas de frequência correspondentes . $\overline{s}_i\left(\overline{\omega}\right)$

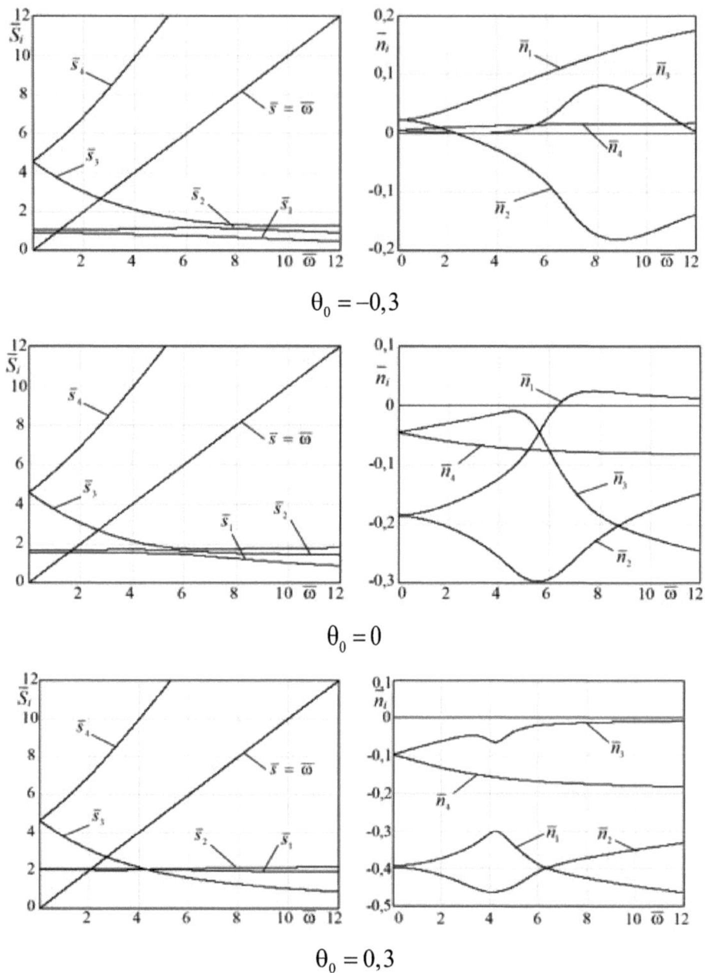

Fig. 3.10. Diagrama de frequência e gráficos dos coeficientes de amortecimento em $\Delta p_0 = 1,5$ MPa

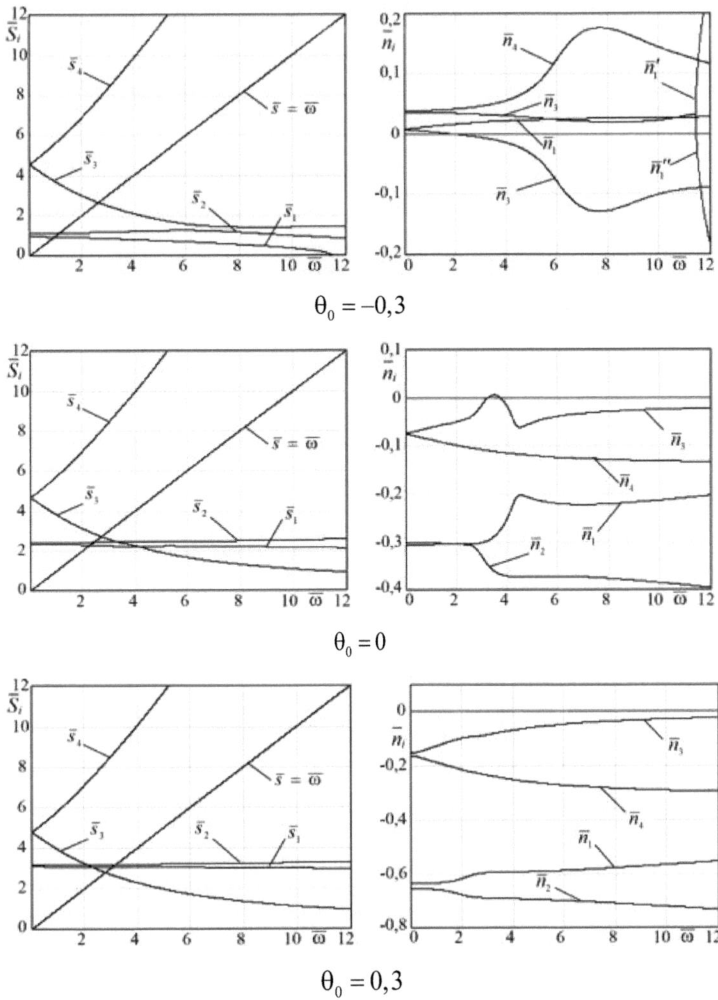

Fig. 3.11. Diagrama de frequência e coeficientes de amortecimento em

$$\Delta p_0 = 4 \text{ MPa}$$

Como se pode ver nas Figuras 3.10 e 3.11, nas juntas com uma abertura difusora $(\theta_0 = -0,3)$, o rotor é instável mesmo na ausência de rotação.

O difusor crítico é $\theta_{0*} = -0{,}27$ [8, 56]. Numa fenda cilíndrica a $\Delta p_0 = 1{,}5$ MPa, a velocidade adimensional de estabilidade limite é $\bar{\omega}_* \approx 6{,}5$. Com um aumento da queda de pressão para 4 MPa, surge uma região de instabilidade na gama $\bar{\omega} \approx 3-4$. As vedações do confusor asseguram a estabilidade do rotor a todas as velocidades investigadas.

3.5. Conceção e caraterísticas de funcionamento dos vedantes de folga

3.5.1 Modelos de vedantes da folga frontal do impulsor

Em primeiro lugar, considere as vedações dos impulsores das bombas centrífugas multiestágio (Fig. 3.12).

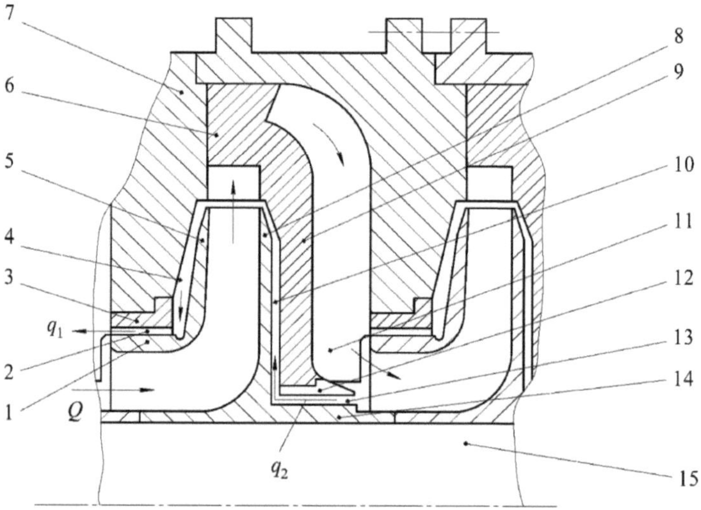

Fig. 3.12. Fases da bomba centrífuga multicelular e vedantes da folga do impulsor

Um vedante frontal está instalado no funil de entrada 1 da roda móvel 5, representando um estrangulador anular 2. É formado por um anel de vedação 3, fixado na secção 7, e a superfície exterior do funil de entrada da roda. No vedante frontal, a pressão desenvolvida pelo impulsor é estrangulada. Nas bombas de alta velocidade, pode exceder 10 MPa. Com grandes quedas de pressão, o regime de fluxo na fenda é turbulento e a fuga q_1 é proporcional à fenda radial média à potência de 1,5. Para reduzir as fugas, a folga é definida para o mínimo permitido por razões tecnológicas (H = 0,15-0,3 mm).

A Fig. 3.13 mostra modelos de vedantes frontais com uma resistência hidráulica ligeiramente superior.

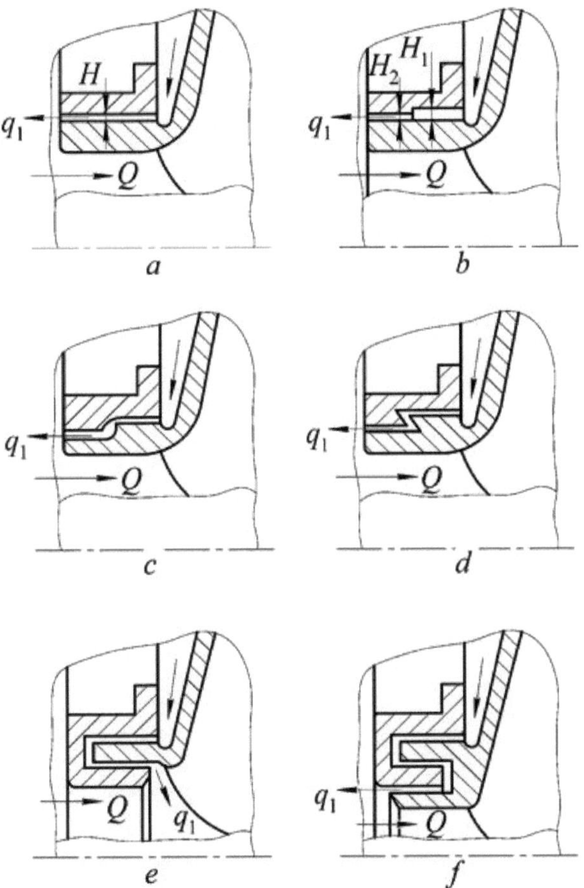

Fig. 3.13. Modelos típicos de vedantes do impulsor frontal

A folga escalonada na opção *b* cria uma resistência local adicional e também aumenta a rigidez hidrostática e o amortecimento. Isto melhora as caraterísticas de vibração do rotor. O valor da folga é tomado de forma a que a folga na saída seja aproximadamente duas vezes diferente da máxima (na entrada): $H_1 \approx 2H_2$. Esta confusão corresponde ao parâmetro $\theta \approx 0{,}3$. Nas opções *c* e *d*, a divisão do espaço anular em duas secções destina-se a criar resistências locais adicionais, ou seja, a reduzir o consumo. É apenas necessário ter em conta que o desgaste erosivo mais intenso ocorre nas resistências locais devido à vorticidade que surge no escoamento. As juntas multi-gap (*e, f*), em termos de resistência hidráulica, são equivalentes a duas ou três borboletas anulares dispostas em série; portanto, com as mesmas dimensões axiais, reduzem o caudal.

A Fig. 3.14 mostra um exemplo de instalação de um vedante do impulsor frontal de ranhura tripla. A utilização de vedantes deste tipo requer a consideração de um conjunto de factores adicionais.

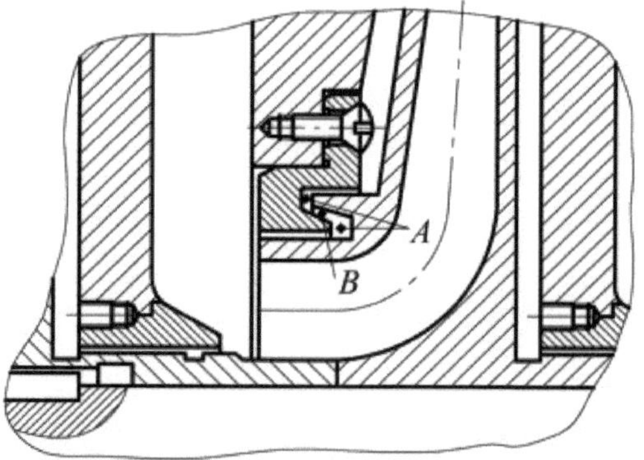

Fig. 3.14. Vedação tripla do impulsor

A parede da roda no local de instalação da junta de estanquidade tem de ser mais espessa, o que complica a fundição e aumenta a taxa de rejeição. Por isso, a parte rotativa da junta de estanquidade (Fig. 3.15) é, por vezes, fabricada sob a forma de um anel separado 2 de material resistente à erosão, pressionado sobre o funil de entrada do impulsor 1.

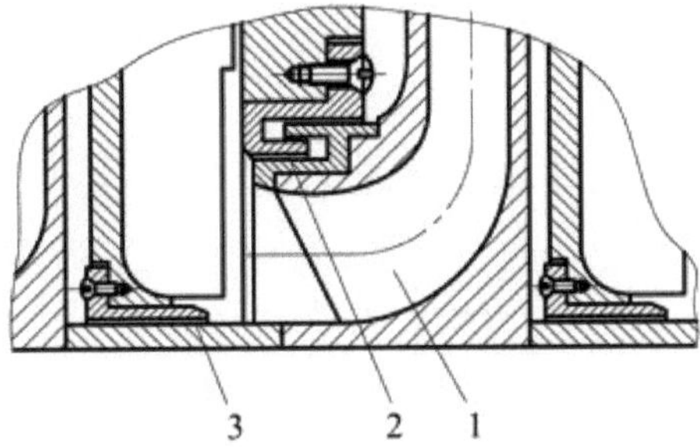

Fig. 3.15. Impulsor com anel de vedação prensado

Como demonstrado pela experiência de funcionamento [26,109] e pela análise teórica [43, 48], os vedantes de abertura tripla podem causar oscilações radiais auto-excitadas do rotor. Para as evitar, é necessário aumentar a largura das câmaras terminais *A* para 3-4 mm, ou a folga média (uniforme) *B* para 1-2 mm (ver Fig. 3.14). Neste caso, a pressão ao longo da circunferência das câmaras e da fenda média é igualada e, tal como nos vedantes convencionais de fenda única, surge uma força hidrostática de centragem que estabiliza o rotor [45].

Na vedação frontal, a cabeça de estágio é estrangulada, o que nas bombas de alta pressão atinge 5-12 MPa. Estas pressões deformam os anéis de vedação de modo a que as folgas assumam a forma de canais difusores, que se caracterizam por uma rigidez hidrostática negativa.

A Fig. 3.16 mostra um exemplo de um anel de vedação do estator e o seu esquema de conceção simplificado [44] para estimar as deformações sob a ação de uma queda de pressão de 2 MPa. Com folgas médias de 0,25 mm, o deslocamento radial do ponto *A*, de acordo com uma estimativa aproximada, foi de 0,08 mm. Esta deformação cria uma difusidade com o parâmetro $\theta \approx -0{,}2$. A rigidez hidrostática correspondente é negativa, ou seja, reduz a frequência natural das vibrações de flexão do veio e a margem da sua estabilidade.

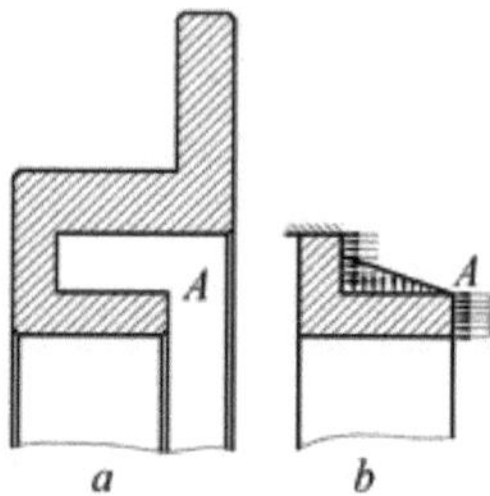

Fig. 3.16. Anel de vedação triplo:
a - vista geral, *b* - esquema de cálculo

Resulta do que precede que, utilizando vedantes multi-fendas, é necessário assegurar uma rigidez suficiente dos anéis e excluir até mesmo as fendas do processo de estrangulamento. Nas bombas de alta pressão, a redução do caudal obtida não justifica a deterioração do estado de vibração do rotor e a inevitável complicação do projeto.

Em qualquer conceção das juntas de estanquidade rotativas frontais das bombas de alta pressão, deve prestar-se atenção à rigidez dos seus elementos, uma vez que as grandes quedas de pressão sobre elas provocadas podem causar uma deformação excessiva do funil de entrada, dos anéis de estanquidade e da parede da secção. As deformações provocam geralmente que o canal de vedação anular assuma a forma de um difusor. E isto, por sua vez, pode piorar as caraterísticas de vibração do rotor.

No vedante frontal (ver Fig. 3.12), o caudal q_1 à saída da abertura é dirigido contra o caudal principal Q (caudal da bomba). Os contra-fluxos conduzem a perdas hidráulicas adicionais. Para as reduzir, são utilizados vedantes com uma pala reta (Fig. 3.17, *a*). Nestes vedantes, a componente de fluxo da fuga é perpendicular ao fluxo principal que entra na roda. No entanto, a mistura de tais fluxos é também acompanhada de perdas hidráulicas, que são especialmente notórias em regimes de baixo caudal, quando estas perdas, juntamente com o turbilhonamento, podem causar uma queda na caraterística da cabeça da bomba [45].

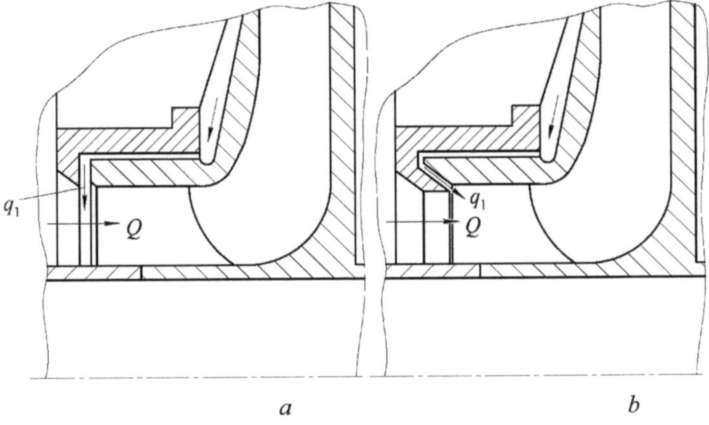

Fig. 3.17. Vedantes com viseiras rectas (*a*) e inclinadas (*b*)

Mais eficientes são as concepções com uma pala inclinada (Fig. 3.17, *b*), em que o caudal de fuga na direção é próximo do caudal principal. Além disso, a baixas taxas de alimentação e em bombas de baixa velocidade, a energia cinética do caudal de fuga q_1 pode exceder a energia do caudal de alimentação principal Q. Ao mesmo tempo, o efeito de ejeção criado neste tipo de vedação pelo caudal de fuga aumenta a pressão à entrada da roda, eliminando o afundamento da caraterística de pressão e melhorando a qualidade do degrau anti-cavitação [45]. É apenas necessário ter em conta que uma conceção deste tipo complica a montagem da bomba e impõe restrições adicionais às deslocações axiais do rotor. Ao mesmo tempo, as fugas aumentam um pouco devido à sucção e, nalguns casos, podem ocorrer auto-oscilações radial-axiais perigosas do rotor.

3.5.2 Vedantes de fendas deformáveis

Nas máquinas centrífugas de alta pressão, sob a influência de grandes quedas de pressão, ocorrem deformações visíveis dos elementos de vedação da abertura, independentemente da vontade do projetista. Uma vez que as caraterísticas de fuga e dinâmicas dependem da forma da fenda, estão a ser feitas tentativas para criar tais estruturas, cujas deformações reduziriam a fuga e melhorariam as propriedades dinâmicas das borboletas anulares.

Este problema é relativamente fácil de resolver para os anéis flutuantes [66, 109] (Fig. 3.18). O anel tem uma secção transversal em forma de caixa com nervuras de reforço anulares 1, 3 e uma gaiola cilíndrica de parede fina 2, formando uma folga de estrangulamento 5 com o veio 4.

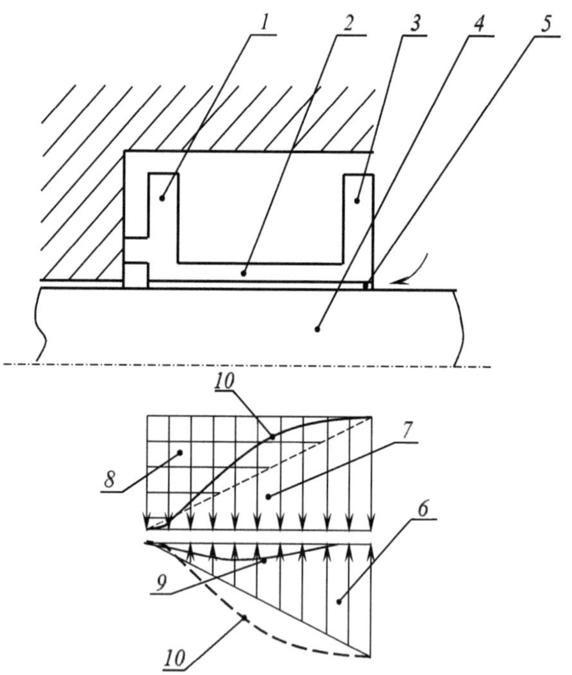

Fig. 3.18. Anel flutuante deformável e curvas de pressão

A Fig. 3.18 mostra gráficos radiais da pressão que actua sobre o anel na fenda 6 e na superfície exterior 7. O sombreado transversal 8 indica a parte não equilibrada da pressão na superfície exterior do anel. Os gráficos são apresentados para o estado inicial não deformado do anel. Sob a ação da pressão 8, a gaiola cilíndrica dobra-se, adquirindo a forma 9. A alteração da forma da fenda implica uma alteração da distribuição da pressão no seu interior 10 e uma diminuição da carga externa 8. O estado deformado de equilíbrio do anel é determinado pela resolução do problema estático da hidroelasticidade.

A deformação do anel leva a uma diminuição da área de fluxo do espaço anular e a uma diminuição das fugas. É também importante que as deformações aumentem com o aumento da pressão de compactação, o que, por sua vez, abranda o crescimento das fugas. A forma do empreiteiro 9 da parte principal da fenda aumenta a sua rigidez e propriedades de amortecimento.

É mais difícil obter a deformação necessária dos vedantes da fenda frontal dos impulsores. Uma solução relativamente simples [125] é mostrada na Fig. 3.19.

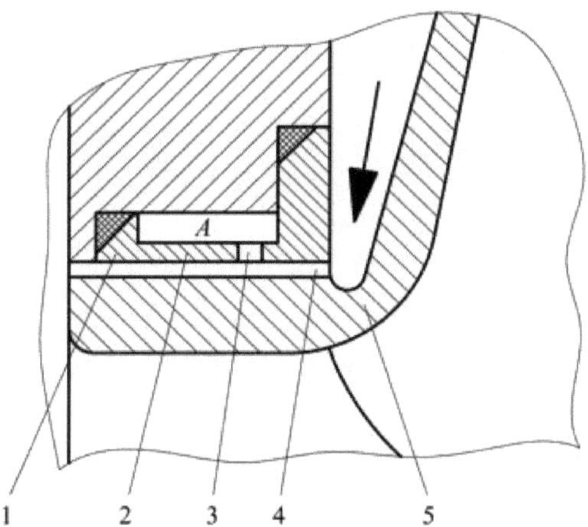

Fig. 3.19. Vedação deformável da fenda do impulsor

A manga 1, com uma gaiola cilíndrica de parede fina 2, forma uma cavidade A com o corpo, ligada por orifícios 3 a um espaço anular de estrangulamento 4. No estado não deformado da gaiola 2, a pressão ao longo do comprimento da fenda 4 varia linearmente desde o máximo na entrada até ao mínimo na saída. A pressão na cavidade *A* é igual à pressão no local da fenda 4, onde se encontram os furos 3. Assim, a queda de pressão radial actua sobre a gaiola, aumentando em direção à saída da fenda 4. As deformações radiais da manga 1 sob a ação desta diferença conduzem a um aumento da pressão na fenda 4 e, respetivamente, na cavidade A. Em consequência, a queda de pressão que deforma a manga diminui. O efeito de deformação é o mesmo que no anel flutuante.

A Fig. 3.20 apresenta outra conceção de vedante de folga [58]. A manga deformável axialmente móvel 3 com um ombro anular 5 forma uma cavidade *A* na caixa 1, ligada à fenda de estrangulamento 6 por orifícios 4. A pressão na cavidade A é constante ao longo do comprimento e na fenda 6 diminui ao longo do comprimento.

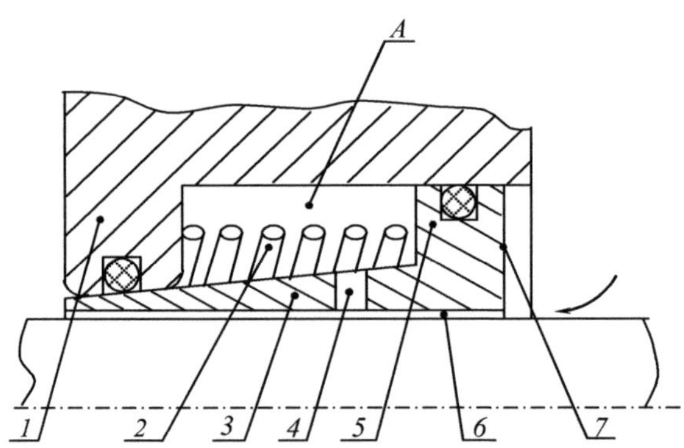

Fig. 3.20. Junta de estanquidade rotativa com manga deformável axialmente móvel

No estado de equilíbrio, a força de pressão axial na cavidade *A*, em conjunto com a força da mola 2 e a força de atrito, equilibra a força de pressão axial na extremidade 7. Um aumento da pressão de vedação desloca a manga para a esquerda. Neste caso, a manga é adicionalmente deformada, a folga na saída diminui e a pressão na cavidade *A* aumenta. O movimento da manga pára após o restabelecimento das condições do seu equilíbrio axial.

3.5.3 Vedantes de folga para bombas de energia

A Fig. 3.21 mostra uma bomba de fase única com um impulsor de dupla face concebida para o sistema de purificação da água do reator e arrefecimentos programados do circuito múltiplo de circulação forçada das centrais nucleares. Caudal da bomba 500 m^3 /h, pressão do impulsor 1 MPa, pressão de entrada 8 MPa, velocidade do rotor 3000 rpm.

A bomba bombeia água radioactiva a uma temperatura de 284 °C, cuja fuga para o exterior não é permitida. Por conseguinte, é fornecida água fria e limpa à câmara 2 entre a junta de estanquidade interna 3 e a junta de estanquidade mecânica de impulso 1 a uma pressão que excede (em cerca de 0,1 MPa) a pressão de estanquidade de 8 MPa. Nos funis de entrada do impulsor, são instalados os selos de segurança 4 e os selos de segurança 3 são instalados na saída do veio da caixa. Os vedantes mecânicos de impulso 1 são utilizados como vedantes finais. Para calcular o estado de vibração destas bombas, podem utilizar-se as dependências propostas.

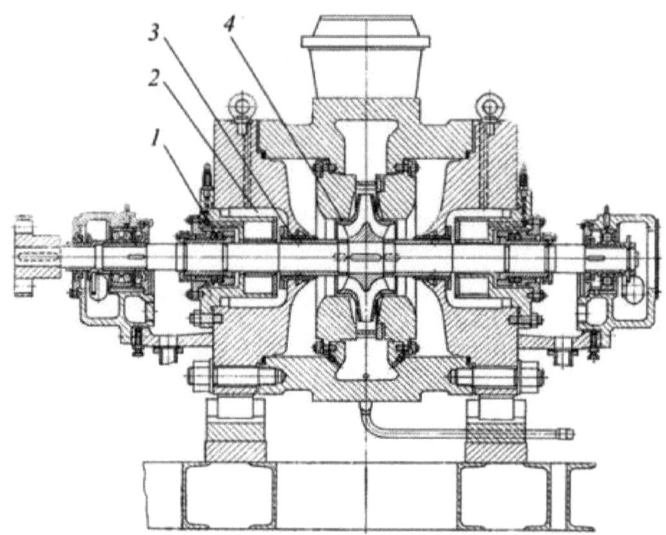

Fig. 3.21. Bomba de arrefecimento

A bomba principal de turboalimentação (Fig. 3.22) fornece água (até 4000 m3/h) a uma pressão de 9,1 MPa e a uma temperatura de 170 °C ao gerador de vapor de uma central nuclear de circuito duplo. Consumo de energia 9130 kW, velocidade do rotor 3500 rpm. Suportes do rotor - rótulas externas, suporte 1 e impulso 6. Vedantes dos impulsores 3, 4, tambor de descarga 5 e dois estágios de vedantes de extremidade 2 - tipo ranhurado. O condensado de bloqueio a frio é fornecido às câmaras A entre os estágios das vedações finais, impedindo que a água bombeada se escape e evapore.

A bomba turbo-alimentadora (Fig. 3.23) foi concebida para bombear (1350 m^3 /h) água a uma temperatura de 165 °C sob uma pressão de 35 MPa para caldeiras de vapor de blocos de turbinas a vapor de centrais térmicas com uma capacidade de 800 MW [56]. A bomba é acionada por uma turbina a vapor de 18 MW com uma velocidade de rotor de 5500 rpm. Vedantes de extremidade 1, 6 do tipo ranhura com fornecimento de condensado de bloqueio a frio; vedantes frontais dos impulsores 2 - ranhurados escalonados, traseiros 3 - lisos. No sistema de equilíbrio automático das forças axiais que actuam no rotor (no rolamento hidráulico), são utilizados vedantes radiais 4 e axiais 5 com ranhuras. Cada fase da bomba desenvolve uma pressão de quase 6 MPa.

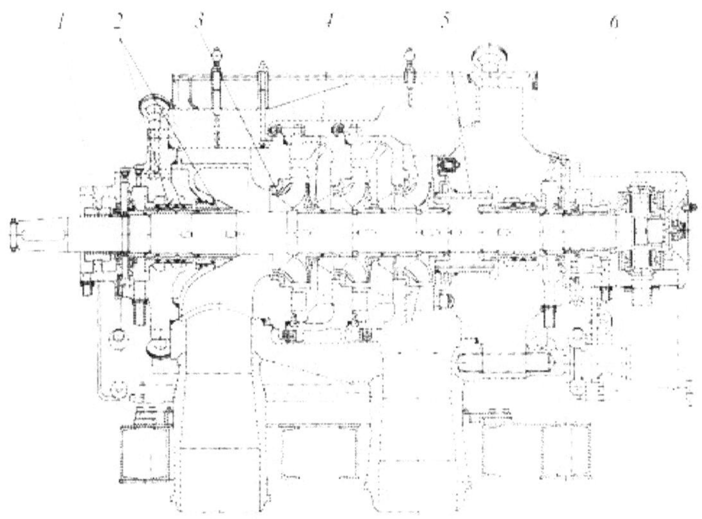

Fig. 3.22. Bomba principal de turboalimentação

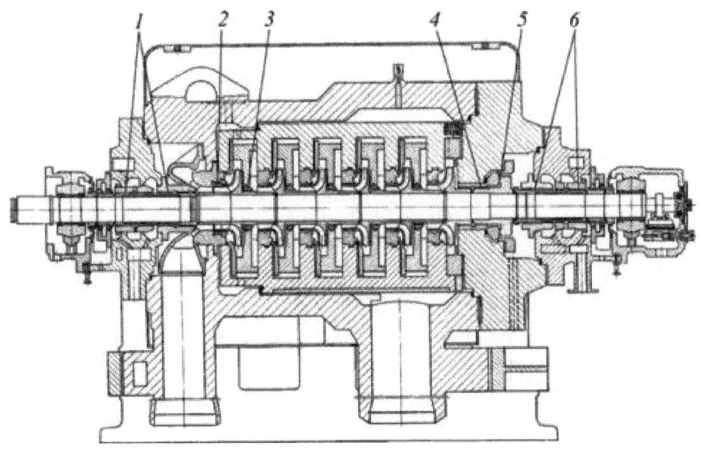

Fig. 3.23. Bomba de alimentação turbo para unidades de potência de 300 MW

As bombas de emergência das centrais nucleares (Fig. 3.24) são concebidas para fornecer condensado dos tanques de reserva aos geradores de vapor. A bomba é seccionada, com sete estágios. A roda do primeiro estágio tem uma elevada capacidade de sucção. Vedantes de extremidade - vedantes mecânicos com arrefecimento do corpo. A força axial no rotor é equilibrada pelo calcanhar hidráulico e o deslocamento do rotor é limitado por um rolamento de esferas. As chumaceiras de deslizamento são lubrificadas por anéis colocados em banhos de óleo.

Pelo exemplo dos projectos de bombas considerados, é claramente visível que os vedantes com ranhuras estão localizados de forma bastante apertada ao longo de todo o comprimento do rotor. Por conseguinte, afectam significativamente o estado de vibração do rotor e da bomba como um todo. Além disso, cada estágio da bomba desenvolve uma pressão de 4 a 6 MPa, e uma pressão de mais de 20 MPa é estrangulada no calcanhar hidráulico.

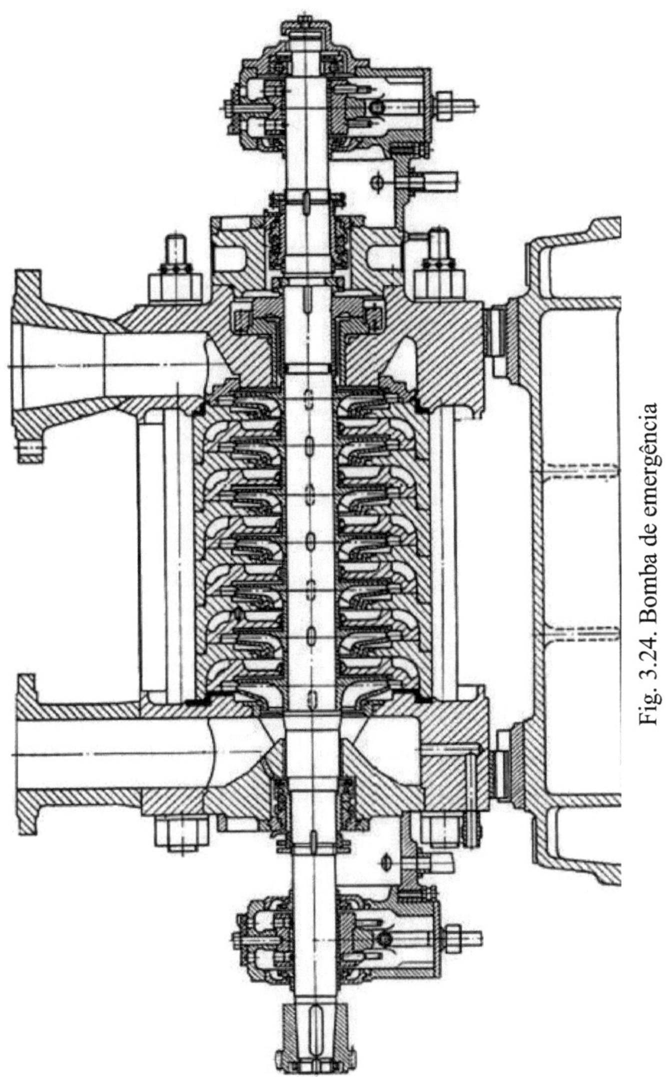

Fig. 3.24. Bomba de emergência

3.6. Conclusões

Utilizando a abordagem proposta para a análise de vedantes sem contacto como sistemas de controlo automático, e o algoritmo para a construção das suas caraterísticas dinâmicas na fase de projeto, é possível, alterando os parâmetros geométricos dos vedantes, assegurar a sua margem de resistência à vibração.

Com base no estudo do modelo hidromecânico da junta de estanquidade rotativa, obtêm-se dependências analíticas que descrevem as forças e os momentos nas juntas de estanquidade rotativa determinados por parâmetros geométricos (folga, raio, comprimento, conicidade, forma dos bordos de entrada) e operacionais (queda de pressão, gama de velocidades de funcionamento, propriedades físicas do meio bombeado).

Os estudos efectuados mostraram que todas as unidades de vedação com fendas de estrangulamento ou vias de vedação preenchidas com um meio de vedação de alta pressão devem ser consideradas sistemas dinâmicos. O meio selado afecta o estado dinâmico do rotor, actuando sobre as paredes das vias de selagem.

É demonstrado que uma escolha intencional dos parâmetros de conceção dos vedantes pode melhorar o estado de vibração do rotor. O rotor inicialmente dinamicamente flexível, em combinação com vedantes corretamente concebidos, pode tornar-se dinamicamente rígido. A técnica proposta permite avaliar este efeito em função das caraterísticas de conceção das juntas e, alterando-as na fase de conceção, garantir que o sistema "rotor-juntas" não funcione em modos ressonantes.

Quanto maior for a resistência hidráulica que criamos nas aberturas de vedação (por exemplo, devido à convergência), mais energia é gasta para ultrapassar estes canais pelo meio vedado e mais as unidades de vedação endurecem o rotor no sentido dinâmico, melhorando as suas caraterísticas de vibração.

Uma caraterística importante das máquinas centrífugas é o facto de as quedas de pressão que são estranguladas nas vedações de folga serem proporcionais à velocidade do rotor. Isto leva ao efeito de auto-endurecimento do rotor e ao facto de, na maioria dos casos, não existirem frequências críticas. O auto-enrijecimento é reforçado pelos momentos giroscópicos das juntas de estanquidade e, no caso dos rotores de disco, pelo momento giroscópico do disco.

Isto é especialmente importante para máquinas com parâmetros elevados.

Assim, a utilização de estranguladores anulares como unidades de vedação de suporte é uma direção promissora na criação de máquinas centrífugas, especialmente de grande potência unitária.

Todas as concepções descritas de vedantes deformáveis do impulsor requerem um fabrico cuidadoso e um ajuste fino, e a sua conceção óptima exige a resolução dos problemas correspondentes de hidroelasticidade. Por conseguinte, não é economicamente viável utilizá-los em máquinas de série normais e, para máquinas únicas com elevados requisitos de estanquidade e fiabilidade de vibração, esses vedantes podem ser indispensáveis. Um exemplo são as unidades de turbobomba dos motores de foguetões, cuja potência é medida em centenas de megawatts com caraterísticas dimensionais e de massa extremamente baixas.

Assim, ao desenvolver vedantes sem contacto, é necessário ter em conta não só o seu objetivo direto - reduzir as perdas de volume, mas também a sua função não menos importante, que é a de fornecer as caraterísticas de vibração necessárias.

Por norma, as juntas de vedação estão localizadas de forma bastante apertada ao longo de todo o comprimento do rotor da máquina centrífuga. Por isso, desempenham o papel de suportes dinâmicos e afectam significativamente o estado de vibração do rotor.

Chapter 4. Dispositivos de equilibragem automática como unidades de selagem

4.1. Formas de reduzir as forças axiais

A forma mais natural de equilibrar o rotor axialmente é eliminar as condições para a ocorrência de forças axiais desequilibradas. No entanto, esta forma só é eficaz para bombas com parâmetros relativamente baixos. A eliminação de forças axiais desequilibradas é conseguida quer assegurando uma simetria geométrica completa, quer alterando artificialmente a distribuição de velocidades e pressões nas câmaras, de modo a que as forças de pressão resultantes em ambas as superfícies laterais do rotor sejam iguais.

Nas bombas com um rotor simétrico, as forças axiais residuais (aleatórias) são absorvidas por rolamentos axiais de esferas ou por rótulas axiais.

As formas de igualar as forças de pressão nos discos principal e de cobertura são mais diversas. Muitas vezes, especialmente nas bombas de um só estágio, um vedante com ranhuras no lado do disco principal está localizado num raio maior (Fig. 4.1), e a câmara sob o vedante está ligada ao funil de entrada através de orifícios no disco principal ou no cubo da roda.

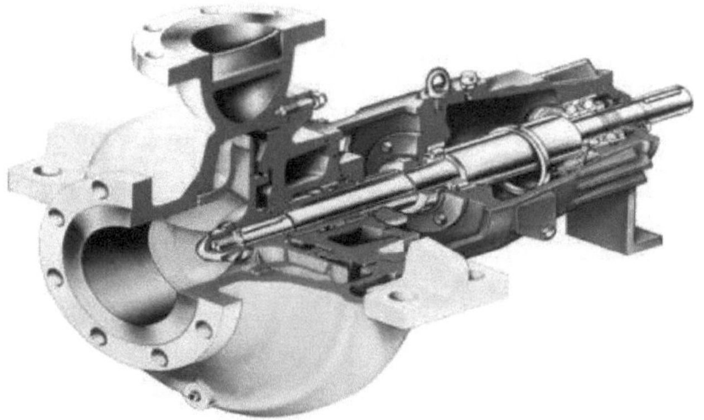

Fig. 4.1. Localização das juntas de vedação no mesmo raio

Recomenda-se que a área dos furos seja aproximadamente 4 vezes superior à área da fenda de vedação para reduzir a pressão na câmara atrás da roda. Neste projeto, a mesma queda de pressão é estrangulada nos vedantes dianteiro e traseiro, e a perda de volume é duplicada.

A força residual desequilibrada é absorvida pelo rolamento de contacto angular. O caudal através dos orifícios do disco rotativo e a correspondente pressão na câmara de descarga podem ser determinados utilizando os valores experimentais do coeficiente de caudal indicados em [36].

Devido ao atrito do disco, o fluido na câmara 2 (Fig. 4.2) gira e o efeito centrífugo resultante leva a um aumento da pressão ao longo do raio, o que pode perturbar o equilíbrio das forças de pressão que actuam na roda.

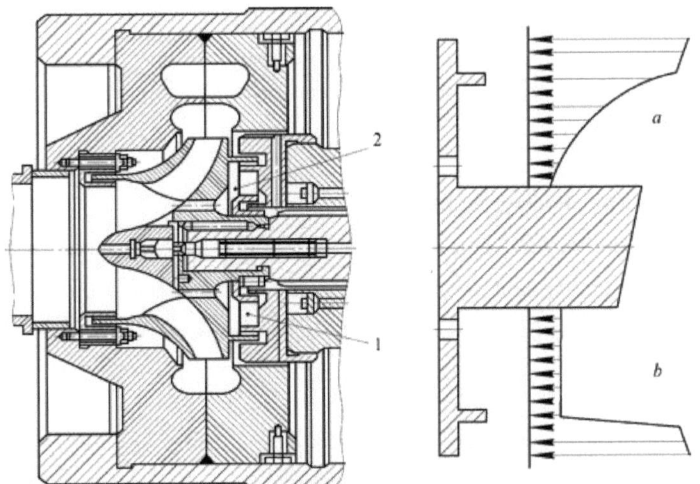

Fig. 4.2. A parte de fluxo da bomba: *a* - diagrama de pressão na câmara sem lâminas, *b* - com lâminas fixas radiais.

Para evitar isto, são instaladas lâminas radiais estacionárias 1 na câmara 2, que abrandam o fluxo circunferencial. A Fig. 4.2, *a* e *b*, mostra os diagramas de pressão na câmara sem lâminas e com lâminas, respetivamente [46].

Outra forma comum de reduzir a força axial é a utilização de pás radiais *1*, localizadas no disco principal do impulsor *2* (Fig. 4.3). As pás aumentam a frequência média de rotação do líquido ω_c e a pressão média na superfície posterior do impulsor diminui. As rodas com nervuras conduzem a perdas de potência significativas.

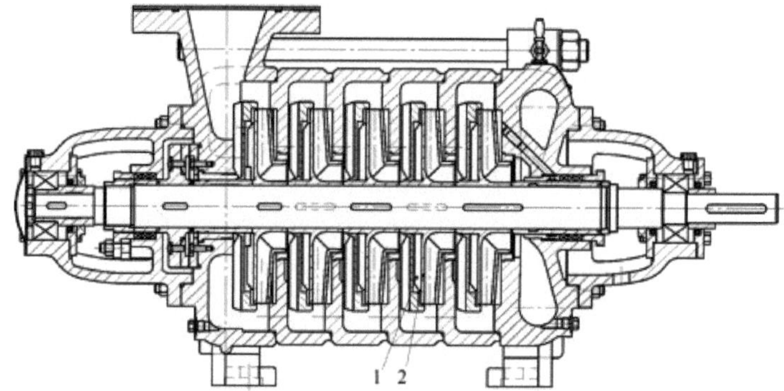

Fig. 4.3. Bomba em corte com palhetas radiais na parte de trás dos impulsores

4.2. Dispositivos de equilíbrio

Nas bombas de um só estágio, o equilíbrio automático das forças de pressão em ambos os lados da roda é amplamente utilizado utilizando aceleradores variáveis, cuja condutividade muda com os deslocamentos axiais do rotor (Fig. 4.4).

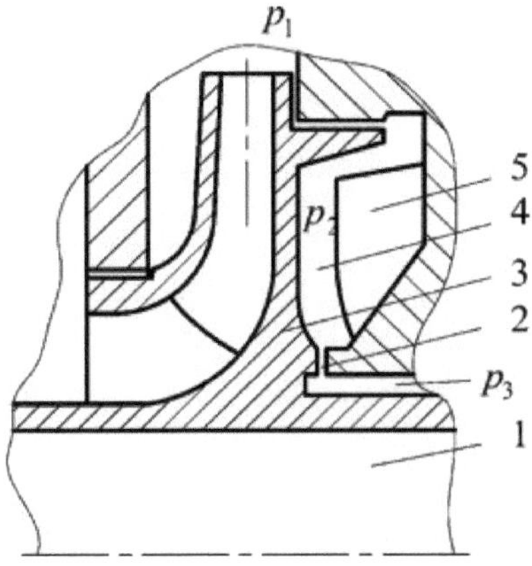

Fig. 4.4. Equilíbrio de forças axiais com estrangulamento de extremidade variável

Se, por exemplo, sob a ação de uma força axial desequilibrada, o rotor *1* se deslocar para a direita, então o espaço final *2* diminuirá e a pressão na câmara *4* aumentará tanto que as forças de pressão em ambos os lados da roda *3* se igualarão. Várias modificações destes métodos de equilibragem são utilizadas nos projectos das bombas de circulação principal das centrais nucleares [56]; são designadas por descarregadores automáticos.

O turbilhonamento do fluxo na câmara 4 e o fluxo direcionado da periferia para o centro podem reduzir significativamente a pressão média; por isso, são colocadas lâminas radiais estacionárias 5 na câmara, o que abranda o fluxo circunferencial e iguala a pressão ao longo do raio.

Nas unidades de turbobombas (Fig. 4.5), os impulsores 7 das bombas e a turbina de gás motriz 6 estão montados no mesmo veio, pelo que o descarregador tem de equilibrar a força axial total que actua nas fases da bomba e da turbina.

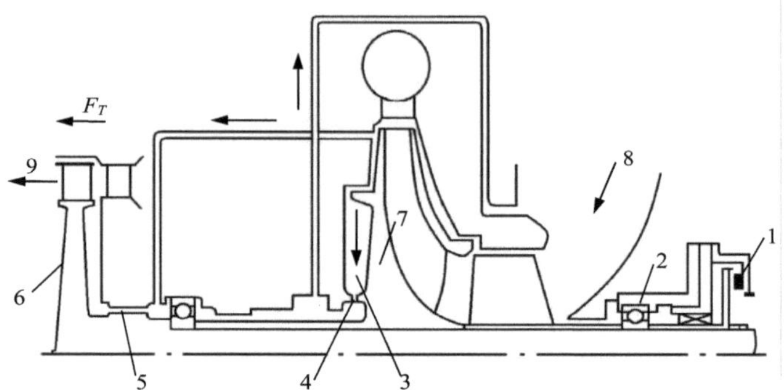

Fig. 4.5. Diagrama típico do descarregador automático para uma unidade de turbobomba de um motor de foguetão de combustível líquido

Numa turbina, ao contrário de uma bomba, a força axial é dirigida da entrada para a saída, uma vez que a pressão do gás à entrada é maior do que à saída.

Nalguns modelos de bombas de fase única, o impulsor é montado no veio ao longo do ajuste de funcionamento e a cavidade traseira é ligada ao funil de entrada por um estrangulador, cuja resistência depende da posição do impulsor. Neste caso, o eixo é protegido contra deslocamentos axiais por um rolamento axial.

Na maioria dos modelos de bombas multicelulares, não são tomadas medidas especiais para reduzir as forças axiais, e as forças que actuam no rotor são equilibradas por dispositivos especiais de descarga.

Atualmente, para as grandes bombas multicelulares de alta pressão, a forma mais eficaz de equilibrar as forças axiais é a utilização de dispositivos automáticos de equilibragem - faces de equilibragem. A face de equilíbrio (Fig. 4.6) contém um disco de descarga 5 rigidamente fixado no veio, um anel de suporte fixo (amortecedor) 2, estranguladores cilíndricos 1 e de extremidade 3 dispostos em série e uma câmara 4 que separa estes estranguladores. Nalguns modelos, é instalado um estrangulador adicional após o disco de descarga. Por vezes, para reduzir a força de equilíbrio, o sistema de equilíbrio é complementado com um elemento do pistão de descarga [46, 47].

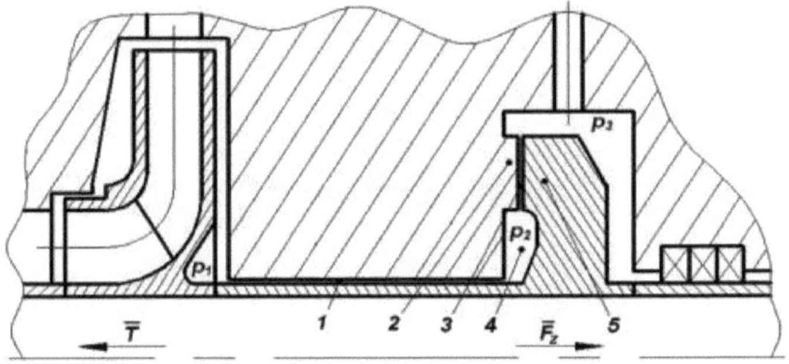

Fig. 4.6. Face de equilíbrio

As quedas de pressão totais $\Delta p = p_1 - p_3$ através da face de compensação representam a diferença entre a pressão de descarga p_1 e a pressão na câmara a jusante da face de compensação. Na maior parte das vezes, esta câmara está ligada à tubagem de entrada da bomba, sendo então - p_3 a pressão à entrada. Uma parte da perda de carga total $\Delta p_2 = p_2 - p_3$ é estrangulada na fenda final 3, cuja condutividade depende da largura da fenda *z*, ou seja, da posição axial do rotor. Se, sob a ação de uma força axial excessiva, o rotor se desloca para a esquerda, a fenda *z* diminui e a pressão aumenta, restabelecendo a igualdade entre a força *T* que actua sobre o rotor e a força de equilíbrio F_z que actua sobre o disco de descarga. Assim, o pé hidráulico mantém automaticamente o equilíbrio axial do rotor: . $F_z = T$

Conclui-se uma variedade de modelos de dispositivos de equilíbrio entre duas posições extremas - rolamentos axiais (Fig. 4.7, *a*) e tambores de descarga (Fig. 4.7, *c*).

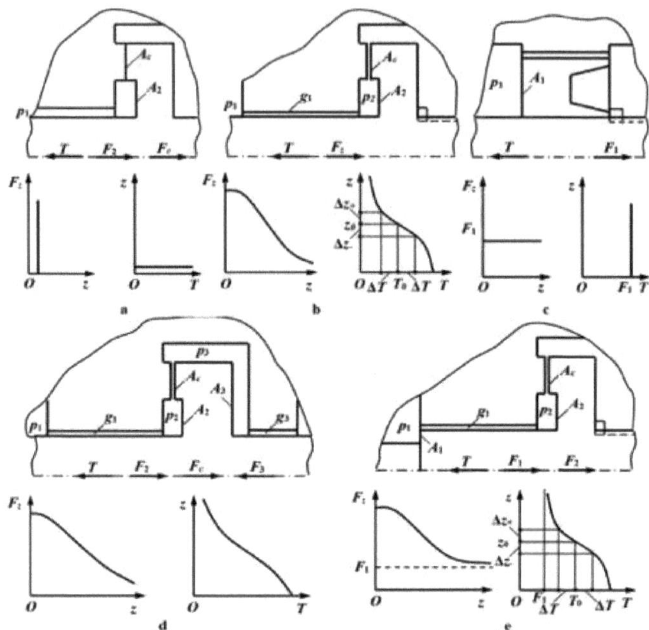

Fig. 4.7. As principais opções de dispositivos de equilibragem, a sua potência e caraterísticas estáticas

A diferença entre eles exprime-se na diferença das caraterísticas de potência do regulador - as dependências da força de equilíbrio (ação reguladora) no intervalo final (valor ajustável): $F(z)$. Uma visão aproximada destas dependências é mostrada na Fig. 4.7. As caraterísticas estáticas também são aí mostradas - as dependências dos valores em estado estacionário da folga final em relação à carga externa T: $.z(T)$

Nas chumaceiras axiais, a carga axial $F_c = A_c p_c$ é equilibrada pela força de pressão de contacto p_c nas superfícies de contacto A_c e pela força de pressão $F_1 = A_2 p_1$. A força de equilíbrio total $F_z = F_1 + F_c$ é igual à força de equilíbrio externa T: $F_z = T$ e a folga final na gama de funcionamento das cargas permanece zero. O coeficiente de rigidez do regulador é definido como $\partial F_z / \partial z$; para rolamentos axiais, ele tende a infinito.

No tambor de descarga, a força de equilíbrio $F_1 = A_1 p_1$ é constante em magnitude e não depende nem da força externa T *nem* da posição axial do rotor. Durante o funcionamento da bomba, é inevitável uma mudança na força externa e uma violação da igualdade $T = A_1 p_1$; portanto, para manter o equilíbrio axial, é necessário instalar rolamentos axiais. A caraterística da força de equilíbrio F_1 do tambor de descarga é uma linha reta horizontal, ou seja, a rigidez do tambor é zero: $\partial F_1 / \partial z = 0$

A conceção mais simples de um dispositivo de equilibragem automática (Fig. 4.7, *b*) é obtida se um estrangulador anular 1 for inserido na chumaceira de impulso em frente da câmara 4 e a área A_2 for aumentada de modo a que a força de pressão no disco de descarga 5 equilibre a força externa T no valor desejado da folga final.

Ao conceber os sistemas de equilibragem, procura-se, por um lado, minimizar as perdas de volume e, por outro lado, evitar uma redução excessiva da folga final durante o funcionamento da bomba com possíveis alterações na força axial, uma vez que tal ameaça formar ranhuras nas superfícies finais do disco e da almofada de apoio. A sensibilidade da folga às alterações de carga é determinada pela inclinação da caraterística estática. Quanto mais acentuada for a caraterística estática $z(T)$, ou quanto mais plana for a caraterística de potência $F_z(z)$, maior será a alteração da folga com uma alteração da carga e menor será o coeficiente de rigidez . $\partial F_z / \partial z$

A introdução de um estrangulamento anular adicional (Fig. 4.7, *d*) reduz as fugas, mas conduz a uma diminuição da rigidez devido à força de pressão na superfície traseira do disco $F_3 = A_3 p_3$, uma vez que esta força reduz a capacidade de suporte do pé hidráulico.

O elemento do pistão de descarga (Fig. 4.7, *e*) percebe uma parte da força externa $F_1 = A_1 p_1$, enquanto a carga na face de equilíbrio é reduzida e a inclinação da caraterística estática aumenta, a rigidez do sistema diminui.

A breve análise acima mostra que, como sempre, a melhoria de algumas caraterísticas ocorre à custa da deterioração de outras. Em cada caso específico, é necessário escolher uma opção de conceção que satisfaça os requisitos mais importantes das especificações técnicas.

As apreensões nas superfícies de contacto final ocorrem mais frequentemente em modos transientes, fora do projeto, durante a aceleração e o escoamento, quando a força de equilíbrio hidráulico F_z é pequena. A este respeito, nas bombas que, de acordo com as condições de funcionamento, requerem arranques e paragens frequentes, são instalados dispositivos de compressão através dos quais a força axial das molas F_k é transmitida ao rotor e, a baixas velocidades, desloca-o para o lado da descarga. Como resultado, a folga final na junta hidráulica aumenta e o risco de possíveis arranhões é reduzido. Os dispositivos de compressão também devem ser recomendados em bombas com um acionamento turbo, uma vez que o processo de aceleração e paragem da turbina de acionamento é lento. A turbina de acionamento a vapor ou a gás está normalmente equipada com um dispositivo de bloqueio, que cria uma rotação lenta, de cerca de 12 rpm, do rotor da turbina. Esta rotação assegura um arrefecimento uniforme e evita, assim, a ocorrência de deformações térmicas perigosas no rotor, que podem provocar um aumento das vibrações e o contacto de peças rotativas com peças estacionárias. Trabalhar no modo de barramento é perigoso para a face de equilíbrio e também requer a instalação de um espremedor.

A temperatura do fluido bombeado na câmara da face de compensação aumenta em relação à temperatura de entrada devido à energia de fricção viscosa nas aberturas de estrangulamento e às perdas hidráulicas na parte do caudal da bomba. Nos modos de baixo caudal, quando uma parte significativa da potência consumida pela bomba é perdida para aquecer o líquido, o aumento de temperatura pode ser de 10-15 °C. No caso de uma temperatura de entrada elevada, por exemplo, nas bombas de alimentação, a temperatura na câmara após a abertura final pode atingir um valor crítico, no qual a pressão na câmara é inferior à correspondente pressão de vapor de saturação. Como resultado, em primeiro lugar, pode ocorrer uma vaporização mais ou menos intensa na abertura da extremidade do calcanhar, reduzindo a capacidade de suporte e aumentando o risco de arranhões no acelerador da extremidade. A vaporização é tanto mais provável quanto menor for a pressão p_3 , ou seja, quanto menor for a resistência do acelerador adicional após o disco de descarga. O caso extremo é a ausência total desta resistência.

Para o funcionamento normal do pé hidráulico, é necessário que o rotor tenha liberdade de movimento axial, pelo menos dentro dos limites de possíveis mudanças na folga final; portanto, apenas rolamentos radiais devem ser instalados nas extremidades do eixo. As funções da chumaceira de impulso são desempenhadas pela própria face de equilibragem.

4.3. Influência do sistema de auto-descarga nas oscilações axiais do rotor

Atualmente, para as grandes bombas multicelulares de alta pressão, a forma mais eficaz de equilibrar as forças axiais é utilizar dispositivos automáticos de equilíbrio que desempenham simultaneamente as funções de vedante sem contacto de face radial e de rolamento hidrostático de eixo de moente.

O rotor de uma bomba centrífuga com um sistema de auto-descarga tem liberdade de movimento axial dentro da folga final do calcanhar hidráulico. No caso mais simples, o rotor, como um corpo absolutamente rígido, realiza oscilações axiais unidimensionais, cujas caraterísticas são determinadas pelos parâmetros do sistema de balanceamento.

Apesar dos muitos modelos, os dispositivos de equilibragem automática são construídos de acordo com o princípio geral: é criada uma retroação negativa entre a força de equilibragem e a posição axial do rotor, permitindo apenas pequenos desvios da posição axial do rotor em relação a uma posição pré-determinada [117].

O modelo do dispositivo de equilibragem automática é apresentado na Fig. 4.8.

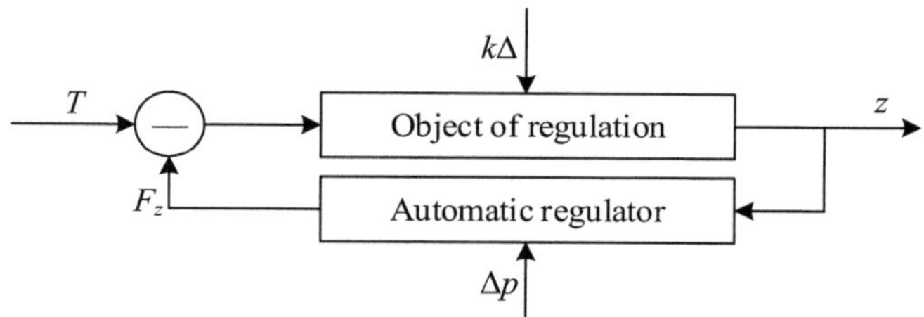

Fig. 4.8. Modelo do dispositivo de equilibragem

z - abertura final (ajustável); Δp - pressão de vedação;

T - força axial; F_z - força de pressão na abertura da extremidade;

k, Δ - taxa de compressão e deformação do dispositivo de prensagem.

Durante o funcionamento da bomba, as perturbações próximas das harmónicas, sob a forma de pulsações de pressão de descarga e de força axial, actuam sobre o rotor. A frequência das pulsações é igual ou múltipla da frequência de rotação. Sob a influência destas perturbações, o rotor efectua oscilações forçadas, cuja amplitude depende do afastamento da frequência de rotação em relação às frequências naturais do sistema "rotor-equilibrador". Neste sentido, para evitar possíveis oscilações axiais ressonantes, é necessário conhecer as frequências naturais do sistema. E para estimar as amplitudes das oscilações forçadas nos modos de funcionamento, é necessário construir caraterísticas de frequência de amplitude.

As inevitáveis vibrações axiais do rotor levam a que o movimento do fluido nos canais de estrangulamento dos sistemas de descarga automática seja instável e pulsante. Devido à inércia, o fluido resiste a uma mudança de velocidade, resultando numa resistência reactiva ou inercial adicional.

Durante o funcionamento de bombas centrífugas com equilibragem automática, observam-se, por vezes, vibrações axiais elevadas do rotor, que podem ser explicadas por ressonâncias no sistema "rotor - descarga automática" ou por oscilações auto-excitadas devido à perda de estabilidade dinâmica do sistema. As vibrações axiais do rotor levam à ocorrência de pulsações de tensão significativas no disco de descarga e na secção transversal do veio e podem também causar um aumento das oscilações transversais do rotor. Neste sentido, o cálculo das caraterísticas de amplitude e frequência de fase do sistema de equilibragem e a verificação da sua estabilidade dinâmica são importantes para garantir a fiabilidade das bombas de alta pressão de alta velocidade.

4.4. Equações para a dinâmica do sistema de descarga automática

Considere-se o problema da obtenção de equações linearizadas de oscilações radial-axiais conjuntas do modelo mais simples de massa única de um rotor rígido com um dispositivo de equilíbrio automático (Fig. 4.9).

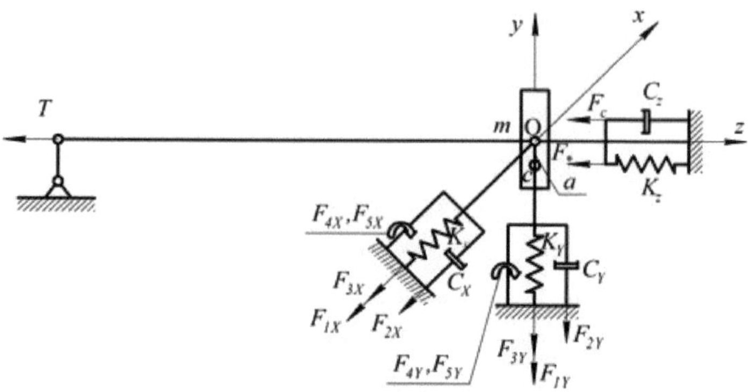

Fig. 4.9. Modelo de rotor rígido monomassa com dispositivo de equilibragem automática.

Como equações das oscilações radiais forçadas de um rotor estaticamente desequilibrado em projecções sobre os eixos de um sistema de coordenadas fixo, utilizamos as equações [54]

$$a_1\ddot{u}_x + a_2\dot{u}_x + a_3u_x + a_4\dot{u}_y + a_5u_y = \frac{a}{H_2}\omega^2\cos\omega t,$$

$$a_1\ddot{u}_y + a_2\dot{u}_y + a_3u_y - a_4\dot{u}_x - a_5u_x = \frac{a}{H_2}\omega^2\sin\omega t,$$

$$u_x = \frac{x}{H_2},\ u_y = \frac{y}{H_2};$$

(4.1)

em que H_2 é o valor de base da folga final do calcanhar hidráulico;

ω - frequência de rotação própria de um rotor de massa única.

As dimensões de todos os termos destas equações são s^{-1} , e os coeficientes para regimes de fluxo laminar são determinados pelas fórmulas

$$a_1 = 1 + \frac{k_g}{m},\ a_2 = \frac{1}{m}\left(k_d + k_g K_i\theta\right) = \frac{k_d}{m}\left(1 + \frac{\rho}{\mu}q_0\frac{H_1}{l_1}\theta\right),$$

$$a_3 = \frac{1}{m}k_p\left(\theta + 4\chi_s\right),[s^{-2}],\ a_4 = a_4'\omega,\ a_4' = \frac{k_g\kappa}{2m},\ a_5 = a_5'\omega,\ a_5' = \frac{k_d\kappa}{2m},$$

(4.2)

em que m é a massa reduzida do rotor; k_g, k_d, k_p - coeficientes das forças hidrodinâmicas nas vedações da fenda; K_i - coeficiente que caracteriza a influência da aceleração local na força radial de amortecimento; κ - coeficiente de turbulência do fluxo na fenda anular; χ_s - força axial sem dimensão; ρ é a densidade do líquido; μ - coeficiente de viscosidade dinâmica; θ - coordenada angular generalizada relativa; H_1 - folga radial média da borboleta anular; l_1 - comprimento da borboleta anular.

Para escoamentos turbulentos, apenas os coeficientes de amortecimento e de rigidez hidrostática se alteram:

$$a_{2\text{T}} = \frac{1}{m}\left(k_{d\text{T}} + k_g K_{i\text{T}} \theta\right) = \frac{k_{d\text{T}}}{m}\left(1 + 600\frac{H_1}{l_1}\theta\right),\ a_{3\text{T}} = \frac{1}{m}k_p\left(\theta + \chi_{s\text{T}}\right).$$

Multiplicamos a segunda equação (4.1) por uma unidade imaginária, adicionamos as duas equações termo a termo e introduzimos uma variável complexa $u_r = u_x + iu_y$. Como resultado, em vez de um sistema de quarta ordem, obtemos um sistema de segunda ordem comprimido com coeficientes complexos,

$$a_1\ddot{u}_r + a_2\dot{u}_r + a_3u_r - i\omega\left(a_4'\dot{u}_r + a_5'u_r\right) = \frac{a}{H_2}\omega^2 e^{i\omega t},$$

ou sob a forma de operador:

$$D_r(p)u_r = \omega^2\frac{a}{H_2}e^{i\omega t}, \tag{4.3}$$

em que o operador próprio das oscilações radiais tem a forma

$$D_r(p) = a_1p^2 + a_2p + a_3 - i\omega\left(a_4'p + a_5'\right). \tag{4.4}$$

Note-se que os coeficientes das forças giroscópicas e de circulação dependem da frequência de rotação. Para um rotor fixo $a_4(0) = 0,\quad a_5(0) = 0$. Os coeficientes do operador autónomo a_2, a_3 dependem da pressão p_2 na câmara do hidromotor, que, por sua vez, depende da folga final. Neste caso, as equações das vibrações radiais tornam-se não lineares.

Linearizamos as forças não lineares de resistência viscosa e rigidez hidrostática na vizinhança do equilíbrio estático, passando às suas variações:

$$\delta\left(a_2\dot{u}_r\right)=a_{20}\delta\dot{u}_r+\dot{u}_{r0}\delta a_2=a_{20}\delta\dot{u}_r,\quad \left(\dot{u}_{r0}=0\right),\quad a_{20}=a_2\left(\Delta p_1=\Delta p_{10}\right),$$

$$\delta\left(a_3u_r\right)=a_{30}\delta u_r+u_{r0}\delta a_3,\quad a_{30}=a_3\left(\Delta p_1=\Delta p_{10}\right);\quad \delta a_3=\frac{a_{30}}{\Delta p_{10}}\left(\delta p_1-\delta p_2\right),$$

em que u_{r0} é a deflexão radial sem dimensão inicial do disco,

$$u_{r0}=\frac{\vec{r}_0}{H_2},\quad \varepsilon_0=\frac{\left|\vec{r}_0\right|}{H_1}=\bar{H}\left|u_{r0}\right|;\quad \bar{H}=\frac{H_2}{H_1},$$

$\vec{r}$ - vetor do deslocamento radial do centro do disco.

Variações dos coeficientes de rigidez

$$\delta a_3=\delta\left[\frac{p_1-p_2}{m}\cdot\frac{\pi R_1 l_1}{2H_1}\left(\theta+4\chi_s\right)\right]=\frac{a_{30}}{p_{10}-p_{20}}\left(\delta p_1-\delta p_2\right)=\frac{a_{30}}{\sigma\Delta\psi_{10}}\left(\sigma\delta\psi_1-\delta\phi\right)$$

$$\delta a_{3_T}=\delta\left[\frac{p_1-p_{2T}}{m}\cdot\frac{\pi R_1 l_1}{2H_1}\left(\theta+\chi_{sT}\right)\right]=\frac{a_{3T0}}{\sigma\Delta\psi_{10}}\left(\sigma\delta\psi_1-\delta\phi_T\right)$$

dependem da ação de controlo, que, por sua vez, depende da posição axial do rotor. Aqui R_1 é o raio médio da fenda anular, $\Delta\psi$ é a queda de pressão adimensional através do dispositivo de equilibragem; ϕ - força de equilibragem adimensional; σ - área adimensional;

$$\phi=\frac{F_z}{A_o p_n};\quad \sigma=\frac{A_e}{A_o}.$$

Agora as equações (4.3) em variações (os sinais das variações são omitidos) tomam a forma

$$a_1\ddot{u}_r+a_{20}\dot{u}_r+a_{30}u_r-i\omega\left(a_4'\dot{u}_r+a_5'u_r\right)+\frac{a_{30}u_{r0}}{\sigma\Delta\psi_{10}}\left(\sigma\psi_1-\phi\right)=\omega^2\frac{a}{H_2}e^{i\omega t}.$$

(4.5)

Note-se que $a_{30}/a_1 \approx \omega_{r*}^2$, ou seja, o rácio a_{30}/a_1 é proporcional ao quadrado da frequência natural parcial das oscilações radiais não amortecidas.

Escrevemos a equação (4.5) na forma de operador e utilizamos as expressões para a força de equilíbrio adimensional para escoamentos laminares e turbulentos, relacionando as oscilações radiais e axiais:

$$\phi = \kappa_s \frac{\tau_2 p + 1}{T_2 p + 1} u_z + \frac{k_1}{T_2 p + 1} \psi_1 + \frac{k_2}{T_2 p + 1} \varepsilon,$$

em que $u_z = z/H_2$ é o deslocamento axial referido à folga da extremidade da base ; ; H_2 $\varepsilon = \frac{|\vec{r}|}{H_1} = \frac{|\vec{r}|}{H_2} \frac{H_2}{H_1} = |\vec{u}_r| \bar{H}$ $\tau_2\, T_2$,- constantes de tempo; k_1, k_2 - coeficientes de rigidez reduzida do veio.

Como resultado, obtemos

$$\left[D_{r0}(p)(T_2 p + 1) - k_2 \bar{H} \beta_0 u_{r0}\right] u_r - \beta_0 u_{r0} \kappa_s (\tau_2 p + 1) u_z =$$
$$= \beta_0 u_{r0} \left[k_1 - \sigma(T_2 p + 1)\right] \psi_{1a} e^{i\omega t} + (T_2 p + 1) \omega^2 \frac{a}{H_2} e^{i\omega t},$$

em que β_0 é o coeficiente transversal da rigidez angular do veio.

Esta equação, juntamente com a equação para as vibrações axiais

$$D_z(p) u_z - \mathrm{K} k_2 \bar{H} |\bar{u}_r| = K\left[k_1 \psi_{1a} - (T_2 p + 1)\tau_a\right] e^{i\omega t}$$

formam um sistema de equações diferenciais não homogéneas em relação às coordenadas generalizadas u_z e ; , : $u_r = u_x + i u_y = |u_r| e^{i\alpha}$

$|u_r| = \sqrt{u_x^2 + u_y^2}$ $\alpha = \mathrm{arctg}(u_y/u_x)$

$$\begin{gathered} D_z(p) u_z - \bar{H} \mathrm{K} k_2 |\mathrm{u}_r| = K\left[k_1 \psi_{1a} - (T_2 p + 1)\tau_a\right] e^{i\omega t}, \\ -\beta_0 u_{r0} \kappa_s (\tau_2 p + 1) u_z + \left[D_{r0}(p)(T_2 p + 1) - k_2 \bar{H} \beta_0 u_{r0}\right] u_r = \\ = \beta_0 u_{r0}\left[k_1 - \sigma(T_2 p + 1)\right] \psi_{1a} e^{i\omega t} + (T_2 p + 1)\omega^2 \frac{a}{H_2} e^{i\omega t}; \end{gathered} \quad (4.6)$$

Ao contrário de (4.4), os operadores linearizados contêm os valores estáveis dos coeficientes de amortecimento e de rigidez a_{20}, a_{30} do acelerador anular:

$$D_{r0}(p)=a_1p^2+a_{20}p+a_{30}-i\omega(a_4'p+a_5'),$$

$$\beta=\beta_0|u_{r0}|,\ \beta_0=\frac{a_{30}}{\sigma\Delta\psi_{10}}.$$

Com base nas fórmulas (4.2) a_{30}~$\Delta\psi_{10}$, , portanto, o coeficiente β não depende da pressão de descarga.

O sistema de equações (4.6) contém uma incógnita real, u_z , e uma complexa, $u_r=u_x+iu_y=|u_r|e^{i\alpha}$,. Para simplificar um pouco a solução sem distorcer a essência física dos processos, utilizamos o facto de o modelo de rotor em consideração ser axissimétrico, para o qual todas as direcções radiais são equivalentes. Portanto, o argumento α do vetor de deslocamento radial u_r (o ângulo de inclinação relativo ao eixo *0x* no plano *x0y* do sistema de coordenadas fixo) não tem interesse. Apenas o módulo de deslocamento radial $|u_r|$ é de importância prática. Nesta base, aceitamos $\alpha=0,\ u_r=|u_r|$. Façamos o mesmo com o vetor de deslocamento inicial $u_{r0}=|u_{r0}|e^{i\alpha_0}$, ou seja, escrevamos $\alpha_0=0,\ u_{r0}=|u_{r0}|$. Após estas simplificações, as equações (4.6) tomam a forma

$$\begin{aligned}D_{zz}(p)u_z+d_{zr}|u_r|&=\Phi_z,\\ D_{rz}(p)u_z+D_{rr}(p)|u_r|&=\Phi_r,\end{aligned}\qquad(4.7)$$

onde

$$D_{zz}(p)=D_z(p),\ d_{zr}=-\bar{H}\mathrm{K}k_2,\ \Phi_z=K\left[k_1\psi_{1a}-(T_2p+1)\tau_a\right]e^{i\omega t},$$
$$D_{rz}(p)=-\kappa_s\beta(\tau_2p+1),\ D_{rr}(p)=D_{r0}(p)(T_2p+1)-k_2\bar{H}\beta,$$
$$\Phi_r=\beta\left[k_1-\sigma(T_2p+1)\right]\psi_{1a}e^{i\omega t}+(T_2p+1)\omega^2\frac{a}{H_2}e^{i\omega t}.$$

(4.8)

As equações e os seus operadores para o regime de fluxo turbulento em canais de estrangulamento têm uma forma semelhante. Os operadores d_{zr}, D_{rz} determinam o acoplamento das oscilações axiais e radiais.

Resolvendo as equações (4.7) para os escoamentos laminar e turbulento, obtém-se

$$u_z = \frac{1}{D}\left(D_{rr}\Phi_z - d_{zr}\Phi_r\right),\ |u_r| = \frac{1}{D}\left(D_{zz}\Phi_r - D_{rz}\Phi_z\right).\ (4.9)$$

O operador próprio do sistema do dispositivo de equilibragem do rotor, tendo em conta o acoplamento das vibrações axiais e radiais, tem a forma

$$D(p) = D_{zz}D_{rr} - d_{zr}D_{rz} =$$

$$= D_z(p)\left[D_{r0}(p)(T_2 p+1) - k_2\bar{H}\beta\right] - K\kappa_s k_2\bar{H},\beta(\tau_2 p+1) = \mathrm{U_D} - i\omega V_D.$$

(4.10)

Os operadores d_{zr}, D_{rz} caracterizam a conetividade das oscilações axiais e radiais do sistema. Quando estes operadores são iguais a zero, o sistema (4.7) decompõe-se em duas equações independentes:

$$D_{zz}(p)u_z = \Phi_z,\ .D_{rr}(p)|u_r| = \Phi_r$$

De acordo com as equações de oscilações livres , $D_{zz}(p)u_z = 0$ $D_{rr}(p)|u_r| = 0$ pode-se calcular as frequências naturais e avaliar a estabilidade dos sistemas parciais correspondentes, e pela estabilidade dos sistemas parciais, pode-se julgar a estabilidade do sistema associado.

Foi provado em [46] que, sob a estabilidade assintótica de sistemas parciais e sob a condição , $|d_{zr}D_{rz}(is)| << |D_{zz}(is)D_{rr}(is)|$ $(p = is)$, que deve ser satisfeita para todo $s \in (-\infty, \infty)$, o sistema acoplado é também assintoticamente estável. Assim, no caso de um acoplamento fraco, a estabilidade do sistema pode ser estimada a partir dos resultados da análise de sistemas parciais mais simples.

Agrupemos as influências externas incluídas no lado direito de (4.9):

$$\begin{aligned} D(p)u_r &= \left(M_{r\psi}\psi_{1a} + M_{r\tau}\tau_a + M_{ra}\frac{a}{H_2} \right) e^{i\omega t}, \\ D(p)u_z &= \left(M_{z\psi}\psi_{1a} + M_{z\tau}\tau_a + M_{za}\frac{a}{H_2} \right) e^{i\omega t}; \end{aligned} \tag{4.11}$$

em que, tendo em conta (4.8), os operadores de acções externas têm a forma

$$\begin{aligned} M_{r\psi} &= k_1\beta\left\{ \left[1 - \frac{\sigma}{k_1}(T_2 p + 1) \right] D_z + K\kappa_s(\tau_2 p + 1) \right\}, \\ M_{r\tau} &= -K\kappa_s\beta(\tau_2 p + 1)(T_2 p + 1), \quad M_{ra} = \omega^2 (T_2 p + 1) D_z; \end{aligned} \tag{4.12}$$

$$\begin{aligned} M_{z\psi} &= Kk_1(T_2 p + 1)\left(D_{r0} - \frac{\sigma}{k_1}k_2\bar{H}\beta \right), \\ M_{z\tau} &= -K(T_2 p + 1)\left[(T_2 p + 1)D_{r0} - \bar{H}k_2\beta \right], \\ M_{za} &= \bar{H}Kk_2\omega^2(T_2 p + 1). \end{aligned} \tag{4.13}$$

Para escoamentos turbulentos, a estrutura de todas as expressões obtidas permanece inalterada, sendo apenas necessário acrescentar um subscrito "t" aos operadores D_z, D_{r0} , às constantes de tempo T_2, τ_2 , e aos coeficientes k_1, k_2, κ_s, β . Tendo efectuado as operações de multiplicação, reduzimos as partes real e imaginária dos operadores próprios (4.10) à forma

$$\begin{aligned} U_D &= m_0 p^6 + m_1 p^5 + m_2 p^4 + m_3 p^3 + m_4 p^2 + m_5 p + m_6, \\ V_D &= n_0 p^5 + n_1 p^4 + n_2 p^3 + n_3 p^2 + n_4 p + n_5; \end{aligned}$$

$$m_0 = a_1 c_0 T_2,\ m_1 = a_1 c_0 + \left(a_1 c_1 + a_{20} c_0\right) T_2,$$

$$m_2 = a_1 c_1 + a_{20} c_0 + \left(a_1 c_2 + a_{20} c_1 + a_{30} c_0\right) T_2,$$

$$m_3 = a_1 c_2 + a_{20} c_1 + \left(a_{30} - \bar{H} k_2 \beta\right) c_0 + \left(a_1 c_3 + a_{20} c_2 + a_{30} c_1\right) T_2,$$

$$m_4 = a_1 c_3 + a_{20} c_2 + \left(a_{30} - \bar{H} k_2 \beta\right) c_1 + \left(a_{20} c_3 + a_{30} c_2\right) T_2,$$

$$m_5 = a_{20} c_3 + \left(a_{30} - \bar{H} k_2 \beta\right) c_2 + a_{30} c_3 T_2 - K \kappa_s \bar{H} k_2 \beta \tau_2,$$

$$m_6 = \left(a_{30} - k_2 \bar{H} \beta\right) c_3 - K \kappa_s \bar{H} k_2 \beta;$$

$$n_0 = a_4' c_0 T_2,\ n_1 = a_4' c_0 + \left(a_4' c_1 + a_5' c_0\right) T_2,$$

$$n_2 = a_4' c_1 + a_5' c_0 + \left(a_4' c_2 + a_5' c_1\right) T_2,\ n_3 = a_4' c_2 + a_5' c_1 + \left(a_4' c_3 + a_5' c_2\right) T_2,$$

$$n_4 = a_4' c_3 + a_5' c_2 + a_5' c_3 T_2,\ n_5 = a_5' c_3.$$

As fórmulas para o escoamento turbulento têm uma forma semelhante. Se nas equações (4.11), colocarmos as partes da direita iguais a zero, então obtemos as equações de oscilações livres. Para um escoamento laminar (as expressões são semelhantes para um escoamento turbulento), tendo em conta (4.10), escrevemos

$$\left[U_D(p) - i\omega V_D(p)\right]\left|u_r\right| = 0,\ \left[U_D(p) - i\omega V_D(p)\right] u_z = 0.$$

A solução geral de tais equações homogéneas tem a forma

$$\left|u_r\right| = u_{racв} e^{\lambda t},\ u_z = u_{zacв} e^{\lambda t}. \qquad (4.14)$$

Substituindo (4.14) nas equações (4.11), obtém-se a equação caraterística

$$D(\lambda) = U_D(\lambda) - i\omega V_D(\lambda) = 0,$$

que pode ser representada sob a forma de duas equações: $U_D(\lambda) = 0,\ V_D(\lambda) = 0$. As partes imaginárias das raízes destas equações representam as frequências naturais do sistema; as partes reais caracterizam a variação no tempo das amplitudes das oscilações livres. As oscilações decaem e o sistema é estável se as partes reais de todas as raízes forem negativas. Neste caso, as oscilações livres não são consideradas; a análise da dinâmica do sistema limita-se às suas oscilações forçadas.

A parte direita (ação externa) das equações (4.11) varia de acordo com a lei harmónica com a velocidade do rotor ω , pelo que as reacções do sistema linear considerado são também funções harmónicas com a mesma frequência:

$$u_z = u_{za} e^{i(\omega t + \gamma_z)}, u_r = u_{ra} e^{i(\omega t + \gamma_r)} \quad ,(4.15)$$

em que u_{za}, u_{ra} são as amplitudes de resposta; γ_z, γ_r - um deslocamento das fases das reacções em relação à fase ωt da influência externa. Para oscilações harmónicas forçadas com uma frequência de rotação ω , o operador de diferenciação em relação ao tempo $p = i\omega$. Tendo efectuado essa substituição, obtemos novas expressões para as partes real e imaginária dos operadores próprios (4.10):

$$D(\mathrm{i}\omega) = U(\omega) + i\omega V(\omega), \qquad (4.16)$$

$$\begin{aligned} U(\omega) &= -(m_0 - n_0)\omega^6 + (m_2 - n_2)\omega^4 - (m_4 - n_4)\omega^2 + m_6, \\ V(\omega) &= (m_1 - n_1)\omega^4 - (m_3 - n_3)\omega^2 + m_5 - n_5; \end{aligned} \qquad (4.17)$$

Utilizando os coeficientes (4.17), com a ajuda do critério de Routh-Hurwitz modificado para polinómios com coeficientes complexos, é possível determinar a estabilidade do processo oscilatório pelos sinais das partes reais. As frequências de rotação para as quais os operadores próprios (4.16) desaparecem são as frequências próprias do sistema.

4.5. Caraterísticas de frequência do sistema de descarga automática

Um passo necessário na conceção de sistemas de equilibragem fiáveis é a construção de caraterísticas de frequência, uma vez que estas dão uma imagem bastante completa das propriedades dinâmicas de tais sistemas. Em particular, sobre as suas reacções a perturbações harmónicas de várias frequências.

As funções de transferência de frequência são iguais aos rácios das respostas às influências harmónicas. Para as construir nos operadores de ação das equações (4.11), procedemos a uma alteração e representamos os operadores (4.12) e (4.13) como números complexos. Como resultado, obtemos

$$
\begin{aligned}
&M_{r\psi} = k_1\beta\left(U_{r\psi} + i\omega V_{r\psi}\right), \quad M_{z\psi} = Kk_1\left(U_{z\psi} + i\omega V_{z\psi}\right),\\
&M_{r\tau} = -K\kappa_s\beta\left(U_{r\tau} + i\omega V_{r\tau}\right), \quad M_{z\tau} = -K\left(U_{z\tau} + i\omega V_{z\tau}\right), \qquad (4.18)\\
&M_{ra} = \omega^2\left(U_{ra} + i\omega V_{ra}\right), \quad M_{za} = \bar{H}Kk_2\omega^2\left(U_{za} + i\omega V_{za}\right).
\end{aligned}
$$

As partes real e imaginária dos operadores de ação sobre as oscilações radiais (com índices *rj*) e axiais (com índices *zj*, $j=\psi,\tau,a$) do rotor têm a forma

$$U_{r\psi} = -c_0\frac{\sigma}{k_1}T_2\omega^4 - \left[c_1 - \left(c_1 + c_2T_2\right)\frac{\sigma}{k_1}\right]\omega^2 - c_3\frac{\sigma}{k_1} + 1,$$

$$V_{r\psi} = -\left[c_0 - \left(c_0 + c_1T_2\right)\frac{\sigma}{k_1}\right]\omega^2 + c_2 - \left(c_2 + c_3T_2\right)\frac{\sigma}{k_1} + K\kappa_s\tau_2,$$

$$U_{r\tau} = -T_2\tau_2\omega^2 + 1, \; V_{r\tau} = T_2 + \tau_2,$$

$$U_{ra} = c_0T_2\omega^4 - \left(c_1 + c_2T_2\right)\omega^2 + c_3, \; V_{ra} = -\left(c_0 + c_1T_2\right)\omega^2 + c_2 + c_3T_2;$$

$$U_{z\psi} = -\left[a_1 - a_4' + \left(a_{20} - a_5'\right)T_2\right]\omega^2 + a_{30} - \frac{\sigma}{k_1}k_2\bar{H}\beta,$$

$$V_{z\psi} = T_2\left(-a_1 + a_4'\right)\omega^2 + T_2\left(a_{30} - \frac{\sigma}{k_1}k_2\bar{H}\beta\right) + a_{20} - a_5',$$

$$U_{z\tau} = \left(a_1 - a_4'\right)T_2^2\omega^4 - \left[a_1 - a_4' + 2\left(a_{20} - a_5'\right)T_2 + a_{30}T_2^2\right]\omega^2 + a_{30} - \bar{H}k_2\beta,$$

$$V_{z\tau} = -\left[2\left(a_1 - a_4'\right) + \left(a_{20} - a_5'\right)T_2\right]T_2\omega^2 + a_{20} + 2a_{30}T_2 - a_5' - T_2\bar{H}k_2\beta,$$

$$U_{za} = 1, \; V_{za} = T_2.$$

Para escoamentos turbulentos, a estrutura destas expressões mantém-se inalterada; é apenas necessário acrescentar o subscrito "t" às constantes de tempo T_2, τ_2 e aos coeficientes , , .k_1, k_2, κ_s, β

a_{20}, a_{30} $c_0,\ldots c_3$

Expressemos a resposta radial à variação harmónica da pressão de descarga da primeira equação (4.11) utilizando as dependências (4.15), (4.16) e (4.18):

$$\left(U+i\omega V\right)u_{ra\psi}e^{i\left(\omega t+\gamma_{r\psi}\right)}=\left(U_{r\psi}+i\omega V_{r\psi}\right)k_1\beta\psi_{1a}e^{i\omega t}$$

A função de transferência de frequência correspondente tem a forma

$$W_{r\psi}\left(i\omega\right)=\frac{u_{ra\psi}}{\psi_{1a}}e^{i\gamma_{r\psi}}=A_{r\psi}\left(\omega\right)e^{i\gamma_{r\psi}(\omega)}=k_1\beta\frac{U_{r\psi}+i\omega V_{r\psi}}{U+i\omega V}$$

(4.19)

onde são $A_{r\psi}\left(\omega\right)$, $\gamma_{r\psi}\left(\omega\right)$ - as caraterísticas de frequência de amplitude e de fase. Para as calcular, separamos as partes real e imaginária da fração (4.18). Multiplicando o numerador e o denominador pelo número complexo conjugado ao denominador, obtemos

$$W_{r\psi}=k_1\beta\left(\frac{UU_{r\psi}+\omega^2VV_{r\psi}}{U^2+\omega^2V^2}+i\omega\frac{UV_{r\psi}-VU_{r\psi}}{U^2+\omega^2V^2}\right)$$

A amplitude e a fase deste número complexo são

$$A_{r\psi}\left(\omega\right)=\frac{u_{ra\psi}}{\psi_{1a}}=k_1\beta\sqrt{\frac{U_{r\psi}^2+\omega^2V_{r\psi}^2}{U^2+\omega^2V^2}},$$
$$\gamma_{r\psi}\left(\omega\right)=\operatorname{arctg}\omega\frac{UV_{r\psi}-VU_{r\psi}}{UU_{r\psi}+\omega^2VV_{r\psi}}. \quad (4.20)$$

Do mesmo modo, as caraterísticas de frequência são calculadas a partir de todas as influências externas - pressão de descarga, força axial e desequilíbrio estático do rotor:

$$A_{r\tau}\left(\omega\right)=\frac{u_{ra\tau}}{\tau_a}=K\kappa_s\beta\sqrt{\frac{U_{r\tau}^2+\omega^2V_{r\tau}^2}{U^2+\omega^2V^2}},\quad \gamma_{r\tau}\left(\omega\right)=\operatorname{arctg}\omega\frac{UV_{r\tau}-VU_{r\tau}}{UU_{r\tau}+\omega^2VV_{r\tau}},$$
$$A_{ra}\left(\omega\right)=\frac{r_{aa}}{a}=\omega^2\sqrt{\frac{U_{ra}^2+\omega^2V_{ra}^2}{U^2+\omega^2V^2}},\quad \gamma_{ra}\left(\omega\right)=\operatorname{arctg}\omega\frac{UV_{ra}-VU_{ra}}{UU_{ra}+\omega^2VV_{ra}};$$

$$A_{z\psi}\left(\omega\right)=\frac{u_{za\psi}}{\psi_{1a}}=Kk_1\sqrt{\frac{U_{z\psi}^2+\omega^2V_{z\psi}^2}{U^2+\omega^2V^2}},\quad \gamma_{z\psi}\left(\omega\right)=\operatorname{arctg}\omega\frac{UV_{z\psi}-VU_{z\psi}}{UU_{z\psi}+\omega^2VV_{z\psi}};$$

(4.21)

$$A_{z\tau}(\omega)=\frac{u_{za\tau}}{\tau_a}=K\sqrt{\frac{U_{z\tau}^2+\omega^2V_{z\tau}^2}{U^2+\omega^2V^2}},\quad \gamma_{z\tau}(\omega)=-\operatorname{arctg}\omega\frac{UV_{z\tau}-VU_{z\tau}}{UU_{z\tau}+\omega^2VV_{z\tau}};$$

$$A_{za}(\omega)=\frac{z_{aa}}{a}=\bar{H}Kk_2\omega^2\sqrt{\frac{U_{za}^2+\omega^2V_{za}^2}{U^2+\omega^2V^2}},\quad \gamma_{za}(\omega)=\operatorname{arctg}\omega\frac{UV_{za}-VU_{za}}{UU_{za}+\omega^2VV_{za}}$$

.

Uma vez que, como deslocamentos adimensionais $u_{ra}=r_a/H_2, u_{za}=z_a/H_2$, obtemos as fórmulas para os valores absolutos das amplitudes

$$r_{a\psi}=H_2\psi_{1a}A_{r\psi},\ r_{a\tau}=H_2\tau_aA_{r\tau},\ r_{aa}=aA_{ra},$$
$$z_{a\psi}=H_2\psi_{1a}A_{z\psi},\ z_{a\tau}=H_2\tau_aA_{z\tau},\ z_{aa}=aA_{za}.$$

Os coeficientes dos operadores diferenciais, com a ajuda dos quais se obtêm as caraterísticas de amplitude e frequência de fase, são calculados para os valores em estado estacionário dos deslocamentos radiais e_0 e axiais z_0 do centro do disco. A excentricidade inicial e_0 deve-se principalmente a erros de fabrico e de montagem, e o deslocamento axial é determinado por uma caraterística estática construída como uma dependência da folga final sem dimensão u_{z0} de influências externas τ, χ a valores constantes da pressão de descarga sem dimensão . ψ_1

Quando a frequência de rotação ω (frequência de perturbação) coincide com uma das frequências naturais $\omega_j(\omega)$, a amplitude correspondente atinge o seu valor máximo. Estas velocidades são críticas.

As caraterísticas de amplitude e frequência de fase do sistema devem ser construídas na banda de frequência, que excede o espetro de frequência das acções de entrada em duas décadas. Uma vez que a frequência da harmónica fundamental das oscilações axiais forçadas do rotor é, em regra, igual à frequência da sua rotação ω_n , as frequências estudadas podem ser limitadas à gama $0 \leq \omega \leq \omega_{max} \cdot 10^2$.

De acordo com as fórmulas (4.20, 4.21), as caraterísticas de amplitude e frequência de fase do dispositivo de equilíbrio são construídas como respostas a influências externas harmónicas ψ_1 e τ em $\tau_n = 1$ ($T_n = 52.8$ kN) e $\tau_n = 1.52$ ($T_n = 80$ kN) sem ter em conta e tendo em conta as forças de inércia (Fig. 4.10-4.13).

As curvas 1, 2 e 3 representam os resultados obtidos sem ter em conta a inércia para pressões relativas ψ_1 = 0,63; 1,0; 1,13 (p_1 = 10, 16, 18 MPa); as curvas 4, 5, 6 - às mesmas pressões, tendo em conta a inércia do líquido.

As caraterísticas de amplitude e frequência mostram que a resistência de inércia do líquido nos canais de estrangulamento dos dispositivos de equilibragem tem um efeito de amortecimento, reduzindo as frequências naturais e as amplitudes das oscilações ressonantes.

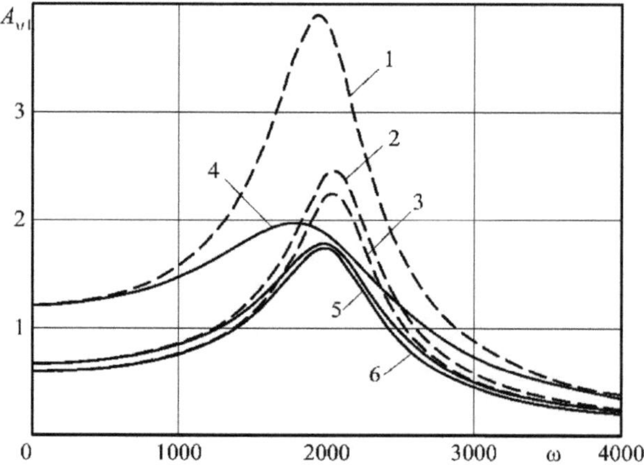

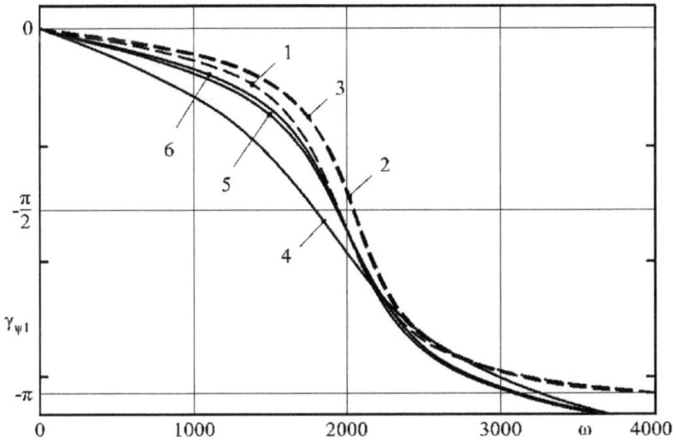

Fig. 4.10. Caraterísticas de frequência para influência externa, ,

$.\psi_1 \; \tau_n = 1$

As amplitudes de ressonância (Fig. 4.11) a pressões de descarga relativas ψ_1 = 0,63; 1,0; 1,13 são reduzidas em 67,2; 51,5; 46%, respetivamente, e as frequências críticas - em 46,9; 3,2; 2,4%.

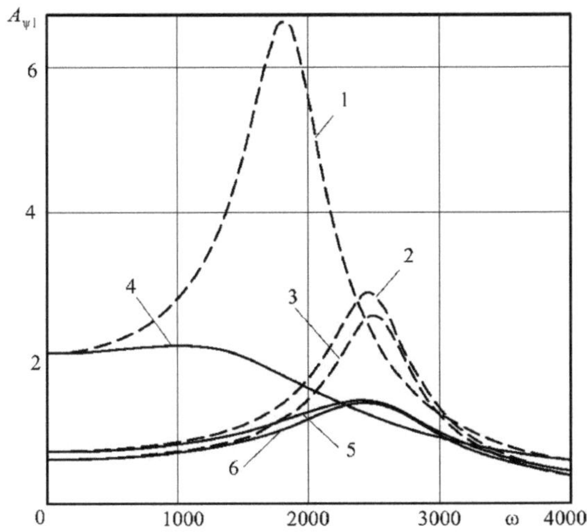

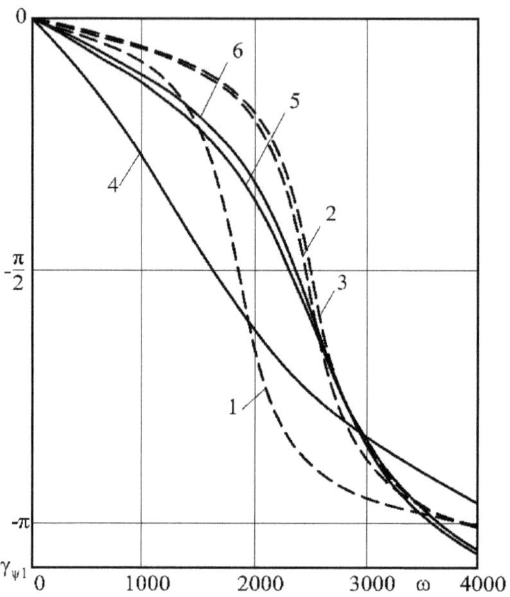

Fig. 4.11. Caraterísticas de frequência por influência, , .ψ_1

$\tau_n = 1{,}52$

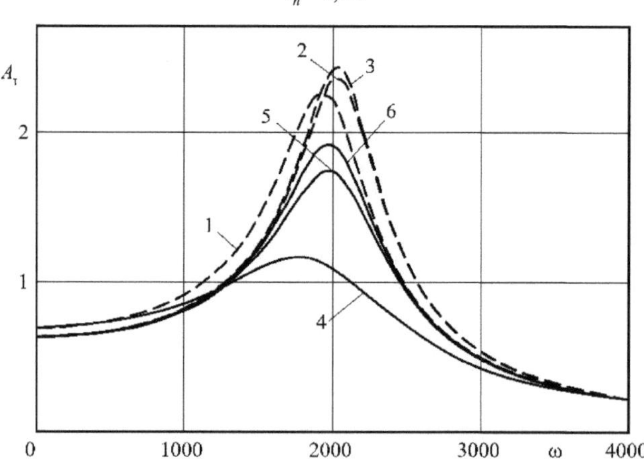

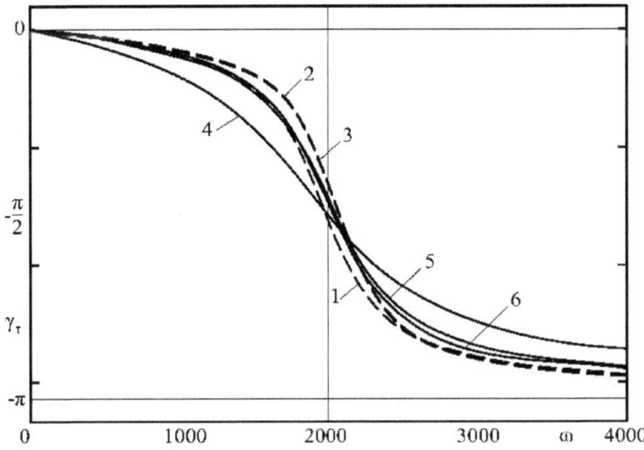

Fig. 4.12. Caraterísticas de frequência para influência externa ,

$\tau\, \tau_n = 1.$

A reação do sistema às flutuações de uma força externa τ muda de forma semelhante (Fig. 4.13).

Os dados obtidos mostram que as amplitudes das oscilações axiais forçadas são da ordem de 0,01 mm, ou seja, aproximadamente 0,1 z_n se as amplitudes de perturbação estiverem dentro de 0,06 (p_{1n}, T_n) . As vibrações axiais do rotor são devidas à força axial variável percebida pelo disco de descarga. Assim, tanto o disco como o veio, especialmente no ponto de fixação do disco, estão em risco de falha por fadiga. Esta circunstância deve ser tida em conta no cálculo da resistência das peças e dos conjuntos da bomba.

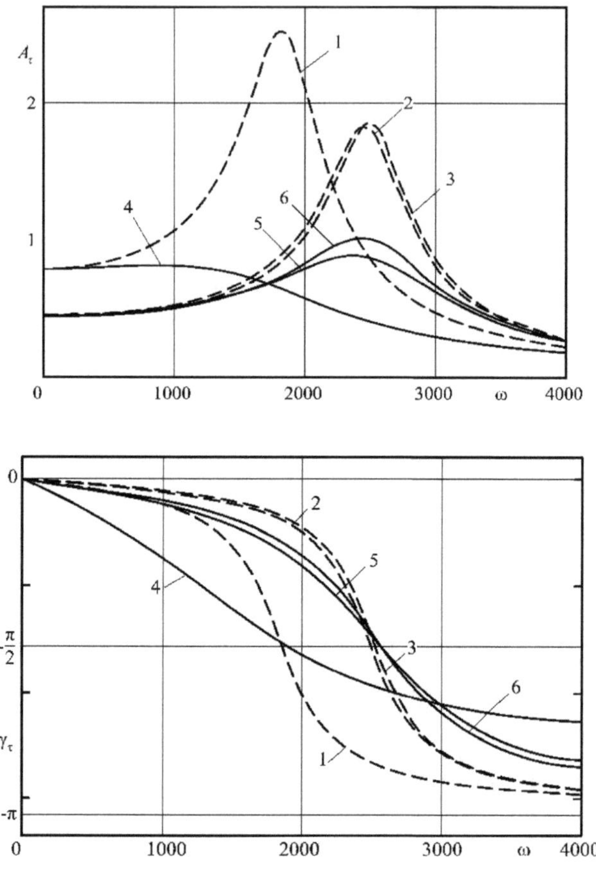

Fig. 4.13. Caraterísticas de frequência para influência externa ,

$\tau \, \tau_n = 1{,}52.$

O efeito das forças de inércia do fluido aumenta com a diminuição da pressão de descarga. Por isso, ter em conta este efeito ao prever as caraterísticas dinâmicas dos rotores é especialmente importante para as bombas centrífugas que funcionam numa vasta gama de pressões.

Utilizando o critério algébrico de estabilidade de Hurwitz, é possível estimar a estabilidade de vibrações axiais. Para sistemas de terceira ordem, negligenciando o amortecimento externo $(\varsigma = 0)$, obtêm-se as desigualdades [117] $\tau_2 > T_2, \tau_{2m} > T_{2m}$. Depois de substituir os valores das constantes de tempo, estas desigualdades são reduzidas à seguinte forma para os regimes laminar e turbulento.

$$V < \frac{A_e H E g_s^2 z_0}{3Q_0^2} \quad ,(4.22)$$

em que: A_e é a área efectiva do disco do hidrochoque;

H é a folga nominal da extremidade;

Q_0, z_0 - caudal e folga em estado estacionário;

g_s é a condutividade total das bobinas radial e final.

A desigualdade (4.22) limita o volume V da câmara do hidropneumático, no qual a estabilidade das oscilações axiais independentes do rotor é preservada. A taxa de compressão Q_0 desestabiliza o sistema. Um aumento do volume da câmara V e uma diminuição do módulo de elasticidade volumétrica do líquido E aumentam o risco de perda de estabilidade dinâmica.

Os sistemas de compensação automática das forças axiais que actuam no rotor de uma bomba centrífuga multicelular desempenham simultaneamente as funções de um empanque mecânico sem contacto auto-ajustável e de uma chumaceira hidrostática radial-axial fortemente carregada. Estes sistemas determinam em grande parte o estado de oscilação do rotor.

As forças hidrodinâmicas axiais e radiais que surgem nas aberturas de estrangulamento do dispositivo de equilibragem estão interligadas. Como resultado, o sistema "rotor-auto-esvaziamento", sob a influência do inevitável desequilíbrio estático radial, das pulsações da pressão de descarga e das alterações harmónicas da força axial que actua sobre o rotor, realiza oscilações radial-axiais forçadas interligadas. A frequências de rotação coincidentes com qualquer frequência natural, as amplitudes ressonantes destas oscilações podem exceder os limites permitidos; por conseguinte, a determinação das frequências de rotação ressonantes e a sua dessintonização são de grande importância prática.

4.6. Orientações para a melhoria dos descarregadores automáticos

Para melhorar as propriedades consumíveis e dinâmicas do calcanhar hidráulico, minimizam a fenda 1 do vedante radial com ranhuras (Fig. 4.14) e fazem com que a superfície final do disco móvel ou fixo do calcanhar hidráulico tenha uma conicidade que proporciona a forma confusora do canal. Isto reduz o caudal do fluido vedado, aumenta a força de equilíbrio e melhora a estabilidade dinâmica do sistema.

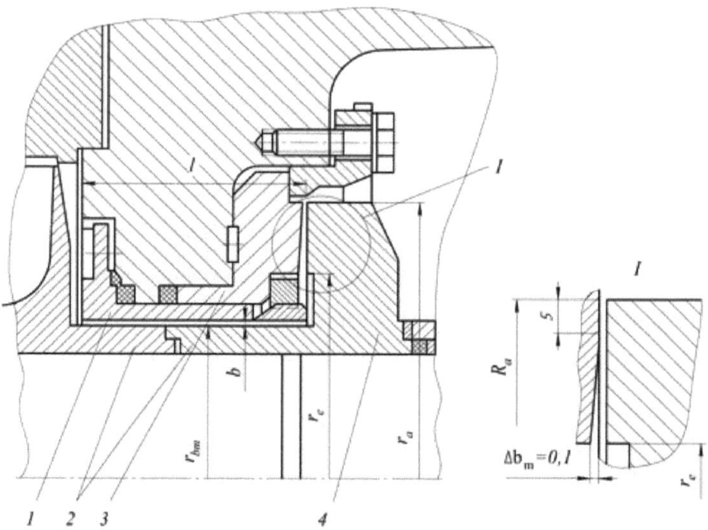

Fig. 4.14. Calcanhar hidráulico com abertura na extremidade do confusor

Uma vez que o desalinhamento e a deformação dos discos da roda hidráulica afectam significativamente as suas caraterísticas estáticas e dinâmicas, deve ser dada especial atenção à exclusão da formação de uma forma difusora da fenda final. A Fig. 4.15 mostra modelos modificados de descarregadores automáticos. Nos modelos com um anel montado de forma resiliente no corpo ou num disco rotativo (Fig. 4.15 *a*, *b*), o anel móvel monitoriza o desalinhamento do calcanhar hidráulico e ajuda a reduzir a folga média da extremidade.

É possível reduzir as deformações e obter a forma necessária da folga final do calcanhar hidráulico utilizando a descarga hidráulica dos revestimentos instalados de forma elástica (Fig. 4.15, *c*). Neste caso, torna-se possível a auto-instalação dos revestimentos durante o funcionamento da máquina. Nesta conceção, a força hidrodinâmica que actua no disco do descarregador automático é criada quase inteiramente devido à pressão do líquido na câmara do calcanhar hidráulico, e as deformações de força do disco tornam-se menos significativas na regulação da força axial. O aumento da fiabilidade devido ao descarregamento hidrodinâmico torna possível mudar para folgas finais mais pequenas e reduzir o caudal do fluido a ser vedado.

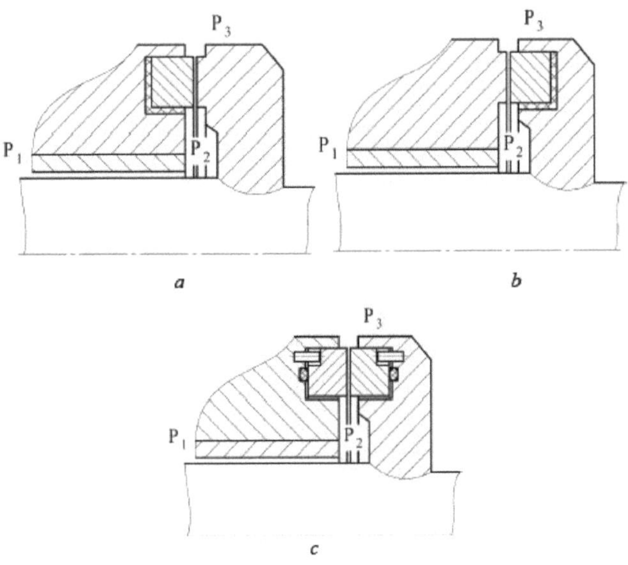

Fig. 4.15 Modelos modificados de descarregadores automáticos: *a*, *b* - com um anel montado de forma resiliente, *c* - com anéis hidraulicamente equilibrados

É prometedor utilizar o sistema de auto-descarga não apenas como um impulso, mas também como um suporte hidrostático radial [36]. A Fig. 4.16 mostra um exemplo de um conjunto combinado de suporte e vedação sem um espremedor.

A junta de estanquidade rotativa 1 actua como um rolamento radial. O sistema de borboletas 1 e 7, juntamente com o disco de descarga 6 e a câmara 5, actua como uma chumaceira de impulso hidrostático auto-ajustável. A manga 2, feita de material resistente ao desgaste, é instalada com uma folga 4 mais pequena do que a folga radial da junta de estanquidade rotativa 1. A folga 4 é um limitador que impede um possível contacto na junta de estanquidade rotativa 1 durante os períodos de arranque e paragem da bomba. A resistência hidráulica da fenda 4, devido aos canais longitudinais 3, é pequena em comparação com a resistência da junta de estanquidade rotativa 1, pelo que a diferença $p_1 - p_2$ é estrangulada na fenda 1, proporcionando a capacidade de carga necessária da chumaceira radial.

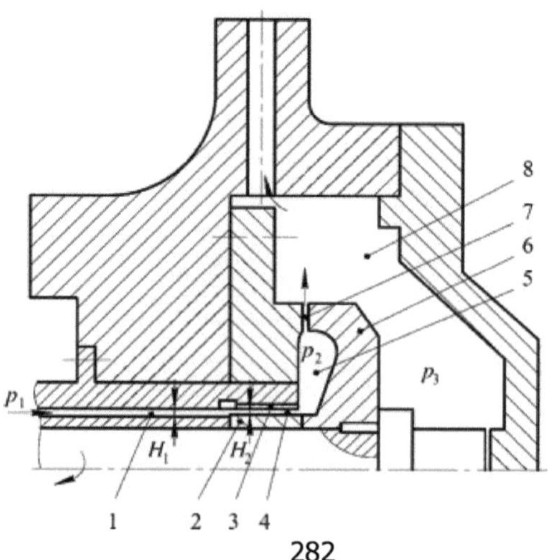

Fig. 4.16. Sistema de equilíbrio com funções de vedação da extremidade e de rolamento de contacto angular.

Esta conceção não requer um conjunto de vedante de extremidade e um rolamento remoto adicional, que se encontra na maioria das bombas e requer um sistema de lubrificação. A eliminação da chumaceira aumenta a fiabilidade da máquina, uma vez que o desalinhamento inevitável da chumaceira remota e da junta de estanquidade do calcanhar hidráulico conduz a uma flexão forçada do veio e piora o seu estado de vibração, e as tensões de flexão alternadas que ocorrem durante a rotação conduzem frequentemente a falhas por fadiga do veio. Isto é confirmado pelo facto de as falhas ocorrerem no exterior do disco de descarga, onde o binário que actua no veio é quase nulo.

A título de comparação, a Fig. 4.17 mostra a conceção tradicional de uma bomba de alimentação com caixa dupla.

Uma comparação deste projeto com o da Fig. 4.16 mostra claramente o quanto o projeto é simplificado, e as dimensões axiais da bomba são reduzidas sem suporte externo e sem vedação final.

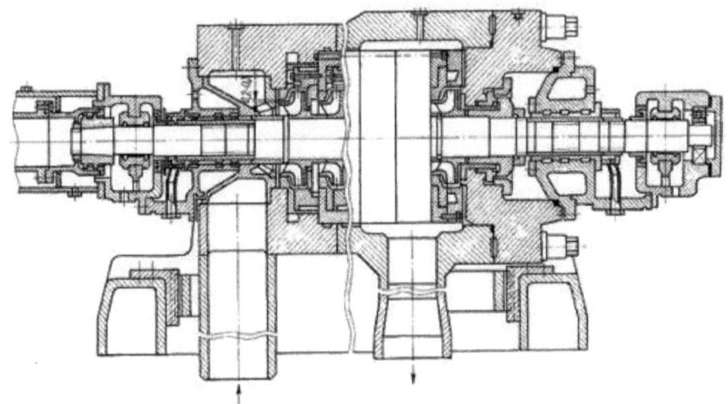

Fig. 4.17. Bomba de alimentação

Para além dos métodos de equilibragem considerados, a literatura contém muitas outras concepções melhoradas que ainda não encontraram aplicação devido a uma complexidade excessiva que não proporciona a fiabilidade vibracional necessária.

4.7. Conclusões

Os sistemas para o equilíbrio automático das forças axiais que actuam no rotor de uma bomba centrífuga multicelular desempenham simultaneamente as funções de um vedante sem contacto auto-ajustável e de uma chumaceira hidrostática de contacto angular fortemente carregada. Estes sistemas determinam em grande parte o estado vibratório do rotor.

É promissor utilizar o sistema de auto-descarga não só como um rolamento axial mas também como um rolamento radial.

Os problemas da dinâmica do rotor são de grande importância prática e a gama destes problemas é ilimitada, tal como o número ilimitado de tipos construtivos de máquinas rotativas, as caraterísticas dos projectos de rotores e as condições para o seu funcionamento. A utilização de métodos numéricos é muito promissora para resolver problemas de oscilações radial-angulares conjuntas do rotor, que tem em conta todas as forças e momentos hidrodinâmicos que surgem em vedações sem contacto.

Chapter 5. Modelos especiais de vedantes sem contacto

As condições de funcionamento das juntas de estanquidade rotativas e as funções que lhes são atribuídas são muito diversas. Como elementos auxiliares separados, os estranguladores com ranhuras estão incluídos na maior parte dos outros tipos de vedantes [91]. Os estranguladores radiais e de extremidade são elementos integrantes de apoios hidrostáticos e de gás e de chumaceiras de impulso, bem como de sistemas de equilibragem axial do rotor. Em todos estes projectos, as caraterísticas dinâmicas e de fluxo das juntas são de grande importância.

5.1. Vedantes de anel flutuante

O anel de vedação flutuante [58, 66, 109] (Fig. 5.1) é uma combinação de um O-ring *B* (vedante de folga sem contacto) e de um contacto final *C*, que actua como vedante final mecânico. O estrangulamento B é formado pela superfície do veio rotativo 1 e pela superfície cilíndrica interior do anel flutuante 4. A compressão preliminar do anel na superfície de apoio da tampa 2 é efectuada por elementos elásticos (molas) 5 situados na manga 6 fixada na caixa 7.

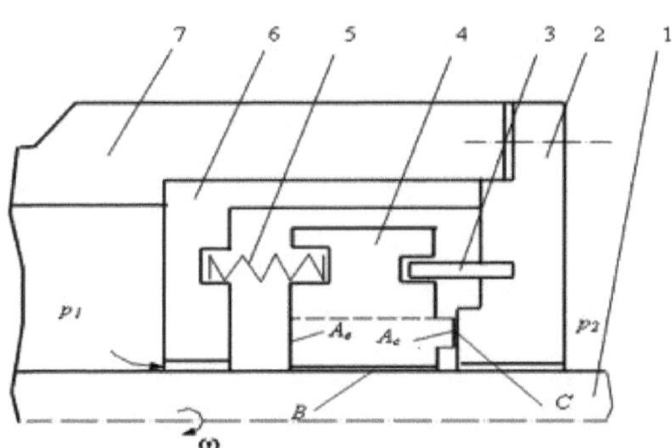

Fig. 5.1. Esquema de uma junta de estanquidade rotativa com um anel flutuante

Devido à pressão de vedação p_1, é criada uma força axial $F_c = A_e p_1$ na superfície de carga A_e, que assegura a densidade necessária do contacto final *C*. A força hidrodinâmica radial F_y que surge na junta de estanquidade da fenda *B* e é proporcional à excentricidade do anel em relação ao eixo contribui para a autocentragem do anel se exceder a força de atrito $R_c \cong fF_c$ no contacto final.

Devido à capacidade de auto-centralização do anel flutuante, a folga radial na válvula de estrangulamento anular pode ser várias vezes menor do que nos vedantes de folga convencionais, sem receio de contacto do anel com o veio rotativo e de possíveis arranhões. Dado que o fluxo através do anel de estrangulamento é proporcional ao cubo da folga H^3 para fluxo laminar e $H^{3/2}$ para fluxo turbulento, os vedantes de anel flutuante podem proporcionar uma redução significativa das fugas em comparação com os vedantes de folga convencionais.

A estanquidade da junta de topo *C* depende da relação entre a pressão de contacto $p_c = F_c / A_c$ e a pressão de vedação p_1. A pressão de contacto, por sua vez, é determinada pelo fator de carga. Quando não há contrapressão ,$(p_2 = 0)$ $p_c = kp_1$, $k = A_e / A_c$. A conceção do vedante permite que este coeficiente varie numa vasta gama, satisfazendo os requisitos de estanquidade. O anel flutuante não roda; por conseguinte, a perda de potência por fricção na junta de topo é uma ordem de grandeza inferior à dos vedantes mecânicos de topo. Isto elimina o problema da remoção de calor das superfícies de contacto, e a própria vedação não tem restrições severas quanto à velocidade circunferencial do veio $v = \omega r$ e à pressão de vedação p_1 . Por outras palavras, o fator $p_1 v$ para as vedações de anel de folga flutuante não é decisivo.

Do mecanismo do vedante resulta que o anel flutua se a condição de auto-centragem for satisfeita, ou seja, $F_{y\max} > R_c$. No entanto, se esta condição não for satisfeita e o anel não flutuar, continua a ser deslocado na direção radial sob a ação de impactos provenientes do lado do veio.

Tendo em conta que a energia de impacto é limitada pelo trabalho da força de atrito na junta de extremidade, é possível selecionar materiais para os quais os impactos episódicos ligeiros não são perigosos. O anel assume com relativa facilidade uma posição neutra, na qual o funcionamento sem choques é assegurado. É apenas necessário que a amplitude das vibrações laterais do veio não exceda o valor da folga radial; e que o material das superfícies de vedação resista ao desgaste durante contactos de curta duração em modos transitórios. Em muitos casos, estes anéis semi-móveis ou condicionalmente móveis revelam-se mais eficazes, uma vez que têm uma maior estabilidade estática e dinâmica [56].

Em estruturas reais, os anéis flutuantes nem sempre têm a capacidade de flutuar, mas isso não significa que estejam inoperantes. Para comparação, considere os possíveis modos de funcionamento da conceção mais simples de um anel flutuante.

Durante o funcionamento, o anel flutuante sofre a ação de forças hidrodinâmicas e de momentos que surgem na vedação da fenda e que mudam de magnitude e direção devido às vibrações radiais e angulares do eixo rotativo. Um momento adicional relativo ao centro do anel cria O_2 , uma força de atrito R na superfície de contacto final *C*.

Sob a ação destas forças e momentos, o anel flutuante pode vibrar no seu plano, bem como realizar vibrações angulares. As vibrações angulares são acompanhadas por algum deslocamento do centro de gravidade do anel na direção axial. Contudo, as amplitudes destas deslocações são duas vezes inferiores às amplitudes da folga final na junta *C*, que são medidas com micrómetros mesmo durante as vibrações angulares. Por conseguinte, numa primeira aproximação, as vibrações axiais podem ser ignoradas.

Assim, um anel flutuante auto-centrado pode ser considerado um sistema oscilatório com quatro graus de liberdade, realizando oscilações forçadas sob a ação de excitação cinemática do veio. A massa do anel é normalmente pequena em comparação com a massa do rotor, pelo que o efeito inverso das vibrações do anel na vibração do rotor pode ser negligenciado.

O funcionamento de uma conceção clássica deste tipo é acompanhado por vibrações radiais e angulares intensas. As vibrações angulares levam à formação de pontos de contacto periódicos, com a frequência de rotação do veio, nas superfícies das extremidades. No caso da precessão circular do veio, o movimento do anel tem o carácter de uma precessão cónica e a superfície de contacto descreve uma trajetória circular. As tensões de contacto aumentam nas superfícies de contacto, o que leva a fracturas por fadiga por fricção das superfícies das extremidades. Existem vários métodos construtivos para suprimir as vibrações angulares [56], mas estes exigem uma complicação significativa do projeto e, ao mesmo tempo, reduzem a sua fiabilidade.

O comportamento dos anéis flutuantes é determinado pelo rácio de forças no anel e nos estranguladores finais. As caraterísticas do estrangulador final podem variar em função da pressão de contacto p_c . Se a pressão de contacto não exceder a pressão do meio selado $\left(p_c \leq p_1\right)$, então é criado um modo de fricção líquida na superfície da extremidade. Caso contrário, o regime de atrito torna-se um limite e pode aproximar-se do regime de atrito seco. Neste caso, se a condição de auto-centragem for satisfeita, as vibrações do anel tornam-se não lineares. A terceira opção é que a condição de auto-centragem não é satisfeita, o anel perde a sua mobilidade radial e apenas são possíveis oscilações angulares quando o momento total que actua no anel abre a junta de topo. Finalmente, num caso extremo, quando os sistemas de forças e momentos que actuam no anel estão equilibrados, o anel fica imóvel na ausência de colisões com o veio.

A última versão das condições de trabalho (anel condicionalmente móvel) é a mais simples e mais fiável.

Vamos escrever as condições de imobilidade para o modo de funcionamento sem contacto (sem colisões do veio com o anel). Os deslocamentos radiais e angulares do anel podem surgir sob a ação da força hidrodinâmica radial F_y e do momento M_x na fenda anular, bem como sob a ação da gravidade e do seu momento relativo ao ponto de possível rotação a. A Fig. 5.2 mostra o caso mais desfavorável quando a força de centragem F_y coincide em direção com a força da gravidade. O mesmo se aplica aos momentos destas forças.

As condições de imobilidade são as seguintes:

$$R_c \geq F_y + mg,\ \ 0{,}5F_c(r_1 + r_2) \geq M_x + 0{,}5mgl \tag{5.1}$$

A força hidrodinâmica e o respetivo momento devem ser calculados para a excentricidade máxima permitida $e_* \approx (0{,}7 - 0{,}8)H$ e para o ângulo de inclinação $0{,}5l\vartheta_{x*} \approx 0{,}7(H - e_*)$, para os quais o funcionamento sem contacto da vedação ainda pode ser garantido. Na posição de equilíbrio considerada, apenas a força e o momento hidrostáticos são preservados

$$F_y = F_{py2} = k_p\left[(\theta_0 + N\chi_m)\varepsilon + (1 + 2\Delta\chi)\theta_x\right],$$

$$M_x = M_{px2} = k_p\frac{l}{6}(N\Delta\chi\varepsilon + 2\chi_m\theta_x),$$

onde

$$\varepsilon = e/H,\ \theta_0 = \vartheta_0 l/2H,\ \theta_x = \vartheta_x l/2H,\ \chi_m = \chi_1 + \chi_2,\ \Delta\chi = \chi_1 - \chi_2,$$
$$\chi_1 = \varsigma_{11}/\varsigma_0,\ \chi_2 = \varsigma_{12}/\varsigma_0,\ N = 2(1+n)/(2-n),\ k_p = \pi r_o \Delta p l/2.$$

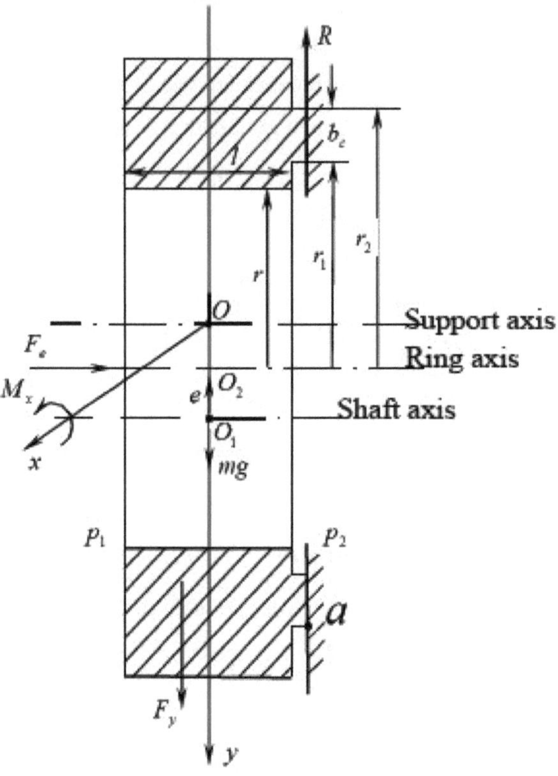

Fig. 5.2. Diagrama de conceção de um anel condicionalmente móvel

A constante n caracteriza o regime de escoamento (n, C - expoente e constante na fórmula de Blasius $\lambda_0 = C\mathrm{Re}_0^{-n}$; escoamento laminar: $n=1, C=96$, escoamento turbulento: $n=0,25, C=0,316$, área auto-similar: $n=0, C=0,04$), $\varsigma_{11}, \varsigma_{12}$ - coeficientes de perdas hidráulicas locais à entrada da fenda anular e à saída da mesma, . $\varsigma_0 = (\varsigma_{11} - \varsigma_{12}) + \lambda l/2H$

Em geral, a força da pressão de contacto

$$F_c = p_1 A_c + \Delta p(A_e - A_c) = \Delta p A_c (k + p_2/\Delta p),\ k = A_e/A_c,$$

força de atrito $R_c = fF_c$. Usando expressões para forças e momentos, vamos reduzir as relações (5.1) à forma

$$k + \frac{p_2}{\Delta p} \geq \frac{1}{f \Delta p A_c} \left\{ k_p \left[(\theta_0 + N\chi_m)\varepsilon + (1 + 2\Delta\chi)\theta_x \right] + mg \right\},$$

$$k + \frac{p_2}{\Delta p} \geq \frac{l}{6 f \Delta p A_c r_2} \left[k_p \left(N\Delta\chi\varepsilon + 2\chi_n\theta_x \right) + 3mg \right].$$

(5.2)

Regra geral, a segunda condição é mais fraca, e o cumprimento da primeira condição assegura a imobilidade radial e angular do anel de vedação.

Durante o período de arranque, são possíveis colisões de curta duração do anel com o eixo, se o anel estiver livremente sobre o eixo. Por isso, as superfícies de contacto cilíndricas do eixo e do anel devem ser resistentes a arranhões.

5.2. Selos de labirinto

O problema de assegurar o funcionamento sem contacto das juntas de estanquidade é especialmente relevante para as bombas que bombeiam líquidos inflamáveis e para os compressores que bombeiam gases de baixa viscosidade que não possuem propriedades lubrificantes. Existe um risco de incêndio nas bombas e, nos compressores, existe o risco de o rotor ficar preso nos vedantes.

Vários modelos de vedantes de labirinto com superfícies de contacto mínimas são utilizados para vedar meios gasosos em compressores centrífugos e em turbinas a vapor e a gás [21, 42] (Fig. 5.3). As cristas anulares destes vedantes são feitas de fita metálica com 0,15-0,2 mm de espessura. Com uma tal espessura, os contactos possíveis apenas esmagam as cristas sem causar aquecimento excessivo, envelopamento e gripagem.

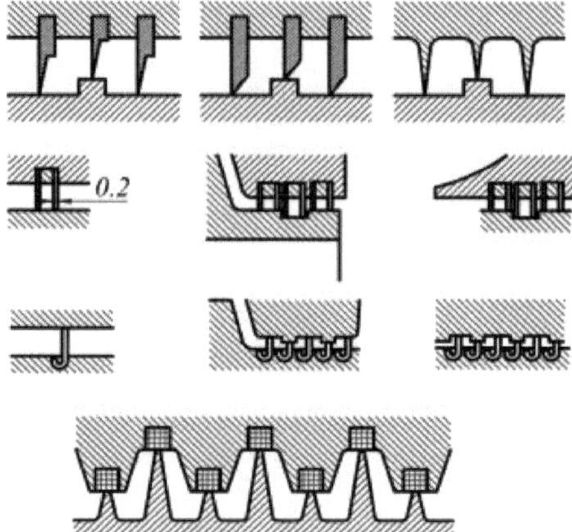

Fig. 5.3. Alguns modelos de vedantes de labirinto para gás

A desvantagem dos vedantes de labirinto de gás é a baixa rigidez à flexão das cristas. Esta desvantagem é eliminada em vedantes de labirinto especiais, chamados vedantes em favo de mel, pelo tipo de estrutura celular do elemento de vedação [3, 21] (Fig. 5.4).

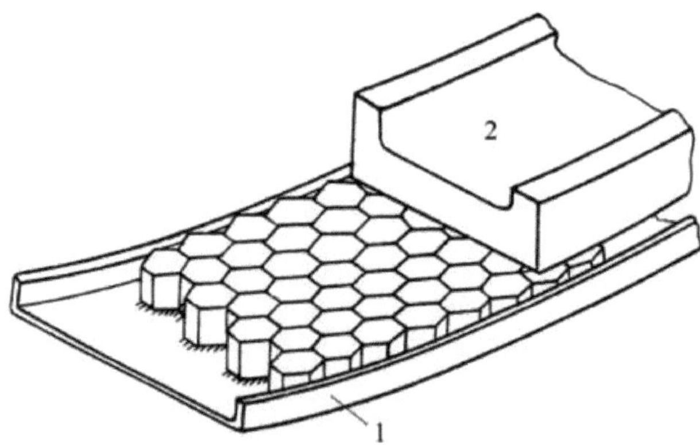

Fig. 5.4. Vedação em favo de mel

O vedante é uma manga, no interior da qual é fixado um enchimento em favo de mel por brasagem a vácuo a alta temperatura com soldas em pó. Tem a forma de células hexagonais e é feito de tiras onduladas de folha de aço resistente à corrosão, ligadas ao longo dos bordos de contacto por soldadura de contacto em máquinas automáticas. Esta estrutura em favo de mel tem uma rigidez acrescida e não se deforma sob quedas de alta pressão. A profundidade das células é de 4-6 mm, o tamanho da faceta é de 2-4 mm e a espessura da folha é de 0,05-0,15 mm. A espessura mais fina e a dissipação de calor melhorada atenuam os efeitos nocivos do desgaste, permitindo que as vedações sejam efectuadas quase sem folga radial, minimizando assim a fuga do meio vedado. A gaiola alveolar é utilizada em combinação com um veio liso ou com um veio com sulcos de labirinto. Esta última combinação é utilizada para vedar os estágios dos motores de turbina a gás. Em caso de desalinhamento, as cristas localizadas no rotor cortam facilmente as paredes do favo de mel, causando ligeiras deformações e aquecimento local. O caudal de gás permanece praticamente inalterado, ao passo que, se as cristas de um vedante de labirinto convencional forem danificadas, as fugas aumentam significativamente.

Para reduzir o risco de contactos entre os elementos rotativos e estacionários dos vedantes, as bombas utilizam vedantes de labirinto com folgas radiais aumentadas até 0,5 mm. Para limitar o crescimento excessivo de fugas, os vedantes são fabricados com cristas sobrepostas (Fig. 5.5).

As propriedades dinâmicas de tais vedantes dependem substancialmente da posição relativa das cristas. A opção C1 (Fig. 5.5) provocou vibrações auto-excitadas mesmo num veio não rotativo [3].

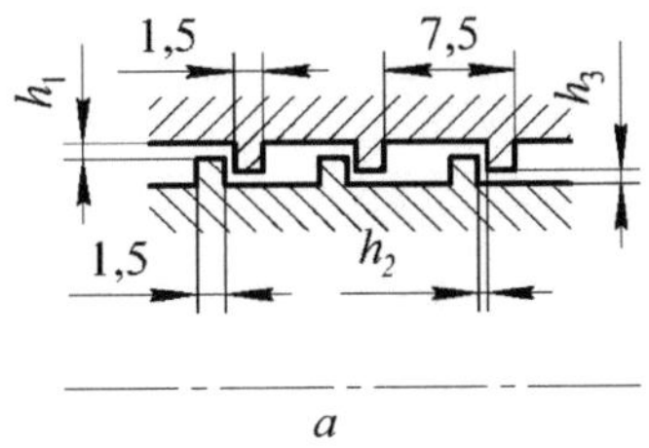

a

A: h_2 = 5,7 mm	B: h_2 = 3,0 mm	C: h_2 = 0,3 mm

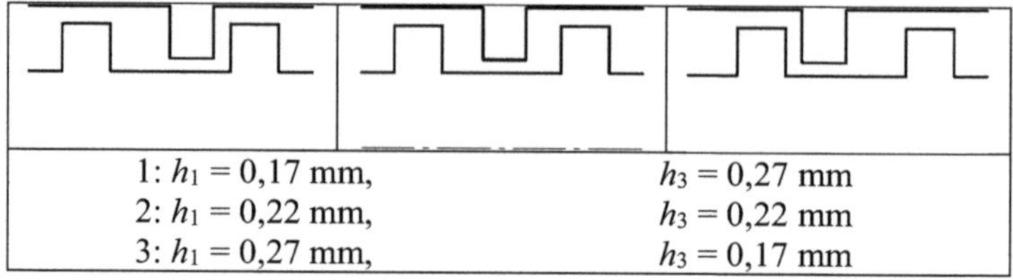

b

Fig. 5.5. Vedante de labirinto com cristas sobrepostas: *a* - esquema de conceção, *b* - versões.

Neste sentido, como alternativa, foi proposta [28] a construção de um selo alveolar (Fig. 5.6). O selo alveolar é constituído por uma manga 1, na superfície interna da qual são fresados poços em forma de foice 2. Na direção axial, as filas de poços são separadas por cristas 4, e na direção circunferencial, os poços adjacentes são separados por pontes 3. As cristas desempenham o mesmo papel que as cristas nos vedantes de labirinto convencionais, e as pontes inibem o fluxo circunferencial. O papel das pontes é especialmente importante, uma vez que, ao abrandar o fluxo circunferencial, reduzem assim a força de circulação, que é a principal razão para a perda de estabilidade dinâmica do rotor nas vedações. Além disso, os orifícios são câmaras semi-fechadas que inibem o fluxo de deslocamento e aumentam a força de amortecimento, respetivamente.

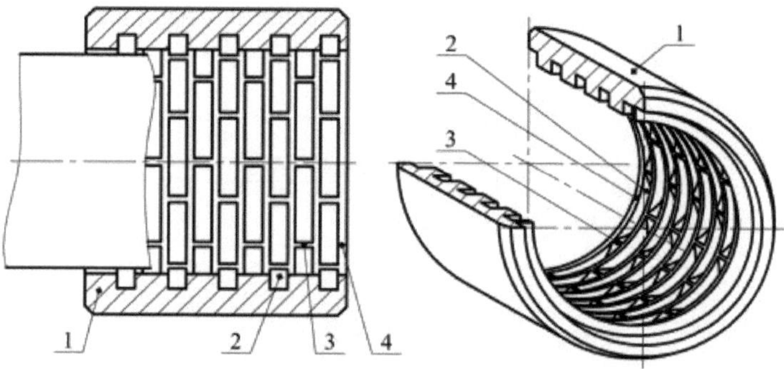

Fig. 5.6. Selo alveolar

Uma influência significativa na rigidez das juntas de labirinto é exercida pelo tipo de posição relativa das cristas. A rigidez máxima é obtida pela variante A3 (Fig. 5.5), na qual o canal se assemelha a uma forma de empreiteiro. As juntas difusoras de fluxo (opção C1) podem ter uma rigidez negativa. Ao testar esta variante com quedas de pressão superiores a 0,5 MPa, a manga do rotor não rotativo foi pressionada contra a arcada do estator, ou seja, perdeu a estabilidade estática. Um novo aumento da queda de pressão para 4 MPa levou ao aparecimento de intensas oscilações auto-excitadas, cujas amplitudes atingiram o valor da folga radial.

Em [28], são apresentadas as caraterísticas de fluxo e rigidez obtidas experimentalmente (Fig. 5.7) de três tipos de vedantes: labirinto com cristas sobrepostas, alveolar e favo de mel. Foi testada uma compactação com quatro filas de alvéolos escalonados ao longo do comprimento; havia oito alvéolos em cada fila à volta da circunferência. O raio do alvéolo é de 15 mm, a profundidade é de 5 mm e a largura é de 3,5 mm. A largura das cristas e dos ressaltos é de 1,5 e 0,5 mm, respetivamente. Os resultados dos testes abaixo confirmam a hipótese de propriedades dinâmicas mais elevadas dos selos alveolares. Todas as caraterísticas são comparadas com as caraterísticas do vedante de abertura de referência (ver Fig. 5.5, *b*). Os caudais, as amplitudes e as fases das oscilações forçadas do rotor foram medidos em quatro valores de queda de pressão (0,2; 0,5; 1,0; 2,0 MPa) a velocidades de 0 a 1000 s^{-1} com um passo de 50 s .$^{-1}$

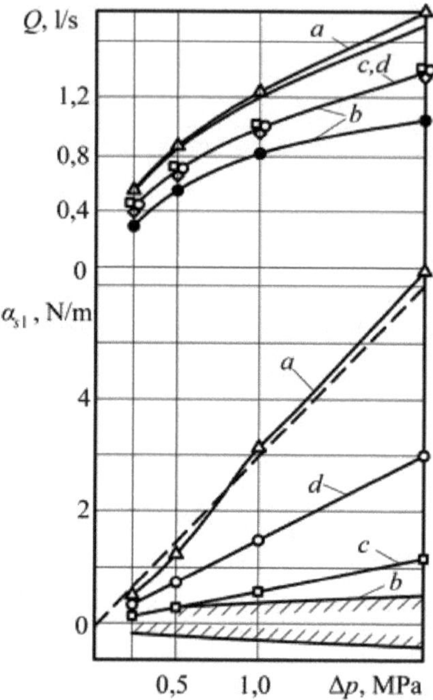

Fig. 5.7. Caraterísticas de consumo e de rigidez das juntas estudadas:

a - referência, *b* - labirinto, *c* - favo de mel, *d* - alveolar

As caraterísticas do caudal de vedantes de todos os tipos, calculadas em média ao longo da velocidade de rotação, mostram que o caudal mínimo é obtido com um vedante de labirinto com uma pequena folga axial h_2 entre as cristas. No entanto, é praticamente impossível implementar um projeto deste tipo.

As taxas de fluxo através dos selos alveolar, favo de mel e labirinto com a localização central das cristas são quase as mesmas e são aproximadamente 20% inferiores à taxa de fluxo através do selo de fenda padrão.

Os valores numéricos da rigidez hidrostática são encontrados pelo método de estimativa dos parâmetros a partir das caraterísticas de amplitude e frequência de fase (Fig. 5.8). Estas últimas foram obtidas para todos os tipos de vedantes a uma queda de pressão de 1 MPa. O tipo de caraterísticas corresponde ao modelo do sistema dinâmico "rotor - juntas" como um sistema oscilatório linear de segunda ordem.

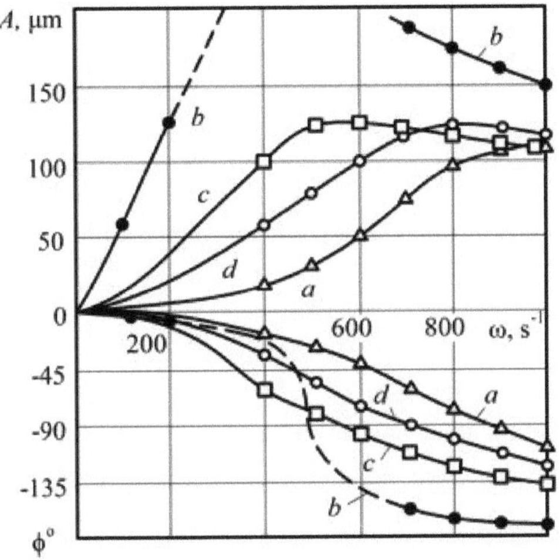

Fig. 5.8. Caraterísticas de amplitude e frequência de fase do rotor nos selos estudados (as designações das curvas correspondem à Fig. 5.7)

Os coeficientes de rigidez hidrostática radial são obtidos para juntas sem conicidade e desalinhamento, sem ter em conta as perdas à entrada e à saída. O regime de escoamento é turbulento auto-similar. Para tais condições, a fórmula para a força radial assume a forma

$$F_{py} = k_p \varepsilon = \frac{k_p}{H} e, \quad k_{p1} = k_p \Big/ H = \pi R_0 \frac{\Delta p_0 l}{2H},$$

em que k_{p1} é o coeficiente de rigidez radial de uma junta de estanquidade rotativa com paredes lisas e com um casquilho fixo. Os valores calculados para o caudal e o coeficiente de rigidez são apresentados na Fig. 5.7 com linhas tracejadas.

A coincidência dos valores experimentais e calculados para o vedante de referência é uma prova indireta da precisão satisfatória da técnica para estimar a rigidez e outros tipos de vedantes em termos das suas caraterísticas de frequência.

A partir de uma comparação dos resultados obtidos, pode-se ver que as vedações de labirinto com cristas sobrepostas têm uma rigidez radial extremamente baixa. Isto é explicado, em primeiro lugar, pelo fluxo circunferencial livre de líquido através dos canais de uma secção transversal relativamente grande entre as cristas. Como resultado, a pressão circunferencial iguala-se e a força radial diminui. A observação feita aplica-se tanto a vedantes de labirinto de fluxo direto como a vedantes de parafuso.

O tipo de disposição mútua das cristas tem um efeito significativo na rigidez das juntas de labirinto. A opção A3 (Fig. 5.5, *c*) tem a rigidez máxima, na qual o canal se assemelha à forma de um confusor. As juntas de fluxo difusoras (opção C1) podem ter uma rigidez negativa. Ao testar esta opção com quedas de pressão superiores a 0,5 MPa, o casquilho do rotor não rotativo foi pressionado contra a gaiola do estator, ou seja, perdeu estabilidade estática. Um novo aumento da queda de pressão para 4 MPa levou ao aparecimento de intensas oscilações auto-excitadas. As amplitudes na gama de 200-700 s^{-1} atingiram o valor do intervalo radial (ver Fig. 5.8).

Assim, as vedações de labirinto com ranhuras anulares são um perigo potencial para as bombas de alta pressão.

Um selo alveolar tem propriedades dinâmicas mais favoráveis, e um selo alveolar é o que mais se aproxima do padrão. Se a vibração e a redução de fugas forem igualmente importantes para uma determinada bomba, então devem ser utilizados vedantes alveolares. Em termos de resistência hidráulica, não são inferiores aos vedantes de labirinto e alveolares e, em termos de propriedades de amortecimento elástico, excedem-nos significativamente. Ao mesmo tempo, são menos propensos a arranhões e gripagem do que os convencionais com ranhuras e labirintos com ranhuras anulares. Deve ter-se em conta que o coeficiente de rigidez hidrostática dos vedantes alveolares é aproximadamente duas vezes inferior ao dos vedantes de fendas normais.

5.3. Vedantes-suportes e bombas sem eixo

5.3.1 Bombas sem veio com vedantes - rolamentos

Os vedantes de folga do rotor têm folgas da mesma ordem que as das chumaceiras de moente [62, 127]. Por conseguinte, a junta é uma chumaceira de círculo completo, cuja capacidade de carga é assegurada não só pela rotação do veio excentricamente localizado, mas também, em primeiro lugar, por uma significativa queda de pressão axial estrangulada na junta. Este segundo componente hidrostático da capacidade de carga é de extrema importância, uma vez que normalmente excede a rigidez à flexão do veio e a rigidez das chumaceiras radiais. Os vedantes de folga dos sistemas de descarga automática desempenham simultaneamente as funções de chumaceiras hidrostáticas de impulso (axiais).

Como resultado, as vedações de folga, para além do seu objetivo principal - limitar os fluxos entre cavidades com diferentes pressões, podem ser utilizadas como suportes do rotor. Implicitamente, estas funções de vedação sempre foram implementadas em bombas centrífugas. Recentemente, surgiram projectos em que as funções dos suportes já são deliberadamente transferidas para as vedações de folga.

Um exemplo da utilização de juntas de estanquidade rotativas como suportes são as chamadas bombas sem veio [36]. A Fig. 5.9 mostra um modelo de uma bomba centrífuga de um só estágio, cujo impulsor 2 está ligado a um veio de acionamento flexível 9 através de uma ligação estriada esférica 10.

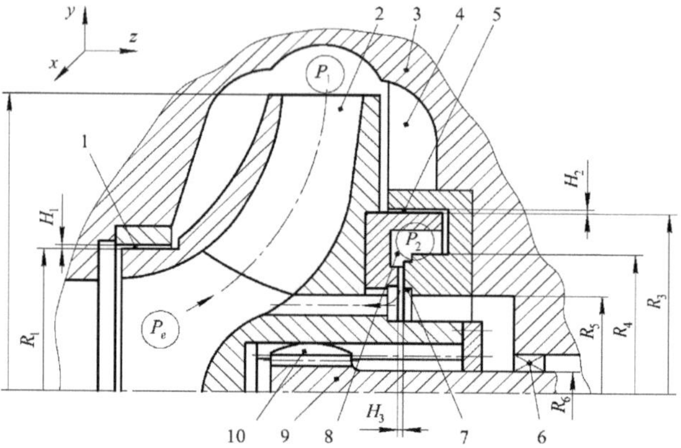

Fig. 5.9. Modelo de bomba sem eixo

O diâmetro do veio é selecionado apenas a partir da condição de resistência sob a ação do binário que lhe é transmitido pelo motor. A frente 1 e o elemento 5 das juntas de estanquidade rotativas traseiras funcionam como chumaceiras hidrostáticas radiais e o sistema de auto-descarga, sob a forma de um estrangulador anular 6 e de uma extremidade 8, juntamente com a câmara 7, funciona como uma chumaceira hidrostática de impulso auto-ajustável.

As lâminas radiais 9 na carcaça 1 abrandam o fluxo circunferencial no seio traseiro 10, ao mesmo tempo que aumentam a pressão estática, que é estrangulada no vedante traseiro, aumentando a capacidade de carga do suporte radial 6. Uma vez que o veio é flexível, a roda tem liberdade de movimentos radiais, angulares e axiais. Por isso, no processo de funcionamento, sob a ação de forças e momentos hidrodinâmicos nas juntas de estanquidade, bem como do momento giroscópico, a roda auto-centra-se e toma a posição neutra mais favorável em relação a perturbações externas. Como resultado, as amplitudes das suas oscilações forçadas são significativamente reduzidas. No vedante final do lado do acionamento, a baixa pressão de entrada é estrangulada e, devido ao pequeno diâmetro da barra de torção, o vedante funciona a baixas velocidades periféricas. Estas condições de trabalho facilitadas proporcionam um aumento dos recursos.

Os estudos experimentais e a experiência de funcionamento destas bombas [24, 43] confirmaram as suas vantagens em relação às concepções tradicionais, que são as seguintes

- indicadores de peso e tamanho reduzidos devido à eliminação de suportes de rolamentos remotos;
- melhoria das caraterísticas vibroacústicas da unidade;
- maior fiabilidade e vida útil;
- manutenção, instalação e colocação em funcionamento simplificadas.

Na Fig. 5.10, são comparados os dois modelos mais comuns de bombas tradicionais de estágio único com as respectivas versões sem veio.

Mesmo com base numa comparação tão grosseira, é possível verificar a redução significativa dos indicadores de peso e dimensão das bombas consideradas.

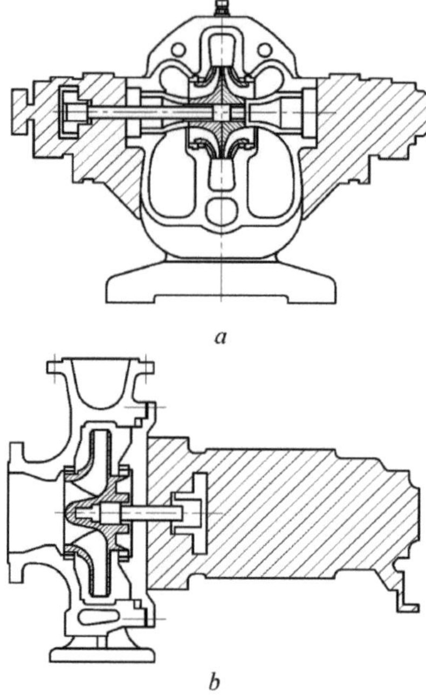

Fig. 5.10. Comparação das dimensões das bombas sem veio com as suas congéneres tradicionais: *a* - uma bomba com um impulsor de dupla face, *b* - uma bomba em cantilever

As vantagens das bombas sem eixo devem-se à ausência de contactos entre o impulsor rotativo e a caixa fixa. Por sua vez, o modo de funcionamento sem contacto é determinado pelas caraterísticas hidrodinâmicas do sistema de descarga automática das forças axiais e das juntas de estanquidade.

5.3.2 Dinâmica de bombas sem eixo

Os vedantes de rotor sem contacto têm folgas da mesma ordem que as das chumaceiras de moente. Por conseguinte, a junta é uma chumaceira de círculo completo, cuja capacidade de carga é assegurada não só pela rotação do veio excêntrico, mas também, em primeiro lugar, por uma queda de pressão axial significativa estrangulada na junta.

Um exemplo da utilização de vedantes sem contacto como suportes são as chamadas bombas sem veio, em cuja conceção as funções dos suportes são já deliberadamente transferidas para os vedantes. O modo de funcionamento sem contacto do impulsor de uma bomba deste tipo é determinado pelas caraterísticas hidrodinâmicas do sistema de descarga automática das forças axiais e das juntas de estanquidade rotativas.

O impulsor de uma bomba sem veio com um conjunto de vedação de suporte (ver Fig. 5.9) é um sistema de controlo automático de uma folga final variável, que cria um feedback negativo [24]. Por conseguinte, para o seu estudo, é possível utilizar conjuntamente os modelos acima referidos de vedantes com ranhuras e de dispositivo de equilibragem automática.

Uma vez que o modo de funcionamento sem contacto de uma bomba sem veio é determinado pelas caraterísticas hidrodinâmicas do sistema de descarga automática das forças axiais e das juntas de estanquidade rotativas, é necessário considerar a dinâmica do seu impulsor, que flutua livremente nas juntas de estanquidade rotativas.

O impulsor ou rotor de uma bomba sem veio tem três graus de liberdade e efectua vibrações radiais, angulares e axiais conjuntas. A relação entre as vibrações radiais e angulares deve-se aos momentos hidrodinâmicos que ocorrem nas juntas ranhuradas. As oscilações radiais e axiais estão ligadas pela dependência das condutividades dos estrangulamentos anulares em relação à excentricidade, ou seja, a partir do deslocamento radial do eixo do rotor em relação ao eixo da caixa [36]. Estas relações são relativamente fracas: os momentos hidrodinâmicos são uma ordem de grandeza menor do que as forças hidrodinâmicas [47, 57], e o efeito da excentricidade na condutividade é pequeno comparado com a unidade (excentricidade relativa $\varepsilon = r/H < 1$, H é a folga radial média, r é o deslocamento radial do eixo da roda). Os desalinhamentos do eixo (vibrações angulares) têm ainda menos efeito na condutividade e, consequentemente, nas vibrações axiais.

A fragilidade das ligações entre as coordenadas generalizadas permite, em primeira aproximação, considerar oscilações axiais sob a ação de excitação cinemática sob a forma de oscilações radiais dadas [27, 47] e também estudar oscilações angulares independentes do impulsor [121].

Considera-se a dinâmica de um impulsor de bomba centrífuga em cantilever que flutua livremente em juntas de vedação.

Consideremos as vibrações angulares do impulsor em relação ao centro de massa, não relacionadas com as suas deslocações radiais e axiais. Uma análise de um modelo hipotético deste tipo dá uma imagem bastante completa das principais caraterísticas das oscilações angulares como parte de um sistema dinâmico geral que efectua oscilações radiais, axiais e angulares acopladas.

As equações das oscilações angulares de um rotor de disco único simétrico em dois selos ranhurados idênticos foram obtidas em [43]. Aqui, ao utilizar estas equações, introduzimos algumas simplificações:

- o impulsor sem vedantes não tem rigidez angular;

- as oscilações angulares ocorrem em torno do centro de massa;

- a soma dos momentos em torno do centro de massa das forças hidrodinâmicas radiais que surgem nas juntas ranhuradas é igual a zero;

- a condutividade do estrangulador final é quase independente de pequenas distorções, pelo que a pressão na câmara pode ser considerada constante;

- o rotor flutua livremente nas juntas ranhuradas e, no estado de equilíbrio, a soma de todos os momentos que actuam sobre ele é igual a zero: a roda realiza oscilações angulares livres.

Tendo em conta as observações feitas, as equações iniciais têm a forma [121]

$$b_1\ddot{\theta}_x + b_2\dot{\theta}_x + b_3\theta_x + b_4\dot{\theta}_y + b_5\theta_y = 0,$$
$$b_1\ddot{\theta}_y + b_2\dot{\theta}_y + b_3\theta_y - b_4\dot{\theta}_x - b_5\theta_x = 0. \quad (5.3)$$

Estas equações têm em conta tanto o momento giroscópico do impulsor como os momentos hidrodinâmicos que ocorrem nas juntas de garganta com um cone. Estes momentos são caracterizados pelos coeficientes : b_{1-5}

$$b_1 = 1 + k_{g1}j_1 + k_{g2}j_2, b_2 = b_{20} + b_{21}, b_{20} = \frac{c_{90}}{I}, b_{21} = k_{d1}j_1 + k_{d2}j_2,$$

$$b_3 = -\left[k_{p1}\left(\theta_{01} + N\chi_{m1}\right)j_1 b_{*1} + k_{p2}\left(\theta_{02} + N\chi_{m2}\right)j_2 b_{*2}\right],$$

$$b_{*1,2} = \frac{10\chi_{m1,2}}{\left(\theta_{01,2} + \chi_{m1,2}\right)},$$

(5.4)

$$b_4 = b_{40} + b_{41}, b_{40} = j_0\omega, b_{41} = 0,5\left(k_{g1}j_1 + k_{g2}j_2\right)\kappa\omega,$$

$$b_5 = 0,5\left(k_{d1}j_1 + k_{d2}j_2\right)\kappa\omega$$

Os coeficientes indicados têm o seguinte significado físico: b_1 - coeficiente dos momentos de inércia; b_{20}, b_{21} - coeficientes de amortecimento externo e de amortecimento nas juntas ranhuradas; b_3 - coeficiente dos momentos hidrostáticos devidos às quedas de pressão estranguladas nas juntas; b_{40} - coeficiente do momento giroscópico da roda; b_{41} - coeficiente dos momentos giroscópicos nas folgas anulares; b_5 é o coeficiente dos momentos de circulação.

Os coeficientes adicionais para a região auto-similar do escoamento turbulento são expressos pelas fórmulas [43]:

$$k_g = \rho\frac{\pi R l^3}{12Hm}, \; k_d = \mu\frac{\pi R l^3 \Lambda_0}{12H^3 m}, \; k_p = \Delta p\frac{\pi R l}{2Hm}, \; \Lambda_0 = 0,005\,\mathrm{Re},$$

$$\mathrm{Re} = \frac{2\rho q}{\mu}, \; q = 10\left(\frac{\Delta p H^3}{\rho l}\right)^{0,5}, \; N = 1, \; \chi_m = \frac{\varsigma_{11} + \varsigma_{12}}{\varsigma_{11} - \varsigma_{12} + \lambda l/2H}$$

,(5.5)

$$\varsigma_{11} = 1{,}0 \ldots 1{,}15; \varsigma_{12} = 0{,}05 \ldots 0{,}3,$$

m, I_0, I - massa, momentos de inércia polar e equatorial, R, l, H - raio, comprimento e folga radial da junta de estanquidade rotativa correspondente, $\theta_0 = \vartheta_0 l/2H$, ϑ_0 - ângulo de conicidade da fenda anular, $\theta_{x,y} = \vartheta_{x,y} l/2H$, $\vartheta_{x,y}$ - ângulos de rotação em torno dos eixos Ox, Oy, $c_{\vartheta 0}$ - coeficiente de amortecimento angular externo, $\kappa = 0{,}3$ - coeficiente de torção do fluxo em juntas de estanquidade rotativas, $j_0 = I_0 / I, j = ml^2 / 60I$. Os índices "1, 2" nas fórmulas (5.4) referem-se às juntas da garganta dianteira e traseira, respetivamente.

A solução geral das equações (5.3) tem a forma

$$\theta_x = B_x e^{\lambda t}, \; \theta_y = B_y e^{\lambda t}.$$

Substituindo a solução nas equações originais, obtém-se o sistema algébrico

$$\left(b_1\lambda^2 + b_2\lambda + b_3\right)B_x + \left(b_4\lambda + b_5\right) = 0,$$

$$\left(b_1\lambda^2 + b_2\lambda + b_3\right)B_y - \left(b_4\lambda + b_5\right)B_x = 0.$$

Utilizando a condição de existência de soluções não nulas deste sistema, ou seja, igualando o seu determinante a zero, obtemos a equação caraterística

$$\left(b_1\lambda^2 + b_2\lambda + b_3\right)^2 = -\left(b_4\lambda + b_5\right)^2 \qquad (5.6)$$

Abrindo os parênteses e agrupando os termos por potências, chegamos à equação caraterística do quarto grau com coeficientes reais

$$P(\lambda) = A_0\lambda^4 + A_1\lambda^3 + A_2\lambda + A_4 = 0 \qquad ,(5.7)$$

em que $.A_0 = b_1^2$, $A_1 = 2b_1b_2$, $A_2 = b_2^2 + 2b_1b_3 + b_4^2$, $A_3 = 2(b_2b_3 + b_4b_5)$, $A_4 = b_3^2 + b_5^2$

Extraindo a raiz quadrada de ambas as partes da equação caraterística (5.6), chegamos a uma equação com coeficientes complexos

$$b_1\lambda^2 + (b_2 \mp ib_4)\lambda + b_3 \mp ib_5 = 0 \quad (5.8)$$

Os valores aproximados das raízes desta equação foram obtidos em [43] sob a forma de dois pares de números complexos conjugados $\lambda_{1,3} = -n_1 \pm is_1, \lambda_{1,3} = -n_2 \pm is_2$, em que as partes reais são os índices de atenuação das vibrações livres e as partes imaginárias são as frequências naturais do impulsor nas juntas de estanquidade.

$$n_{1,2} = \frac{b_2}{2b_1} \pm \frac{b_2b_4 - 2b_1b_5}{2b_1\sqrt{4b_1b_3 - (b_2^2 - b_4^2)}} \quad ,(5.9)$$

$$s_{1,3} = \pm\left[-\frac{b_4}{2b_1} + \frac{1}{2b_1}\sqrt{4b_1b_3 - (b_2^2 - b_4^2)}\right] \quad ,(5.10)$$

$$s_{2,4} = \pm\left[\frac{b_4}{2b_1} + \frac{1}{2b_1}\sqrt{4b_1b_3 - (b_2^2 - b_4^2)}\right] = s_{1,3} + 2\frac{b_4}{2b_1}.$$

Nas bombas com rotação unidirecional, as frequências negativas não têm qualquer significado prático, pelo que apenas as frequências positivas s_1, s_2 são armazenadas no futuro.

Das expressões obtidas conclui-se que o momento de circulação (coeficiente b_5) reduz o amortecimento total e não afecta a frequência natural. O momento giroscópico (coeficiente b_4) aumenta, e o amortecimento (b_2) reduz um pouco a frequência natural.

Os coeficientes b_4, b_5 dos momentos giroscópicos e de circulação dependem explicitamente da frequência de rotação (5.4). De forma implícita, esta dependência manifesta-se através dos coeficientes

k_d, k_p dos momentos de amortecimento e hidrostático$\left(b_{21,}, b_3\right)$. Isto deve-se ao facto de a pressão p_1 criada pela roda centrífuga ser proporcional ao quadrado da velocidade de rotação: $p_1 = \mathrm{B}\omega^2$, onde $\mathrm{B} = p_{1n}/\omega_n^2$. Tendo em conta esta dependência, exprimimos os coeficientes k_d, k_p e b_{2-5} (5.4) em termos dos seus valores nominais:

$$k_d = k_d'\omega,\ k_p = k_p'\omega^2,\ k_d' = k_{dn}/\omega_n,\ k_p' = k_{pn}/\omega_n^2,$$

$$b_{21} = b_{21}'\omega,\ b_3 = b_3'\omega^2,\ b_4 = b_{41}'\omega,\ b_5 = b_5'\omega^2, \qquad (5.11)$$

$$b_{21}' = \frac{b_{21n}}{\omega_n},\ b_3' = \frac{b_{3n}}{\omega_n^2},\ b_{41}' = \frac{b_{41n}}{\omega_n},\ b_5' = \frac{b_{5n}}{\omega_n^2}.$$

Os coeficientes com o índice "n" são calculados utilizando as fórmulas (5.4) e (5.5) a quedas de pressão nominais Δp_n através dos respectivos vedantes e à velocidade nominal . ω_n

Substituindo (5.11) nas fórmulas (5.9) e (5.10), obtém-se

$$n_{1,2} = \frac{b_{20} + b_{21}'\omega}{2b_1} \pm \frac{\left(b_{20} + b_{21}'\omega\right)b_4'\omega - 2b_1 b_5'\omega^2}{2b_1\sqrt{\left[4b_1b_3' - \left(b_{21}'^2 - b_4'^2\right)\right]\omega^2 - 2b_{20}b_{21}'\omega - b_{20}^2}}$$

(5.12)

$$s_{1,2} = \mp\frac{b_4'\omega}{2b_1} + \frac{1}{2b_1}\sqrt{\left[4b_1b_3' - \left(b_{21}'^2 - b_4'^2\right)\right]\omega^2 - 2b_{20}b_{21}'\omega - b_{20}^2} \quad (5.13)$$

Note-se que, se negligenciarmos o amortecimento externo $\left(b_{20} \approx 0\right)$, então $s_{1,2} = k_{01,2}\omega$, em que

$$k_{01,2} = \mp\frac{b_4'}{2b_1} + \frac{1}{2b_1}\sqrt{\left[4b_1b_3' - \left(b_{21}'^2 - b_4'^2\right)\right]}$$

(5.14)

- As frequências próprias são linearmente dependentes da frequência de rotação. Neste caso especial, em $k_{0i} = 1$, uma das frequências naturais coincide com a frequência de rotação, ou seja, existe ressonância a todas as velocidades. Em $,k_{02} < 1\, s_{1,2} < \omega$ (o rotor é "flexível"), em $k_{01} > 1, s_{1,2} > \omega$ - o rotor é "rígido". Deixando a expressão (5.14) ser maior que um, após algumas transformações, obtém-se

$$b_3' > b_1 + b_4' + b_{21}'^2 / 4b_1 \qquad (5.15)$$

Se os parâmetros da bomba satisfizerem esta condição, então, numa primeira aproximação, em $b_{20} \neq 0$, as frequências naturais do rotor crescem mais rapidamente do que a velocidade de rotação. Verifica-se um auto-aperto do rotor.

No caso geral$\left(b_{20} \neq 0\right)$, as velocidades críticas, i.e., coincidentes com uma das frequências naturais, podem ser encontradas introduzindo a substituição $s_{1,2} = \omega_{1,2} = \omega_{*1,2}$ na fórmula (5.13). Após algumas transformações, chega-se à equação quadrática

$$\left[4b_1\left(b_1 \pm b_4' - b_3'\right) + b_{21}'^2\right]\omega_*^2 + 2b_{20}b_{21}'\omega_* + b_{20}^2 = 0$$

(5.16)

de onde se conclui

$$\omega_{*1,2} = \frac{-2b_{20}b_{21}' \pm \sqrt{\left(2b_{20}b_{21}'\right)^2 - 4b_{20}^2\left[4b_1\left(b_1 \pm b_4' - b_3'\right) + b_{21}'^2\right]}}{2\left[4b_1\left(b_1 \pm b_4' - b_3'\right) + b_{21}'^2\right]}.$$

(5.17)

As frequências críticas são números reais positivos, pelo que existem sob a condição (regra do sinal de Descartes)

$$4b_1\left(b_1 \pm b_4' - b_3'\right) + b_{21}'^2 \leq 0, \qquad (5.18)$$

que é a desigualdade (5.15) de sentido oposto. Antes do radical na fórmula (5.17), é necessário preservar apenas o sinal em que $\omega_* > 0$, uma vez que as frequências negativas não são consideradas aqui.

Se a condição (5.18) não for satisfeita, não existem frequências críticas: as frequências naturais positivas das oscilações angulares são sempre superiores à frequência de rotação.

Passemos à análise das vibrações axiais do impulsor.

A partir da condição de equilíbrio do impulsor, a força que abre a fenda final, ou seja, que actua na direção do eixo *0z*, tem a forma

$$F_z = A_2 p_2 + T_* - A_1 p_1 - A_e p_e,$$

e em variáveis adimensionais:

$$\frac{F_z}{A_A p_n} = \bar{A}_2 \psi_2 - \bar{A}_1 \psi_1 - \bar{A}_e \psi_e + (K_1 - K_2)\Omega^2$$

A equação das oscilações axiais do impulsor com um sistema de equilíbrio

$$m\ddot{z} + c\dot{z} = F_z = A_2 p_2 + T_* - A_1 p_1 - A_e p_e$$

ou

$$T_1^2 \ddot{u} + 2\varsigma T_1 \dot{u} = \psi_2 - \frac{A_A}{A_2}\left[\bar{A}_1 \psi_1 + \bar{A}_e \psi_e - (K_1 - K_2)\Omega^2\right]$$

(5.19)

$$T_1^2 = \frac{m z_n}{A_A p_n},\ 2\varsigma T_1 = \frac{c z_n}{A_A p_n},$$

em que m é a massa da roda, c é o coeficiente de amortecimento externo, $u = z/z_n$ é a folga final sem dimensão, e z_n é o seu valor de base.

A equação (5.19) inclui uma pressão desconhecida na câmara 8, que depende do tamanho da folga final e é determinada a partir da equação para o equilíbrio dos caudais através dos elementos do percurso hidráulico do sistema de equilibragem. Na dinâmica com vibrações axiais da roda, esta equação, se negligenciarmos as resistências de inércia, inclui os custos de deslocação e compressão do líquido na câmara.

Para regimes de fluxo turbulento em estado estacionário

$$Q_2 = g_2\sqrt{p_1 - p_{B*} - p_2}\,,\ .Q_3 = g_3\sqrt{p_2 - p_e}$$

(5.20)

A condutividade de um anular, com uma excentricidade relativa ε, e de um acelerador de extremidade, sem ter em conta as resistências locais, é expressa pelas fórmulas [57]:

$$g_2 = g_{2n}\left(1 + 0{,}19\varepsilon^2\right),\ g_{2n} = \frac{4\pi R_3 H_2^{1,5}}{\sqrt{\lambda_2 \rho l_2}};\ g_3 = g_{3n}u^{1,5},\ g_{3n} = \frac{4\pi R_4 H_3^{1,5}}{\sqrt{\lambda_3 \rho l_3}}$$

. (5.21)

em que $\lambda_2 \approx 0{,}04,\ \lambda_3 \approx 0{,}06$ são coeficientes de arrasto de atrito para regimes de escoamento turbulento auto-similares em canais cilíndricos e terminais.

Como resultado, tendo em conta (5.20) e (5.21), obtemos

$$g_{2n}\left(1 + 0{,}19\varepsilon^2\right)\sqrt{p_1 - p_{B*} - p_2} = g_{3n}u^{1,5}\sqrt{p_2 - p_e} + A_2\dot{z} + \frac{V}{E}\dot{p}_2.$$

A equação diferencial resultante de primeira ordem em relação à incógnita p_2 é não linear. Linearizamo-lo na vizinhança da posição de equilíbrio, passando para a equação em variações:

$$\frac{V}{EQ_0}\delta\dot{p}_2 + \frac{1}{2}\left(\frac{1}{\Delta p_{20}} + \frac{1}{\Delta p_{c0}}\right)\delta p_2 = -\frac{A_2 z_n}{Q_0}\delta\dot{u} - \frac{3}{2u_0}\delta u +$$
$$+\frac{1}{2\Delta p_{20}}\left(\delta p_1 - \delta p_{B*}\right) + \frac{1}{2\Delta p_{c0}}\delta p_e + \varepsilon_c \delta\varepsilon;$$

$$\Delta p_{20} = \left(p_1 - p_{B*} - p_2\right)_0,\ \Delta p_{c0} = \left(p_2 - p_e\right)_0,\ \Delta p_{s0} = \left(p_1 - p_{B*} - p_e\right)_0$$

Passemos às pressões adimensionais e introduzamos a notação para as constantes de tempo e os coeficientes de transferência. Como resultado, obtemos:

$$T_2\dot{\psi}_2 + \psi_2 = -\kappa_s\left(\tau_2\dot{u} + u\right) + k_1\psi_1 + k_2\psi_e + k_3\varepsilon - k_4\Omega,$$

(5.22)

onde

$$T_2 = \frac{2Vp_n}{EQ_0}\frac{\Delta\psi_{20}\Delta\psi_{c0}}{\Delta\psi_{s0}},\ \tau_2 = \frac{2A_2 z_0}{3Q_0},\ \kappa_s = \frac{3\Delta\psi_{20}\Delta\psi_{c0}}{u_0\Delta\psi_{s0}}$$

,(5.23)

$$k_1 = \frac{\Delta\psi_{c0}}{\Delta\psi_{s0}},\ k_2 = \frac{\Delta\psi_{20}}{\Delta\psi_{s0}},\ k_3 = 2\varepsilon_c\frac{\Delta\psi_{20}\Delta\psi_{c0}}{\Delta\psi_{s0}},\ k_4 = 2\frac{A_A\Delta\psi_{c0}}{A_B\Delta\psi_{s0}}K_2\Omega_0.$$

Escrevemos a equação (5.22) na forma de operador $\left(p \equiv d/dt\right)$

$$\left(T_2 p+1\right)\psi_2 = -\kappa_s\left(\tau_2 p+1\right)u + k_1\psi_1 + k_2\psi_e + k_3\varepsilon - k_4\Omega$$

e exprimir a partir daí o efeito regulador:

$$\psi_2 = -\kappa_s\frac{M_2(p)}{D_2(p)}u + \frac{1}{D_2(p)}\left(k_1\psi_1 + k_2\psi_e + k_3\varepsilon - k_4\Omega\right)$$

,(5.24)

onde

$$D_2(p) = T_2 p + 1,\ M_2(p) = \tau_2 p + 1$$

o operador do próprio controlador e o operador de impacto do erro, respetivamente.

O rácio entre a resposta do regulador e a ação representa a função de transferência do regulador. Se a ação for uma função harmónica, então o operador de diferenciação temporal é substituído pelo operador imaginário $i\omega$

$$\frac{\psi_2}{u} = -\kappa_s\frac{\tau_2 i\omega + 1}{T_2 i\omega + 1} = -\kappa_s\left[U_2(\omega) + i\omega V_2(\omega)\right] = W_2(i\omega),$$

$$U_2(\omega) = \frac{1 + T_2\tau_2\omega^2}{1 + T_2^2\omega^2},\ V_2(\omega) = \frac{\tau_2 - T_2}{1 + T_2^2\omega^2},$$

e a função de transferência passa a ser a função de transferência de frequência ou a rigidez dinâmica do controlador. Em estado estacionário $\omega = 0$ e $W_2(0) = -\kappa_s$, ou seja, a rigidez dinâmica degenera na rigidez hidrostática do sistema.

A parte real U_2 caracteriza a rigidez efectiva do controlador e a parte imaginária V_2 caracteriza a sua contribuição para o amortecimento. Na ausência de amortecimento externo $c=0$, as oscilações axiais são amortecidas se $V_2 > 0$ ou

$$\tau_2 > T_2. \qquad (5.25)$$

Esta condição, com uma certa margem para o efeito estabilizador do amortecimento externo, pode ser considerada uma condição para a estabilidade axial do rotor.

Substituindo a expressão da ação de controlo (5.24) na equação das oscilações axiais (5.19), obtém-se a equação do movimento do sistema impulsor-dispositivo de equilibragem. Após algumas transformações, obtém-se

$$\left[\left(T_1^2 p^2 + 2\varsigma T_1 p\right)\left(T_2 p + 1\right) + \kappa_s \bar{A}_2\left(\tau_2 p + 1\right)\right]u = \left[\bar{A}_2 k_1 - \bar{A}_1\left(T_2 p + 1\right)\right]\psi_1 +$$
$$+\left[\bar{A}_2 k_2 - \bar{A}_e\left(T_2 p + 1\right)\right]\psi_e + \bar{A}_2 k_3 \varepsilon - \left[\bar{A}_2 k_4 - 2\left(K_1 - K_2\right)\Omega_0\left(T_2 p + 1\right)\right]\Omega,$$

e agrupando os termos de acordo com as potências do operador de diferenciação em relação ao tempo, chegamos à forma final da equação do sistema:

$$\left(a_0 p^3 + a_1 p^2 + a_2 p + a_3\right)u =$$

$$= -\bar{A}_1 N_1(p)\psi_1 - \bar{A}_e N_e(p)\psi_e + \bar{A}_2 k_3 \varepsilon + 2\left(K_1 - K_2\right)\Omega_0 N_\omega(p)\Omega.$$

(5.26)

Nesta equação, o operador próprio e os operadores de ação são expressos pelas igualdades:

$$D_0(p) = a_0 p^3 + a_1 p^2 + a_2 p + a_3,\ N_1(p) = T_2 p + 1 - k_1 A_2 / A_1$$

,(5.27)

$$N_e(p) = T_2 p + 1 - k_2 A_2 / A_e,\ N_\omega(p) = T_2 p + 1 - k_4 \bar{A}_2 / \left[2\left(K_1 - K_2\right)\Omega_0\right].$$

$$a_0 = T_1^2 T_2,\ a_1 = T_1^2 + 2\varsigma T_1 T_2,\ a_2 = 2\varsigma T_1 + \kappa_s \bar{A}_2 \tau_2,\ a_3 = \kappa_s \bar{A}_2.$$

(5.28)

Os estudos efectuados mostraram que as vibrações angulares do rotor que flutua livremente em juntas com ranhuras podem ser consideradas vibrações independentes. Os momentos hidrodinâmicos nas juntas ranhuradas e, sobretudo, o momento giroscópico do impulsor asseguram o auto-aperto do rotor relativamente às suas oscilações angulares. Por conseguinte, regra geral, não existem velocidades críticas de oscilações angulares.

O principal fator de desestabilização é o momento hidrodinâmico da circulação, que é proporcional à velocidade circunferencial do fluido em média sobre a espessura da fenda.

5.3.3 Cálculo das caraterísticas de amplitude-fase da bomba sem veio e da estabilidade dinâmica

As amplitudes e fases das reacções harmónicas, ou seja, a relação entre as respostas aos efeitos harmónicos individuais, são determinadas pelas funções de transferência de frequência $W(i\omega)$, que podem ser obtidas introduzindo uma substituição $p = i\omega$ na equação das vibrações axiais (5.27)

$$W_1(i\omega) = \frac{u_1}{\bar{A}_1\psi_1} = \frac{u_{1a}}{\bar{A}_1\psi_{1a}} e^{i\phi_1} = \frac{N_1(i\omega)}{D_0(i\omega)},$$

$$W_e(i\omega) = \frac{u_{ea}}{\bar{A}_e\psi_{ea}} e^{i\phi_e} = \frac{N_e(i\omega)}{D_0(i\omega)}, \quad W_\varepsilon(i\omega) = \frac{u_{\varepsilon a}}{\bar{A}_2\varepsilon_a} e^{i\phi_\varepsilon} = \frac{k_3}{D_0(i\omega)}.$$

(5.29)

Vamos separar as partes reais e imaginárias do operador próprio e dos operadores de ação (5.28):

$$D_0 = U_0 + i\omega V_0, ;U_0(\omega) = a_3 - \omega^2 a_1, \ V_0(\omega) = a_2 - \omega^2 a_0$$

$$N_1 = U_1 + i\omega V_1, ;U_1 = 1 - k_1 A_2 / A_1, \ V_1 = T_2$$

$$N_e = U_e + i\omega V_e, ;.U_e = 1 - k_2 A_2 / A_e, \ V_e = T_2$$

$$N_\varepsilon = U_\varepsilon = k_3, V_\varepsilon = 0$$

Substituindo estas expressões nas fórmulas (5.29), obtemos funções de transferência de frequência sob a forma de números complexos

$$W_1(i\omega)=\frac{U_1+i\omega V_1}{U_0+i\omega V_0}=\frac{u_{1a}}{\bar{A}\psi_{1a}}e^{i\phi_1}=B_1(\omega)e^{i\phi_1(\omega)},$$

onde

$$B_1(\omega)=u_{1a}/\bar{A}_1\psi_{1a}=\left|W_1(i\omega)\right|,\ \phi_1(\omega)=\arg W_1(i\omega)$$

são as caraterísticas de amplitude e frequência de fase de acordo com o impacto ψ_1 . Separar as partes real e imaginária na expressão : W_1

$$W_1=\frac{U_1+i\omega V_1}{U_0+i\omega V_0}=\frac{U_0U_1+\omega^2V_0V_1}{U_0^2+\omega^2V_0^2}+i\omega\frac{\left(U_0V_1-U_1V_0\right)}{U_0^2+\omega^2V_0^2}.$$

Agora a amplitude e a fase W_1 tomam a forma

$$B_1(\omega)=\frac{u_{1a}}{\bar{A}_1\psi_{1a}}=\sqrt{\frac{U_1^2+\omega^2V_1^2}{U_0^2+\omega^2V_0^2}},\quad \phi_1(\omega)=\operatorname{arctg}\omega\frac{U_0V_1-U_1V_0}{U_0U_1+\omega^2V_0V_1}.$$

(5.30)

Vamos determinar as caraterísticas de frequência através das influências : ψ_e, ε

$$B_e(\omega)=\frac{u_{ea}}{\bar{A}_e\psi_{ea}}=\sqrt{\frac{U_e^2+\omega^2V_e^2}{U_0^2+\omega^2V_0^2}},\quad \phi_e(\omega)=\operatorname{arctg}\omega\frac{U_0V_e-U_eV_0}{U_0U_e+\omega^2V_0V_e};$$

(5.31)

$$B_\varepsilon(\omega)=\frac{u_{\varepsilon a}}{\bar{A}_2\varepsilon_a}=\frac{k_3}{\sqrt{U_0^2+\omega^2V_0^2}},\quad \phi_\varepsilon(\omega)=-\operatorname{arctg}\omega\frac{V_0}{U_0}.$$

(5.32)

De acordo com as caraterísticas da frequência, é possível determinar as velocidades críticas do rotor: correspondem às frequências em que as amplitudes atingem um máximo e as fases mudam 180°.

Numa primeira aproximação, o rotor de uma bomba sem veio executa oscilações axiais independentes sob a ação de excitação cinemática sob a forma de oscilações radiais devido ao desequilíbrio estático do impulsor. Neste caso, o estrangulador final variável cria um feedback negativo, devido ao qual o impulsor com a unidade de vedação de suporte se torna um sistema de controlo automático da folga final. De acordo com a rigidez dinâmica do controlador, é possível obter estimativas aproximadas das frequências naturais e da estabilidade das oscilações axiais. Valores mais exactos das frequências críticas dão respostas em amplitude e frequência de fase.

Por exemplo, a Fig. 5.11 mostra as caraterísticas de frequência da bomba cantilever melhorada, considerada em [123]. Pode ver-se, a partir das caraterísticas de frequência, que a primeira ressonância ocorre a uma frequência de 610 s^{-1} . A segunda frequência natural das oscilações axiais situa-se muito para além dos limites das frequências de rotação possíveis; por conseguinte, não tem interesse prático.

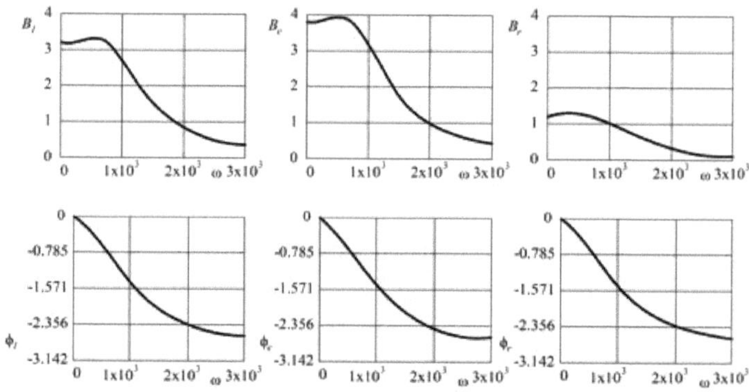

Fig. 5.11. Caraterísticas de amplitude e frequência de fase das vibrações axiais

As fórmulas (5.30) - (5.32) podem ser utilizadas para estimar as amplitudes das oscilações ressonantes. Se as amplitudes relativas das perturbações externas forem tomadas $\psi_{1a} = \psi_{ea} = \varepsilon_a = 0,1$, então $z_{1a} = 0,098 z_n = 0,024 mm; \ z_{\varepsilon a} = 0,034 z_n = 0,009 mm.$

As estimativas obtidas indicam que a frequência crítica é o dobro da velocidade de funcionamento, ou seja, o rotor é rígido em relação às vibrações axiais. Mesmo as amplitudes de ressonância que correspondem a uma velocidade crítica inatingível não constituem um perigo.

De acordo com o critério de Routh-Hurwitz, para a estabilidade de um sistema de terceira ordem, é necessário e suficiente que os coeficientes do operador próprio (5.27) satisfaçam a desigualdade $a_1 a_2 > a_0 a_3$. Substituindo os valores dos coeficientes (5.28), reduzimos a condição de estabilidade para a forma

$$(2\varsigma)^2 + \left(\frac{T_1}{T_2} + \kappa_s \bar{A}_2 \frac{T_2}{T_1} \frac{\tau_2}{T_2} \right) 2\varsigma + \kappa_s \bar{A}_2 \left(\frac{\tau_2}{T_2} - 1 \right) > 0 .$$

(5.33)

Se a constante de tempo de deslocamento for maior do que a constante de tempo de compressão $\tau_2 > T_2$, então a desigualdade (5.33) é satisfeita para quaisquer valores do índice de amortecimento ς, incluindo $\varsigma = 0$. Este resultado coincide com a condição aproximada derivada anteriormente (5.25). Utilizando os valores das constantes (5.23), obtém-se

$$\frac{A_2 z_0}{3} > \frac{V p_n}{E} \frac{\Delta\psi_{20} \Delta\psi_{c0}}{\Delta\psi_{s0}} .$$

Em regra, o volume da câmara $V = A_2 H$, onde H é a sua profundidade. Por conseguinte, numa primeira aproximação, a condição de estabilidade axial reduz-se à desigualdade

$$H < \frac{E z_0}{3 p_n} \cdot \frac{\Delta\psi_{s0}}{\Delta\psi_{20} \Delta\psi_{c0}} . \qquad (5.34)$$

em que: p_n - pressão nominal de descarga;

$\Delta\psi_{s0}, \Delta\psi_{20}, \Delta\psi_{c0}$ - quedas de pressão adimensionais nas câmaras da bomba e do descarregador.

Uma vez que a profundidade da câmara H é um parâmetro independente que pode ser facilmente modificado pelo projeto, a condição (5.34) pode ser utilizada no projeto de uma bomba para garantir a sua estabilidade.

Como se pode ver nas desigualdades (2.100, 3.24, 4.22, 5.34), as condições de estabilidade dinâmica para vários tipos de vedantes sem contacto também têm uma forma semelhante. Ajustando os parâmetros de conceção dos vedantes, que estão incluídos nestas desigualdades, é possível alargar os limites do funcionamento estável.

A roda de uma bomba sem eixo realiza oscilações axiais independentes sob a ação de excitação cinemática sob a forma de oscilações radiais devido ao desequilíbrio estático do impulsor. Neste caso, o acelerador de extremidade ajustável cria um feedback negativo, pelo que o impulsor com o conjunto de vedação de suporte é um controlo automático do sistema de folga final.

Aquando da conceção de uma bomba sem veio, é necessário calcular as vibrações axiais e angulares do rotor que flutua livremente nas juntas ranhuradas. Isto permitirá assegurar o auto-aperto do rotor relativamente às suas oscilações e evitar factores de desestabilização através de uma seleção dos parâmetros de conceção.

As oscilações angulares do impulsor livremente flutuante em selos com ranhuras podem ser consideradas oscilações independentes. Os momentos hidrodinâmicos nas juntas ranhuradas e, sobretudo, o momento giroscópico do impulsor proporcionam uma maior rigidez do rotor em relação às suas oscilações angulares. Por conseguinte, não existem normalmente velocidades críticas de oscilações angulares. O principal fator de desestabilização é o momento hidrodinâmico de circulação, que é proporcional à velocidade circunferencial média do fluido ao longo da espessura da fenda.

Dispositivos semelhantes de equilíbrio de suporte também podem ser usados com sucesso em bombas centrífugas de vários estágios.

5.3.4 Exemplos de projectos de bombas que utilizam vedantes como suportes

A ideia de atribuir as funções de estabilizadores a sistemas de equilíbrio foi implementada no desenvolvimento de novos projectos de bombas seccionais do tipo CNS [56] (Fig. 5.12), bem como pela empresa KSB nos projectos de bombas seccionais para bombear água em instalações de dessalinização [34] (Fig. 5.13).

Assim, a utilização de estranguladores anulares como unidades de vedação de suporte é uma direção promissora na engenharia de bombas.

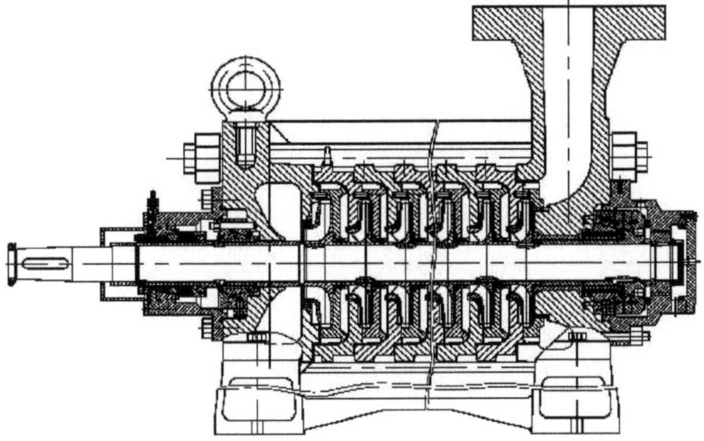

Fig. 5.12. Bomba de alta pressão de várias secções sem estabilizadores

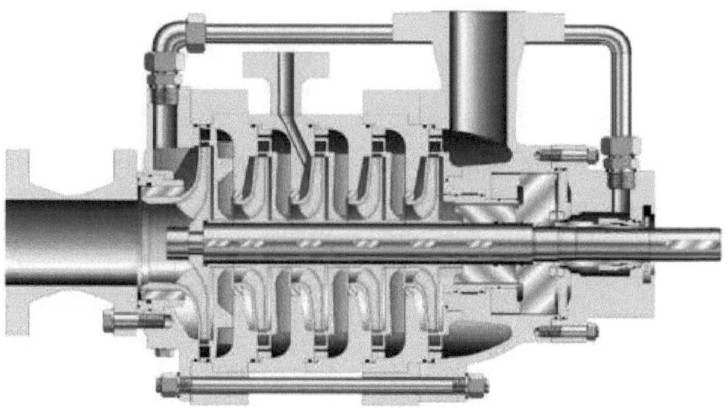

Fig. 5.13. Secção longitudinal da bomba KSB HGM-RO [34]

5.4. Conclusões

Um anel flutuante condicionalmente móvel funciona como uma vedação de fenda estacionária, e as forças hidrodinâmicas que surgem na fenda anular são completamente transferidas para o rotor, predeterminando o seu estado de vibração. Os problemas dinâmicos, que são de importância primordial para os anéis flutuantes, são eliminados neste caso. Devido à escolha correta da forma da fenda, é possível aumentar os coeficientes de rigidez hidrostática e de amortecimento e, assim, reduzir as amplitudes das vibrações radiais do rotor.

Dos modelos de vedantes de labirinto descritos, os vedantes de crista sobreposta têm o pior desempenho dinâmico. As propriedades dinâmicas dos vedantes de labirinto dependem substancialmente da posição relativa das cristas.

Os vedantes de labirinto com cristas sobrepostas têm uma rigidez radial extremamente baixa, o que se deve principalmente ao fluxo de fluido circunferencial livre através de canais relativamente grandes entre as cristas. Como resultado, a pressão circunferencial é igualada e a força radial é reduzida. Esta observação aplica-se tanto a vedantes de labirinto de passagem direta como a vedantes de rosca. Assim, as vedações de labirinto com ranhuras anulares representam um perigo potencial para bombas e compressores de alta pressão.

O vedante em favo de mel tem propriedades dinâmicas mais favoráveis e o vedante alveolar tem a melhor combinação de consumo e caraterísticas dinâmicas.

Se a atenuação das vibrações e das fugas for igualmente importante para uma determinada bomba, devem ser utilizados vedantes alveolares. Em termos de resistência hidráulica, não são inferiores aos de labirinto e favo de mel e, em termos de propriedades de amortecimento elástico, superam-nos significativamente. Ao mesmo tempo, são menos propensos a arranhões e gripagem do que os vedantes convencionais de lacuna de O-ring e labirinto. Deve ter-se em conta que o coeficiente de rigidez hidrostática dos vedantes alveolares é aproximadamente duas vezes inferior ao dos vedantes de fenda convencionais

O modo de funcionamento sem contacto do impulsor de uma bomba sem veio é determinado pelas caraterísticas hidrodinâmicas do sistema de descarga automática das forças axiais e das juntas de estanquidade rotativas.

O impulsor de uma bomba sem veio com um conjunto de vedante de apoio é um sistema de controlo automático de uma folga final variável, que cria um feedback negativo. Por conseguinte, é possível utilizar conjuntamente os modelos acima referidos de vedantes com ranhuras e de dispositivo de equilibragem automática para o seu estudo.

Dispositivos similares de equilíbrio de suporte também podem ser usados com sucesso em bombas centrífugas de múltiplos estágios.

Chapter 6. Sistemas de vedação para máquinas rotativas

6.1. Metodologia para a construção de sistemas de vedação

O sistema de vedação é constituído pela vedação principal e pelas vedações auxiliares (uma ou mais) e por um sistema de apoio que cria condições óptimas para o funcionamento da vedação principal. A vedação principal desempenha a função de vedar o ambiente de trabalho. Assim, numa junta de estanquidade rotativa dupla, a principal é a junta de estanquidade rotativa interna em contacto com o meio de trabalho. Os selos auxiliares são selos do tipo abertura ou contacto instalados antes ou depois do selo principal, dependendo da sua finalidade.

O objetivo funcional do sistema de suporte é determinado pelo âmbito da vedação principal. Assim, se o vedante trabalhar em líquidos a alta temperatura, este sistema proporciona uma diminuição da temperatura na zona do vedante principal, ou seja, é um sistema de arrefecimento. Nos complexos de vedação que operam em ambientes com elevado teor de sólidos, este sistema proporciona uma redução da concentração de sólidos antes da vedação principal. Em ambientes agressivos, o sistema de suporte permite reduzir ou eliminar o impacto de um ambiente agressivo sobre as peças da vedação principal.

Se a máquina centrífuga bombear produtos quimicamente perigosos ou radioactivos, cuja fuga para o exterior não é permitida por razões ambientais, o sistema de alimentação deve atuar como um dispositivo de fecho que elimina as substâncias perigosas. Neste caso, a vedação final sela uma substância de fecho seguro, cujas fontes podem ser permitidas para o exterior.

O algoritmo de construção de um sistema de vedação [89, 124] é apresentado na Fig. 6.1.

A ordem de construção de um sistema de vedação complexo.

1. Estimativa da velocidade de deslizamento no par de vedantes:

- uma vez que, normalmente, uma pressão elevada do meio é obtida através de velocidades elevadas do rotor, é aconselhável utilizar o fator *Pv*;

- a *Pv* inferior a 150 MPa m/s, é aconselhável utilizar vedantes de contacto;

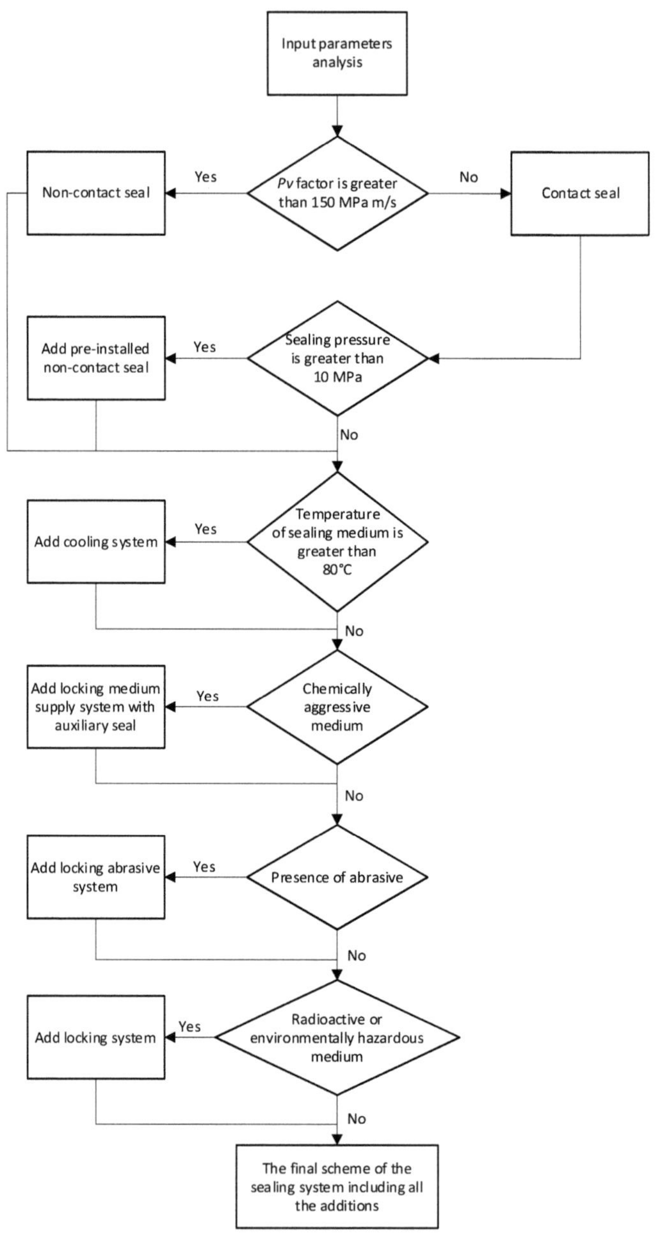

Fig. 6.1. Algoritmo para a construção de um sistema de vedação

- a *Pv* superior a 150 MPa m/s, a utilização de vedantes de contacto sem vedantes de não contacto a montante é ineficaz. Os vedantes de contacto podem ser utilizados como vedantes para selar barreiras ou fluido de arrefecimento. Os vedantes sem contacto (vedantes de folga, anéis flutuantes, vedantes de impulso ou combinações destes) devem ser utilizados como vedantes primários, dependendo de outras condições de funcionamento.

Neste caso, o fator *Pv* é reduzido através do estrangulamento da pressão nos vedantes sem contacto pré-instalados.

2. Estimativa do valor da pressão do meio a selar:

- a uma pressão do fluido vedado até 10 MPa, são permitidas vedações de contacto (caixa de empanque, vedação frontal ou mecânica);

- à pressão do fluido a vedar superior a 10 MPa, deve ser incluída no circuito uma junta de estanquidade pré-instalada e/ou várias fases de anéis flutuantes (dependendo dos requisitos de fiabilidade do equipamento).

3. Avaliação da temperatura do meio a selar:

- a uma temperatura do meio a selar inferior a 80 °C, é permitida a utilização de vedantes com e sem contacto sem um sistema de arrefecimento especial;

- a uma temperatura do meio a vedar superior a 80 °C, deve ser incluído um sistema de arrefecimento no circuito do sistema de vedação, que assegure o fornecimento de um meio de arrefecimento à zona de fricção das vedações de contacto ou entre as fases das vedações sem contacto.

4. Caso de vedação em ambiente corrosivo:

- é utilizado um sistema de alimentação do meio de vedação entre as vedações principal e auxiliar. Os materiais dos vedantes auxiliares devem ser resistentes ao meio corrosivo que está a ser vedado.

5. O caso da compactação do meio com inclusões abrasivas:

- é utilizado um vedante auxiliar sem contacto pré-instalado e um sistema que reduz a concentração de sólidos em frente do vedante principal.

6. O meio selado é radioativo ou perigoso para o ambiente:

- o sistema de vedação é constituído por um ou vários (consoante o valor da pressão a vedar) graus de vedação sem contacto a montante, vedação principal, vedação de fecho e vedação final. O sistema deve conter uma linha de alimentação do meio de barreira entre as vedações internas a montante e as vedações principais. O meio de barreira pode ser utilizado simultaneamente como meio de arrefecimento (ver ponto 3).

Após a formação do esquema final do sistema de vedação, cada fase deve ser calculada como uma vedação de contacto ou sem contacto separada, da forma descrita nas subsecções pertinentes. Com base nos resultados da avaliação dos indicadores de conceção, deve ser feito um ajustamento ao esquema de conceção final do sistema de vedação, de modo a harmonizar a combinação das fases de vedação entre si.

Além disso, é necessário avaliar o efeito das juntas na dinâmica do rotor de uma máquina centrífuga, construindo as caraterísticas de amplitude e frequência de fase e calculando os limites de estabilidade. No caso de resultados insatisfatórios, devem ser efectuadas alterações aos parâmetros geométricos dos vedantes para afastar o sistema hidromecânico dos modos de funcionamento ressonantes. Desta forma, obtém-se a máxima harmonização entre a vedação e a dinâmica.

6.2. Sistemas de vedação para máquinas rotativas com parâmetros elevados

6.2.1 Sistemas de vedação para bombas centrífugas no sector da energia

As bombas de arrefecimento do reator das centrais nucleares (RCP) desempenham um papel vital: bombeiam o líquido de arrefecimento (água) do núcleo do reator sob alta pressão, temperatura e radioatividade induzida e, em grande medida, determinam a fiabilidade e a estabilidade do funcionamento do reator. As interrupções e avarias são inaceitáveis, uma vez que afectam diretamente a segurança industrial e ambiental [120].

No projeto RCP, o conjunto de vedação do veio é o componente mais importante do qual dependem a fiabilidade e a durabilidade da bomba e, consequentemente, a preparação operacional e a segurança ambiental de toda a unidade. As vedações devem garantir a estanquidade necessária ao funcionamento da bomba em vários modos de operação e de emergência. As fugas externas de água radioactiva primária através das juntas não devem exceder alguns centímetros cúbicos por hora, e as fugas controladas de água de selagem (purificada): 0,5-1,0 m^3 /hora. O caudal de água de selagem no interior da bomba também deve ser limitado. A vedação do veio deve permanecer operacional após uma desenergização de curta duração do sistema de alimentação eléctrica da bomba, o que pode resultar na interrupção do bloqueio e do fornecimento de água de arrefecimento. Em termos de fiabilidade, o sistema de vedação não deve ser pior do que outros conjuntos de bombas e deve funcionar durante vários anos sem ser substituído.

O desenvolvimento de vedantes de veio para as PCR de alta potência é uma tarefa técnica complexa e é objeto de investigação por parte de muitas empresas líderes no fabrico de bombas. Apesar de ter sido acumulada uma experiência significativa em operações comerciais, a questão do desenvolvimento de sistemas de vedação com elevada fiabilidade, estanquidade e longa vida útil continua a ser relevante [88, 105].

A Fig. 6.2 mostra uma junta de estanquidade rotativa mecânica RCP de três andares, em que é obtida uma distribuição uniforme da pressão entre os andares através de estranguladores instalados na linha exterior [120]. A separação de pressões é acompanhada de fugas contínuas através da linha externa, que atingem várias centenas de litros por hora.

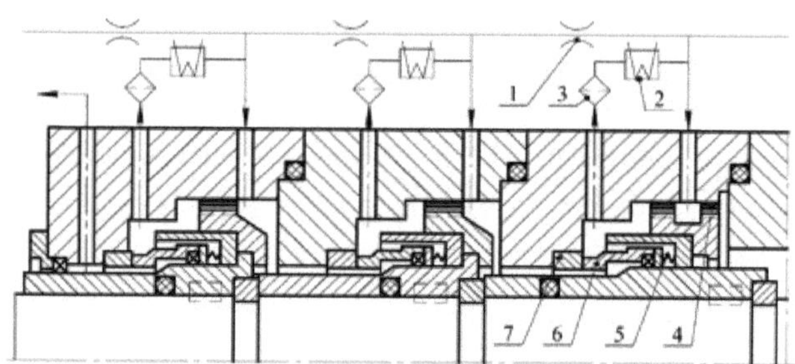

Fig. 6.2. Junta de estanquidade rotativa de três fases: *1* - acelerador; *2* - permutador de calor; *3* - filtro; *4* - impulsor; *5* - mola; *6* - casquilho axialmente móvel; *7* - anel de suporte

O calor libertado pela fricção das superfícies em contacto é eliminado através de um circuito fechado especial com um permutador de calor e um filtro para reter os produtos de desgaste. A circulação no sistema de arrefecimento é efectuada pela bomba de labirinto axial (impulsor) incorporada na junta. Para garantir a estanquidade adequada do vedante em caso de emergência, se um dos estágios falhar, cada um deles foi concebido para o diferencial de pressão total. Os principais componentes do vedante são um casquilho móvel axial e um anel de suporte fixo, constantemente pressionados um contra o outro pela pressão do meio ambiente e por molas.

Nas bombas de refrigerante com um diferencial de pressão total de 9,5 MPa, a KSB utiliza vedantes termohidrodinâmicos duplos 1 e 2 (Fig. 6.3), entre os quais a pressão é dividida ao meio pelas válvulas de estrangulamento 3 e 5, sob fugas controladas de 0,5 m^3 /hora através deles. O estágio de emergência do vedante 4 é um vedante mecânico, que permanece aberto devido às molas em condições normais. Se o nível 2 falhar e as fugas externas através dele aumentarem, o vedante de emergência fecha-se devido ao diferencial de pressão ocorrido e proporciona a estanquidade necessária a todo o conjunto, tanto no caso de a bomba parar como no caso de parar.

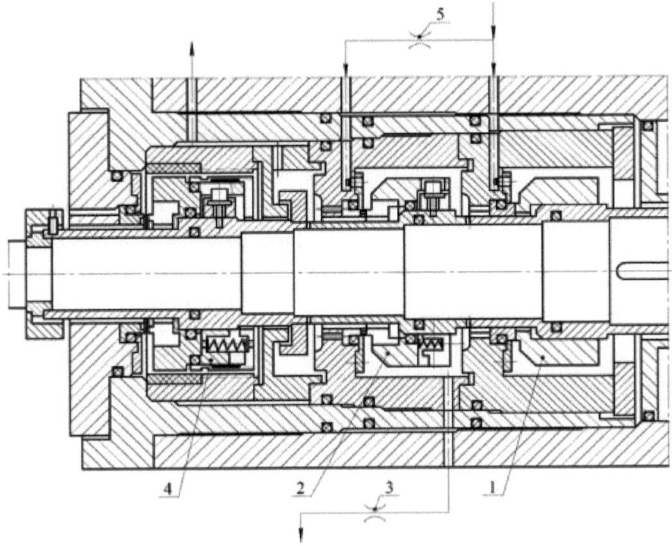

Fig. 6.3. Vedação combinada do veio RCP.

A melhoria contínua do projeto de vedantes termo-hidrodinâmicos permitiu a utilização de conjuntos de vedantes combinados em algumas bombas de refrigerante, em que o último e o penúltimo estágio são termo-hidrodinâmicos [56].

O projeto das bombas de refrigeração fabricadas pela KSB (Fig. 6.4) é um exemplo da utilização de vedantes termohidrodinâmicos.

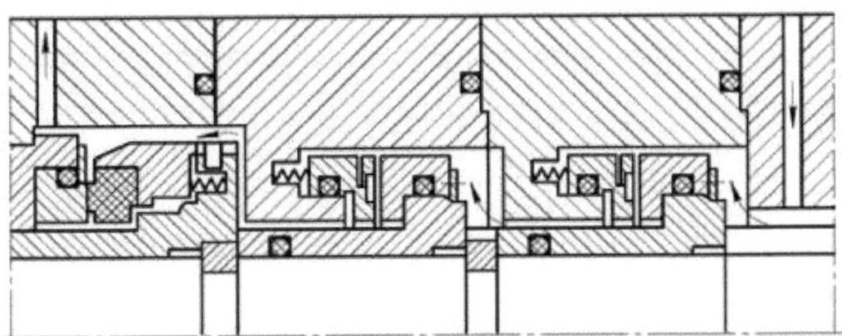

Fig. 6.4 Vedação combinada do eixo RCP na central nuclear com um

reator moderado por água arrefecido a água.

Diâmetro do veio sob o vedante 182 mm, queda de pressão 14-15 MPa e velocidade do veio 1490 rpm. O vedante mecânico termo-hidrodinâmico 2 desempenha o papel de vedante de fecho e funciona a uma pressão de 0,5-1 MPa com fugas de cerca de 100 cm^3 /h, embora tenha sido concebido para uma queda de pressão total de funcionamento que possa ocorrer à sua frente em modo de emergência. A pressão à frente do vedante de fecho é reduzida com a ajuda de duas fases consecutivas do vedante hidrostático 1, cada uma das quais veda cerca de 7 MPa com fugas organizadas de 400-500 l/h, que são descarregadas através do orifício 3. O vedante hidrostático tem várias câmaras fechadas numa das superfícies da extremidade, que estão ligadas através da borboleta à cavidade vedada. O consumo total de água de fecho com uma temperatura de 40-50 °C é de cerca de 1,5 m^3 /h. Os vedantes termohidrodinâmicos foram utilizados em centrais nucleares sem reparação durante mais de 38.000 horas e continuaram a funcionar. Durante as inspecções preventivas das bombas nestes selos, apenas foram substituídos os O-rings secundários feitos de elastómero.

A Fig. 6.5 mostra o sistema de vedação da bomba de circulação principal da central nuclear.

A pressão de funcionamento e a temperatura da água no circuito primário são de 12,5 MPa e 270 °C, respetivamente. O vedante funciona com água de fecho, que é retirada do circuito primário, arrefecida a 40 °C e limpa ao passar pelo refrigerador e pelo filtro de permuta iónica. Os reguladores automáticos mantêm um excesso pré-determinado (0,5-0,6 MPa) da pressão da água de barreira em relação à pressão na cavidade da bomba, o que faz com que cerca de 50% da água de entrada (0,3-0,5 m^3 /h) entre na bomba, excluindo a saída de um refrigerante radioativo quente.

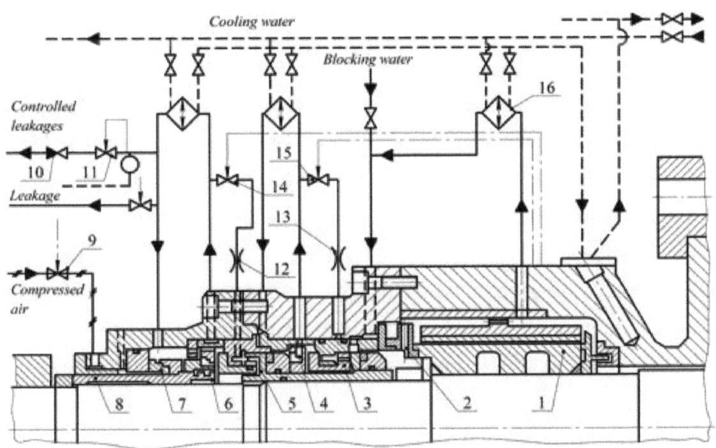

Fig. 6.5. Sistema de vedação da central nuclear de MCP

O bloco de vedação, juntamente com a chumaceira 1, que funciona com água, está separado do corpo da bomba por uma barreira térmica especial - um pescoço arrefecido a água. O impulsor 2 bombeia a água de fecho através da câmara da chumaceira e do refrigerador 16 para evitar a ebulição local. A mesma função é desempenhada pelos impulsores 4 e 6, localizados no primeiro 3 e segundo 5 estágios do selo hidrostático. Uma pressão de 0,42-0,45 MPa é mantida em frente do vedante mecânico de fecho 7 pela válvula de derivação 10. As fugas externas através do vedante 7 são de cerca de 300 cm^3 /h, as fugas organizadas são de 0,3 m^3 /h. As fugas através dos vedantes hidrostáticos 3 e 5 e, consequentemente, a folga final, são mantidas constantes através da alteração da condutividade das válvulas de estrangulamento externas 13 e 12 pelas válvulas de controlo 15 e 14.

Se o fornecimento de água de fecho parar ou se a sua fuga através da vedação danificada aumentar, a temperatura na câmara da chumaceira aumenta e, quando se atinge 65 °C, a válvula magnética 15 começa a fechar, reduzindo a folga final na vedação 3. Com um novo aumento da temperatura para 70 °C, o vedante 3 fecha completamente e funciona como um vedante mecânico de contacto com uma fuga mínima. A água de barreira é introduzida na cavidade antes do vedante por um sistema de reserva ativado automaticamente e reduz a temperatura na câmara da chumaceira. Se o efeito desejado não for alcançado, quando a temperatura subir para 80 °C, a segunda fase da vedação 5 fecha-se.

Em caso de falha de ambos os níveis de vedação 3 e 5, a pressão à frente da vedação mecânica de fecho 7 e da válvula 10 torna-se superior à permitida e leva ao fecho da válvula 1 e à abertura da válvula 9, através da qual é fornecido ar comprimido à câmara de vedação do labirinto 8. Neste caso, a vedação 7 tem de absorver brevemente a queda de pressão total até a bomba parar. Se também falhar, o papel de vedante é desempenhado pela manga de labirinto 8, com ar comprimido fornecido a uma pressão de 0,7 MPa. Todas as medidas acima referidas devem impedir a libertação de água radioactiva para o exterior durante os 3-10 minutos necessários para a paragem normal da unidade.

A desvantagem da conceção considerada é que, nas fases de vedação hidrostática, os anéis móveis axiais estão centrados em dois anéis de vedação de borracha; por conseguinte, as distorções das superfícies de contacto não são suficientemente compensadas e não existem condições para a ocorrência de um momento de recuperação. Além disso, o circuito contém muitos dispositivos de controlo automático que reduzem a fiabilidade do sistema de vedação.

A Flowserve Corp (EUA) desenvolveu um vedante hidrostático (Fig. 6.6) com fugas constantes de tamanho constante.

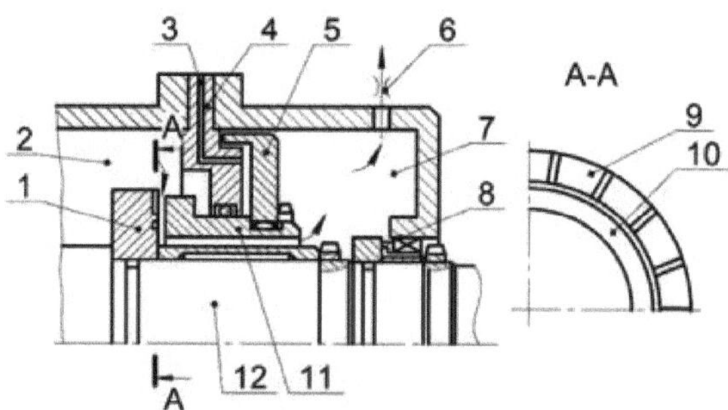

Fig. 6.6. Vedação hidrostática com fugas constantes

O vedante é constituído por um disco 1 situado no veio 12 e por um casquilho axialmente móvel 11, que está montado na placa espaçadora 4 do corpo da caixa. A correia de vedação lisa 10 e as almofadas de apoio da sapata de apoio 9 estão instaladas na superfície da extremidade do disco. O pistão 5 é fixado no casquilho 11 a partir do lado da câmara de baixa pressão 7. A borboleta 6 está situada na linha de escoamento da fuga controlada. A câmara formada entre o pistão 5 e a placa distanciadora da caixa 4 está ligada à atmosfera pelo canal 3. As fugas para o exterior do veio são limitadas pela fase auxiliar do vedante mecânico de extremidade 8. O princípio de funcionamento do empanque baseia-se no facto de, durante a rotação entre o disco e o casquilho axialmente móvel, se formar uma folga axial através da qual as fugas controladas vêm da cavidade de alta pressão 2 para a câmara 7. Devido à resistência da borboleta 6, é criada uma certa pressão na câmara 7, que afecta o pistão 5 e o casquilho 11, o que reduz o espaço axial e, consequentemente, as fugas. À medida que as fugas diminuem, a pressão na câmara 7 diminui ligeiramente e ocorre o processo inverso. Através da seleção das dimensões geométricas relevantes dos principais componentes de vedação, é possível obter fugas de tamanho constante, que são automaticamente mantidas pela força hidráulica que actua do lado da baixa pressão [119].

A simplicidade do design e a ausência de bombas externas tornam esta vedação promissora para aplicação em RCP; no entanto, devido às suas grandes dimensões, é mais sensível a deformações de temperatura.

Os vedantes hidrostáticos, cujas superfícies de funcionamento incluem a fase de Rayleigh, a capacidade de constrição ou a sua combinação, são por vezes utilizados para a manutenção automática de uma determinada folga entre as superfícies de funcionamento dos vedantes devido à alteração do perfil de pressão. Estes vedantes são de conceção simples e não requerem sistemas adicionais. As suas desvantagens são a falta de momento de nivelamento e uma maior sensibilidade ao desgaste, uma vez que o tamanho do passo e da inclinação do estágio é de cerca de algumas dezenas de micrómetros.

Nas vedações hidrostáticas, as fugas através da fenda axial são quase independentes da rotação relativa dos anéis de vedação e são determinadas pelo diferencial de pressão. Por conseguinte, as fugas permanecem as mesmas durante a paragem e durante o funcionamento da bomba. Assim, é necessário instalar vedantes de paragem adicionais, o que torna o design mais dispendioso e complica a operação e a reparação.

A análise da conceção dos vedantes do rotor do PRC mostra que os vedantes hidrostáticos com uma folga garantida são os mais utilizados.

Esses vedantes proporcionam a estanquidade, a fiabilidade e a vida útil necessárias em condições extremas, típicas do RCP. Há tendências para aumentar o diferencial de pressão selado, reduzir o número de fases de selagem, simplificar os dispositivos auxiliares e aumentar a fiabilidade dos sistemas de selagem.

Considere-se a unidade de vedação do veio da bomba de circulação principal RCP-317, que serve para evitar fugas de água do circuito primário de um reator de uma central nuclear (Fig. 6.7). O conjunto de vedantes é constituído por uma caixa 1, na qual estão instalados dois estágios de vedação mecânica principal 2 e 3, um estágio de separação 4 e um estágio de vedação final 5. Os estágios principais do vedante de estrangulamento têm o mesmo desenho e são constituídos por peças do estator e do rotor. O elemento do estator pode mover-se na direção axial e é pressionado contra o elemento do rotor por molas. Os corpos de vedação são anéis feitos de grafite siliconizada. Na parte final do anel do rotor, são feitas quatro ranhuras ao longo da circunferência com orifícios virados para a superfície cilíndrica exterior do anel.

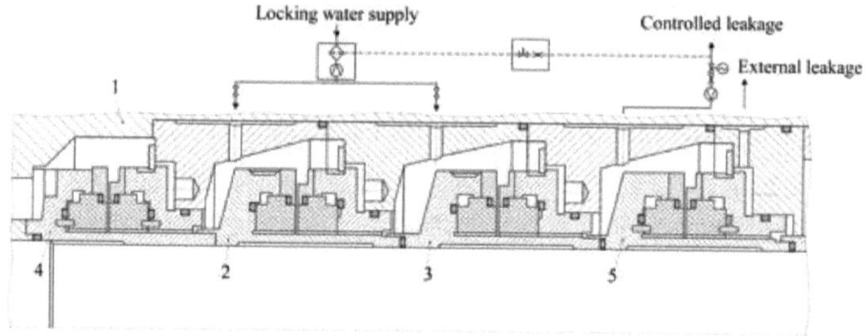

Fig. 6.7. Bloco de vedantes mecânicos do veio da bomba de circulação principal

Os jactos de estrangulamento são feitos nas aberturas das ranhuras. A água de bloqueio através dos bicos entra nas ranhuras na superfície da extremidade do anel e cria uma força de elevação hidrostática, comprimindo o elemento de vedação do estator até uma folga de 10 microns. Uma espessura de película lubrificante de aproximadamente 10 µm assegura uma fricção garantida do fluido e uma fuga mínima de água através do vedante. O elemento do estator é pressionado para fora a uma pressão de 1,5-2 MPa.

Durante o funcionamento normal, a pressão entre as fases principais é distribuída de forma aproximadamente igual. Em caso de avaria de um dos estágios principais, o estágio remanescente estrangulará a queda de pressão, mantendo a eficiência do vedante, enquanto o caudal das fugas organizadas aumentará cerca de 2 vezes.

As fases de separação e final são também constituídas por elementos do estator e do rotor com anéis de grafite siliconizada. Em ambas as fases, ao contrário das fases principais, em todos os modos de funcionamento, as superfícies de vedação dos anéis de vedação dos elementos do estator e do rotor estão em contacto direto. Para garantir a humidificação das superfícies de fricção com água, as peças de trabalho dos anéis de vedação dos elementos do estator são feitas sob a forma de uma elipse.

Com uma queda de pressão de 2 MPa, a fuga de água da barreira para o circuito primário é de cerca de 200 l/h. Durante o funcionamento normal, a fuga através da fase final não excede os 50 l/h.

Os exemplos considerados dão uma ideia da complexidade e da responsabilidade dos problemas de vedação dos rotores das máquinas centrífugas de alta pressão. A solução destes problemas só é possível para especialistas altamente qualificados, muito eruditos e que compreendam todas as subtilezas dos processos que acompanham o funcionamento dos sistemas de vedação.

6.2.2 Sistemas para assegurar o desempenho dos selos mecânicos duplos

O bom funcionamento dos selos mecânicos duplos pode ser assegurado se forem cumpridas as seguintes condições:

- a câmara da junta de estanquidade rotativa dupla deve ser constantemente enchida com um líquido de barreira limpo;

- durante o funcionamento, a pressão do fluido de barreira na câmara de selagem deve ser, pelo menos, 0,10 MPa superior à pressão máxima do fluido de trabalho;

- para evitar o sobreaquecimento dos selos mecânicos, o fluido de barreira deve circular através da câmara de selagem.

As condições pré-determinadas são fornecidas pelos sistemas de meios de selagem que desempenham as seguintes funções:

- criação e manutenção de uma certa pressão na câmara de selagem;

- arrefecimento do fluido de barreira até uma determinada temperatura;

- assegurar a circulação do líquido de barreira através da câmara de selagem;

- a composição do sistema de fluido de barreira.

Os sistemas de alimentação que têm aplicação prática na indústria diferem no circuito de circulação do fluido de barreira. Nos sistemas de alimentação com um circuito de circulação fechado, o fluido de barreira ao longo do trajeto de circulação tem uma pressão que excede a pressão do fluido de trabalho. Nos sistemas de alimentação com um circuito de circulação aberto, a alta pressão é mantida apenas na parte do sistema que está adjacente ao vedante.

Em sistemas com um circuito de circulação aberto, são utilizados principalmente óleos minerais com uma viscosidade de (2...4)10-5 m^2 /s como líquido de barreira; em sistemas com um circuito de circulação fechado, são utilizados quaisquer líquidos compatíveis com o meio de trabalho.

Considere os sistemas com um circuito fechado de circulação. Entre estes sistemas, as diversas variantes de sistemas com um termossifão são as mais utilizadas.

A Fig. 6.8 mostra um diagrama de um sistema de abastecimento com uma bomba incorporada (normalmente um impulsor de parafuso), um arrefecedor e um sistema de compensação.

O sistema de abastecimento, exceto a bomba, é feito como uma unidade estrutural única. Com a circulação natural do líquido de barreira, o sistema com um termossifão é eficaz com perdas de energia de até 1,5 kW, com circulação forçada - de até 4 kW. A temperatura da água de arrefecimento que passa através do refrigerador é tipicamente de 20 °C, e a temperatura do líquido de barreira à saída da câmara de vedação não deve exceder 60 °C. Os sistemas em que a água é utilizada como líquido de vedação são normalmente utilizados até uma pressão não superior a 2 MPa.

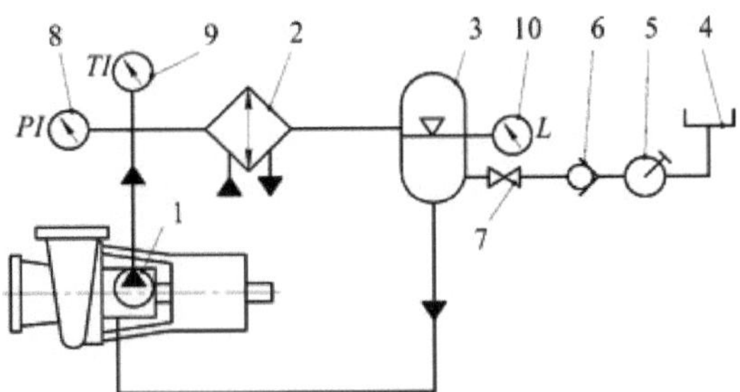

Fig. 6.8. Diagrama típico de um sistema de abastecimento com um circuito fechado de circulação:

1 - bomba incorporada; *2* - refrigerador; *3* - reservatório principal; *4* - reservatório de compensação; *5* - bomba com acionamento manual; *6* - válvula de retenção; *7* - válvula de corte; *8* - manómetro; *9* - termómetro; *10* - indicador de nível

O sistema de compensação é constituído por uma bomba volumétrica (com um volume não superior a 2 dm^3), uma válvula de retenção e uma válvula de fecho. A utilização de uma bomba volumétrica permite alimentar o sistema sem o despressurizar. A uma pressão de fluido de barreira superior a 2 MPa, são utilizados óleos minerais como fluido de barreira.

Os sistemas de alimentação são muito utilizados na indústria, em que a pressão do fluido de barreira é fornecida pela pressão do fluido de trabalho (Fig. 6.9, *a*).

Inclui um cilindro com um pistão diferencial (relação de área 1:1,15). A pressão é fornecida à parte inferior do cilindro a partir da cavidade de pressão da bomba, e esta pressão é aumentada até ao valor necessário através de um pistão diferencial. Este sistema pode funcionar tanto no modo de termossifão como utilizando a bomba incorporada que cria uma circulação forçada. Quando o nível do líquido de barreira está abaixo do nível permitido, é ativado um interrutor de emergência, que pára a bomba.

Foi também desenvolvido um sistema de abastecimento de fluido de barreira utilizando um acumulador hidráulico com mola (Fig. 6.9, *b*). A pressão máxima no acumulador é de 6 MPa; a capacidade é de 6 dm .[3]

Na ausência de pressão na câmara de pressão da bomba, a pressão do líquido de barreira é fornecida pela força da mola. O acumulador hidráulico é alimentado automaticamente a partir da estação de enchimento de óleo através de um distribuidor de duas posições.

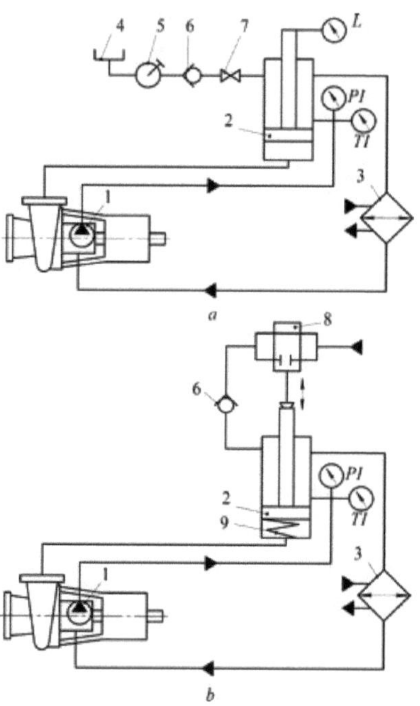

Fig. 6.9. Esquemas de sistemas de alimentação que utilizam a pressão do fluido de trabalho:

a - com alimentação a partir de uma bomba controlada manualmente;

b - com compensação automática

(*1* - bomba incorporada; *2* - cilindro com pistão diferencial; *3* - refrigerador; *4* - reservatório de compensação; *5* - bomba manual; *6* - válvula de retenção, *7* - válvula de corte; *8* - distribuidor de duas posições; *9* - mola)

Em condições de produção, quando as unidades são instaladas em linhas de produção paralelas com os mesmos parâmetros, é aconselhável utilizar um sistema centralizado para assegurar o funcionamento dos selos mecânicos duplos (Fig. 6.10).

Inclui as bombas principal e de reserva que criam a pressão do fluido de barreira, que é a mesma para todas as unidades de bombagem, e que também fornece o reabastecimento do sistema em caso de perda de fluido de barreira. O controlo da pressão definida é assegurado pela regulação das válvulas de segurança das bombas principal e de reserva. Se a bomba principal falhar e a pressão no sistema baixar, o manómetro de contacto elétrico da bomba principal é ativado, desligando esta bomba e ligando a de reserva. Cada uma das unidades de bombagem tem um dispositivo de pressão incorporado para criar uma circulação de fluido de barreira através da câmara de vedação. A utilização de tais dispositivos reduz o custo do sistema de abastecimento, uma vez que as funções da bomba remota se limitam a fornecer a pressão e a compensação necessárias sem bombear todo o volume do líquido de barreira.

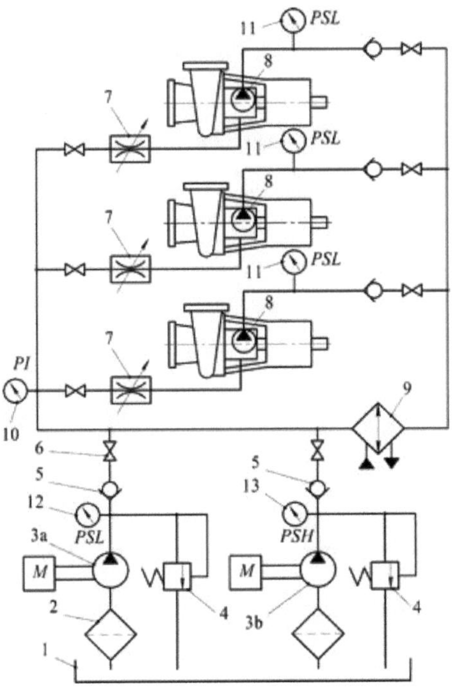

Fig. 6.10. Esquema de um sistema centralizado de fornecimento de selos mecânicos duplos com um circuito de circulação fechado:

1 - capacidade; *2* - filtro; *3a* - bomba principal; *3b* - bomba de reserva; *4* - válvula de segurança; *5* - válvula de retenção; *6* - válvula de fecho; *7* - regulador de caudal; *8* - bomba incorporada; *9* - refrigerador; *10* - manómetro; *11* - manómetro de contacto elétrico, que desliga a unidade quando a pressão do fluido de barreira desce abaixo do nível permitido; *12* - manómetro de contacto elétrico da bomba principal; *13* - manómetro de contacto elétrico da bomba auxiliar

É utilizado um arrefecedor para todo o sistema centralizado. O isolamento automático do selo de emergência é efectuado por um regulador de caudal e uma válvula de retenção em cada circuito.

Em condições práticas de produção, é normalmente utilizado equipamento tecnológico com vários parâmetros de funcionamento. Nestes casos, a pressão do fluido de barreira em todas as unidades é diferente.

A Fig. 6.11 mostra um sistema para assegurar o funcionamento de selos mecânicos duplos com uma circulação fechada, que tem o objetivo mais geral.

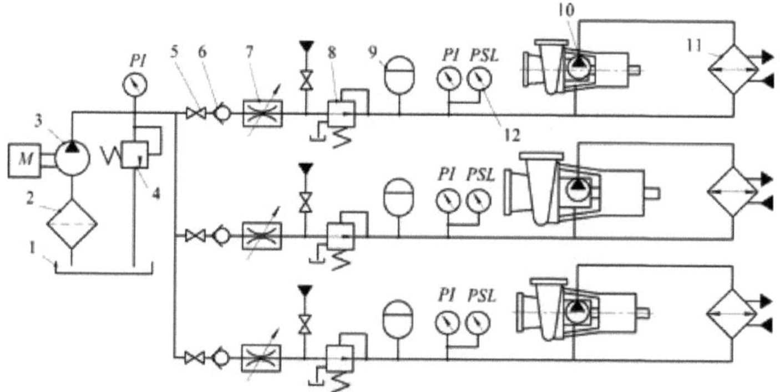

Fig. 6.11. Esquema do sistema de abastecimento com um circuito de circulação individual e uma bomba de compensação comum:
1 - capacidade; *2* - filtro; *3* - bomba de compensação; *4* - válvula de segurança; *5* - válvula de fecho: *6* - válvula de retenção; *7* - regulador de caudal; *8* - válvula redutora de pressão; *9* - acumulador hidráulico; *10* - manómetro de contacto elétrico; *11* - dispositivo de injeção; *12* -

refrigerador

Sistema centralizado de compensação - um para todas as unidades; inclui uma bomba e uma válvula de segurança. A válvula redutora de pressão hidráulica permite que cada unidade mantenha a sua própria pressão de fluido de barreira constante. O circuito individual de cada unidade inclui também um acumulador hidráulico, um dispositivo de pressão, um refrigerador e um manómetro de electrocontacto que desliga a unidade quando a pressão do fluido de barreira desce.

Em todas as linhas de compensação que conduzem às unidades, é necessário instalar um estrangulador para controlar o caudal, uma vez que, em caso de despressurização de um dos empanques mecânicos e de grandes perdas de líquido de barreira, o volume de líquido da bomba de compensação entrará nesta unidade, enquanto que, tal como noutras unidades, pode ser necessário recarregar o sistema. A instalação de um acelerador regulável permite isolar automaticamente a unidade em que o selo foi despressurizado, com a sua subsequente paragem pelo dispositivo de electrocontacto do manómetro, sem parar todas as outras unidades.

Para sistemas especialmente críticos, é necessário instalar uma bomba de compensação de reserva.

Os sistemas com um circuito de circulação aberto com os mesmos parâmetros de destino contêm menos elementos hidráulicos (tubos, acessórios, depósitos) sob alta pressão. Com o aumento da pressão do líquido de barreira e do diâmetro do selo mecânico num sistema com um circuito de circulação fechado, um tanque de pressão torna-se especialmente caro.

A Fig. 6.12 mostra um diagrama típico de um sistema de abastecimento com um circuito aberto de circulação. Inclui uma bomba com uma válvula de segurança, duas válvulas de retenção que impedem a falha do sistema quando a válvula de segurança falha e quando a bomba pára ou falha, um filtro, um acumulador hidráulico, um regulador de caudal e um refrigerador.

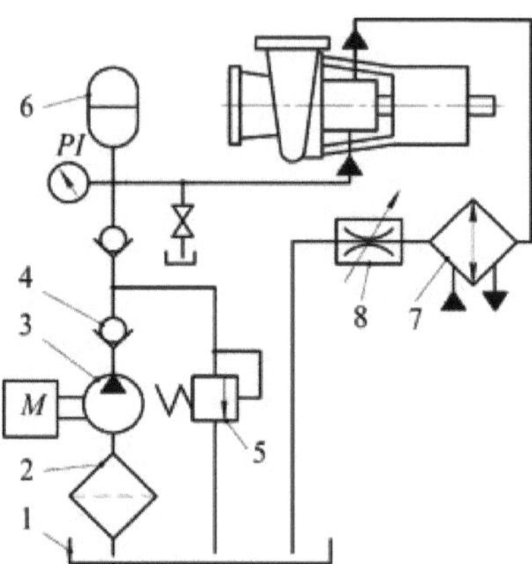

Fig. 6.12. Diagrama típico de um sistema de abastecimento com um circuito de circulação aberto:
1 - capacidade; *2* - filtro; *3* - bomba; *4* - válvula de retenção; *5* - válvula de segurança; *6* - acumulador hidráulico; *7* - refrigerador; *8* - regulador de caudal

A diferença fundamental entre o sistema com um circuito de circulação aberto é a utilização de uma bomba que bombeia todo o volume do líquido de barreira. Assim, torna-se possível num único elemento combinar as funções do sistema para criar pressão, circular e reabastecer.

A principal desvantagem de um sistema de circuito aberto é que a sua fiabilidade depende inteiramente da fiabilidade da bomba, pelo que é frequentemente instalada uma bomba de reserva ou aumentada a capacidade do acumulador. Neste caso, a bomba liga-se apenas periodicamente quando o nível no acumulador diminui.

O diagrama de um sistema de abastecimento para vários consumidores é apresentado na Fig. 6.13.

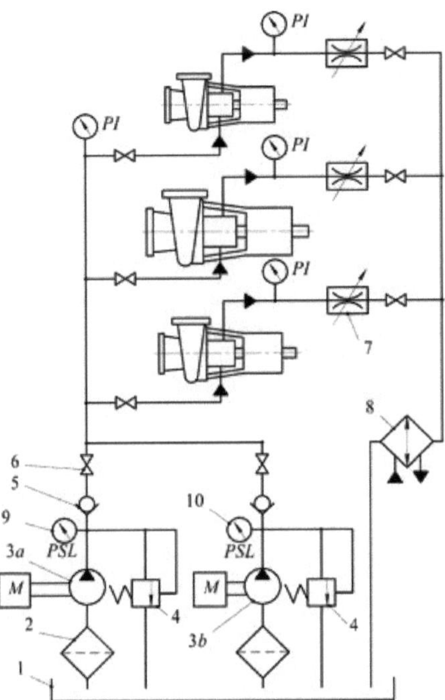

Fig. 6.13. Esquema do sistema de abastecimento com um circuito de circulação aberto quando a funcionar com vários consumidores: *1* - capacidade; *2* - filtro; *3a* - bomba principal; *3b* - bomba de reserva; *4* - válvula de segurança; *5* - válvula de retenção; *6* - válvula de fecho; *7* - regulador de caudal; *8* - refrigerador; *9* - manómetro de contacto elétrico regulado para a pressão mínima; *10* - manómetro de contacto elétrico regulado para a pressão máxima

Inclui as bombas principal e de reserva com válvulas de segurança e um refrigerador comum a todo o sistema. O circuito de cada unidade inclui um regulador de caudal e válvulas de fecho à entrada e à saída do circuito. Utilizando uma válvula de corte de entrada como acelerador de controlo, podem ser criadas as quedas de pressão e as condições de fluxo necessárias para cada vedante mecânico.

Os fluidos de barreira devem ter boas propriedades lubrificantes, elevada condutividade térmica, composição estável à temperatura de funcionamento, atividade química mínima em relação aos materiais das peças da vedação mecânica e boa compatibilidade com o fluido de trabalho. Não devem ser tóxicos.

6.2.3 Sistemas de vedação para motores de aeronaves e de foguetões

Atualmente, os vedantes de labirinto (Fig. 6.14, *a*), os vedantes de extremidade radial (Fig. 6.14, *b*) e os vedantes mecânicos (Fig. 6.14, *c*) são utilizados como vedantes para os rolamentos de óleo do rotor da turbina de um motor de turbina a gás (GTE) de uma aeronave [12].

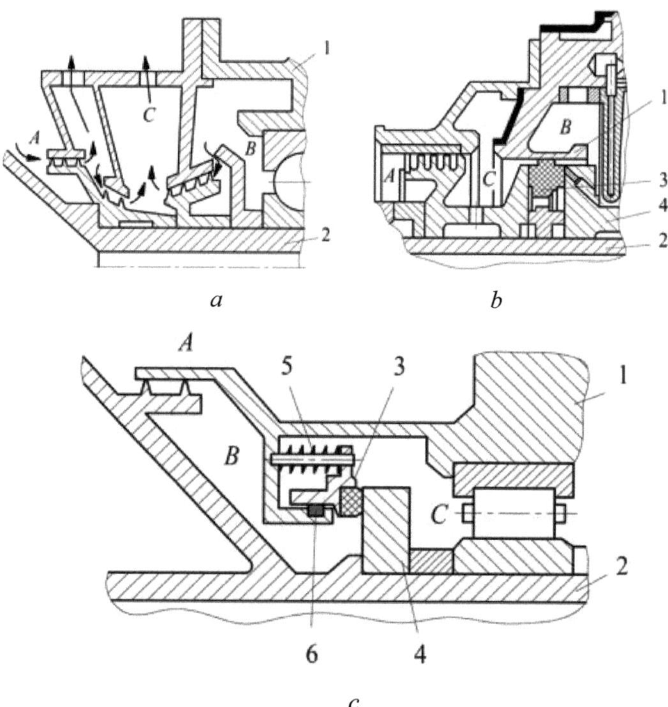

Fig. 6.14. Tipos de sistemas de vedação utilizados nos rolamentos de óleo GTE:

a - vedantes de labirinto; *b* - vedantes de face radial; *c* - vedantes mecânicos;

1 - corpo de suporte; *2* - veio; *3* - anel de grafite; *4* - anel rotativo; *5* - mola; *6* - vedante secundário; *A* - cavidade de ar; *B* - cavidade intermédia; *C* - cavidade de óleo

Os vedantes de labirinto têm um recurso ilimitado, mas o seu funcionamento está associado a grandes fugas. Para aumentar a sua capacidade de vedação, é necessário reduzir a pressão e a temperatura do ar que flui para a cavidade do óleo do suporte do compressor ou da turbina, o que se consegue aumentando o comprimento do caminho de fuga do ar devido à criação de cavidades intermédias. Como resultado, isto leva a uma complicação dos projectos de vedantes, a um aumento da sua massa e a uma deterioração das caraterísticas específicas do motor.

Amplamente utilizados devido à sua simplicidade e pequenas dimensões, os vedantes mecânicos radiais com anéis de grafite divididos e uma superfície de vedação ao longo do diâmetro exterior, ou os vedantes mecânicos radiais com uma superfície de vedação ao longo do diâmetro interior, têm menos fugas do que os vedantes de labirinto. Assim, os vedantes mecânicos radiais com uma superfície de vedação ao longo do diâmetro interior com um anel de grafite comprimido por uma ligadura têm fugas 5 a 7 vezes menores do que os vedantes de labirinto. No entanto, estes selos têm limitações em termos de velocidade de deslizamento e queda de pressão, e a capacidade de vedação dos selos mecânicos radiais é pior do que a dos selos mecânicos.

Os selos mecânicos de contacto têm fugas de uma ordem de grandeza menor. Os selos mecânicos do tipo sem contacto são promissores para substituir os selos mecânicos radiais, sendo de particular interesse a utilização de selos mecânicos lubrificados a gás e de selos de impulso.

Em condições extremas [60], os vedantes das unidades de turbobomba (TPU) dos motores de foguetão de propulsão líquida (LRE) funcionam (Fig. 6.15).

Nos motores de foguetões de combustível líquido, é utilizado um sistema de abastecimento de combustível por unidades de turbobomba, que incluem bombas e um acionamento de bomba - uma turbina de gás, cujo fluido de trabalho é o produto da combustão no gerador de gás dos componentes de combustível bombeados pelas bombas. As unidades de turbobomba fornecem componentes de combustível altamente agressivos e tóxicos à câmara de combustão, que, quando combinados, podem entrar numa reação química. As propriedades físicas dos fluidos de trabalho fornecidos pelas bombas e do fluido de trabalho no trajeto da turbina a gás são muito diferentes. Por exemplo, num LRE oxigénio-hidrogénio, o combustível na cavidade da bomba tem uma temperatura de cerca de 20 K, e a temperatura do fluido de trabalho da turbina para acionar esta bomba pode ser superior a 1000 K.

De acordo com o esquema, a TPU pode ser de dois tipos: sob a forma de uma única unidade, incluindo bombas de abastecimento de combustível e oxidante e uma turbina de acionamento, ou sob a forma de turbobombas separadas de abastecimento de combustível (incluindo uma bomba de combustível e uma turbina de acionamento) e de abastecimento de oxidante (incluindo uma bomba de oxidante e uma turbina de acionamento). De acordo com o segundo esquema, por exemplo, foi construído o sistema de alimentação de combustível no motor do Space Shuttle.

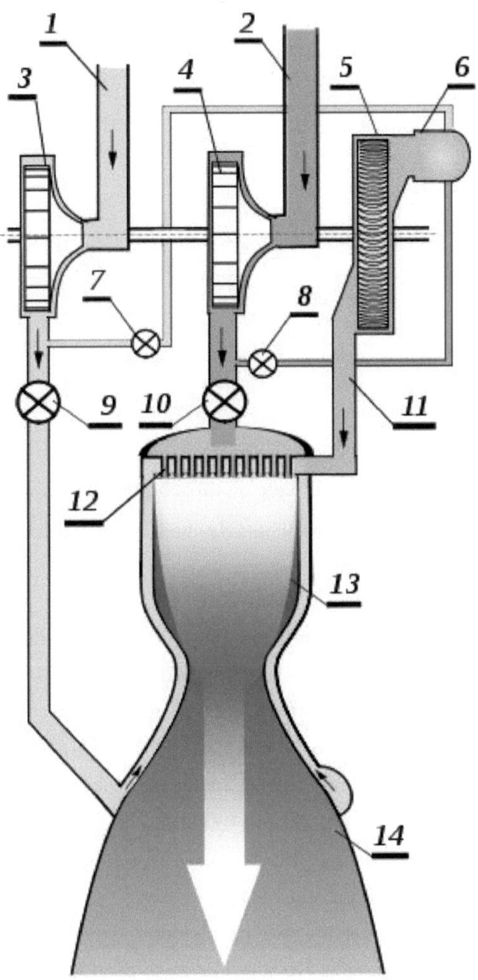

Fig. 6.15. Esquema de um motor de foguetão de dois componentes: *1* - tubagem de combustível; *2* - tubagem de oxidante; *3* - bomba de combustível; *4* - bomba de oxidante; *5* - turbina; *6* - gerador de gás; *7*, *8* - válvulas do gerador de gás; *9*, *10* - válvulas principais do combustível e do oxidante; *11* - escape da turbina; *12* - cabeça misturadora; *13* - câmara de combustão; *14* - bico

Um dos esquemas TPU é apresentado na Fig. 6.16.

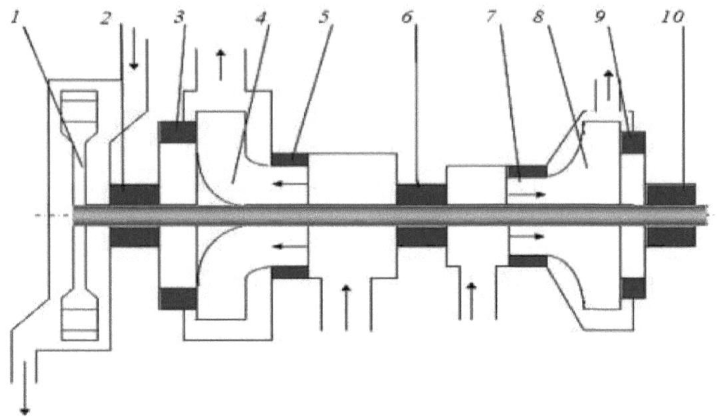

Fig. 6.16. Esquema da unidade de turbobomba e localização dos principais componentes das vedações do rotor

O diagrama mostra a localização dos vedantes: 5.7 - vedantes frontais com ranhuras das bombas de oxidante 4 e das bombas de combustível 8; 3, 9 - vedantes do impulsor traseiro; 10 - vedante da extremidade da bomba de combustível; 6 - um vedante intermédio que impede a mistura de meios de trabalho líquidos dissimilares, muitas vezes auto-inflamáveis, das bombas de oxidante e de combustível; 2 - um vedante que limita a entrada de um oxidante, que pode ser um líquido criogénico, na cavidade da turbina a gás 1 (a temperatura do gás pode atingir um milhar e meio de graus K).

Na TPU, as vedações são os elementos mais importantes que determinam a sua fiabilidade. De acordo com as estatísticas, cerca de 60% das falhas das unidades LRE modernas estão associadas a um mau funcionamento apenas dos sistemas de vedação [25]. Assim, a operacionalidade, a vida útil, a fiabilidade e a eficiência das TPU dependem em grande medida da perfeição dos seus dispositivos de vedação.

A elevada qualidade, que não permite a mistura dos componentes do combustível, e a separação das cavidades adjacentes das bombas e turbinas são de importância fundamental para o bom funcionamento da TPU. Na prática de conceção de vedantes de veio TPU, são utilizados elementos estruturais adicionais para a separação fiável de cavidades em blocos de conjuntos de vedantes, tais como drenos e vedantes duplicados. Consequentemente, o conjunto de vedantes torna-se um dos mais complexos no projeto da TPU, e a solução de projeto deste conjunto tem uma influência decisiva na disposição geral da unidade da turbobomba.

A Fig. 6.17 dá uma ideia da conceção da TPU, que mostra uma unidade de turbobomba para fornecer hidrogénio líquido ao motor de propulsão do vaivém espacial [43].

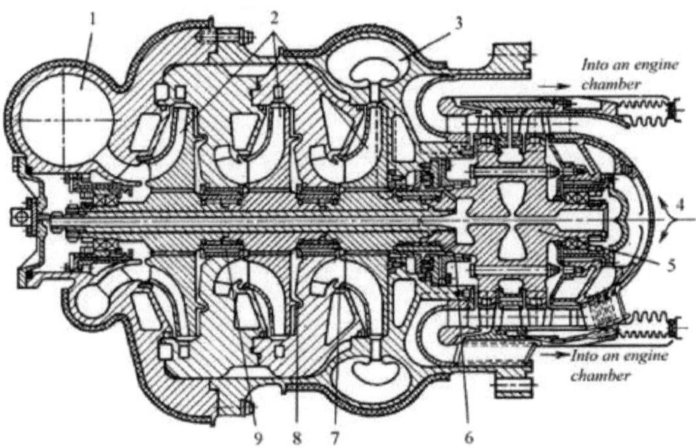

Fig. 6.17. Unidade de abastecimento de hidrogénio líquido com turbobomba:

1 - entrada na bomba; *2* - impulsor da bomba; *3* - saída da bomba; *4* - entrada na turbina de gás de acionamento; *5* - dois estágios de uma turbina de gás; *6* - vedação de labirinto; *7* - vedação do impulsor dianteiro; *8* - vedação do impulsor traseiro; *9* - vedações de folga entre estágios.

Os níveis de pressão criados pelas modernas unidades de turbobombas atingem 40...75 MPa, e os níveis de velocidades circunferenciais são de 250 m/s e tendem a aumentar com um aumento simultâneo das cargas dinâmicas [12]. A exigência de uma massa mínima do motor leva à criação de unidades com rotores flexíveis, que podem ter deflexões significativas durante condições transitórias.

Em ligação com a transição da tecnologia aeroespacial para sistemas com aeronaves reutilizáveis e retornáveis, os seus motores são concebidos para múltiplas ligações, pelo que os recursos necessários de TPU atingem dezenas de horas. Todos estes novos requisitos acrescidos para o funcionamento do motor complicam o já difícil trabalho de montagem de vedantes.

Em pequenas folgas de vedação, são possíveis contactos locais de curta duração entre as partes do rotor e do estator, acompanhados de flashes de temperatura. Esta última é também perigosa do ponto de vista do calor, ou seja, a ignição do metal da estrutura num ambiente oxidante, seguida de uma combustão catastrófica dentro de 5-10 ms de todo o motor. A causa dos contactos locais pode ser o aumento da vibração do rotor de alta velocidade (até 200.000 rpm). Por conseguinte, ao escolher os vedantes, deve ser dada especial atenção às suas propriedades de rigidez e amortecimento.

A Fig. 6.18 mostra um fragmento de um palco com um labirinto frontal e vedantes com ranhuras entre os estágios.

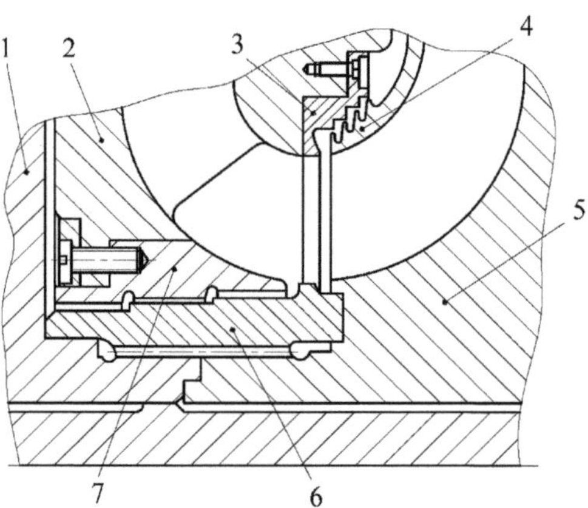

Fig. 6.18. Unidade de vedação da fase TPU

Os anéis 6 e 7 da junta de estanquidade são instalados respetivamente nos cubos dos impulsores 1 e 5 e na parede da palheta diretora 2. Como vedante frontal 3, é utilizado um labirinto escalonado, formado por vieiras no disco de cobertura 4 do impulsor 5 e no anel de vedação 3, fixado no diafragma da palheta diretriz. 2. A conceção do vedante frontal não pode ser considerada bem sucedida em termos de fiabilidade das vibrações, uma vez que tais labirintos têm fracas propriedades de amortecimento e podem ser uma fonte de intensas oscilações auto-excitadas do rotor. Foi o aumento das vibrações do rotor da unidade de turbobomba que constituiu uma das razões para a interrupção das datas planeadas para a implementação do programa Space Shuttle.

A Fig. 6.19 mostra um conjunto de vedação com um selo mecânico do tipo "parking" para separar a cavidade 2 da turbina TPU de impulso forte da cavidade 1 da bomba de oxidante.

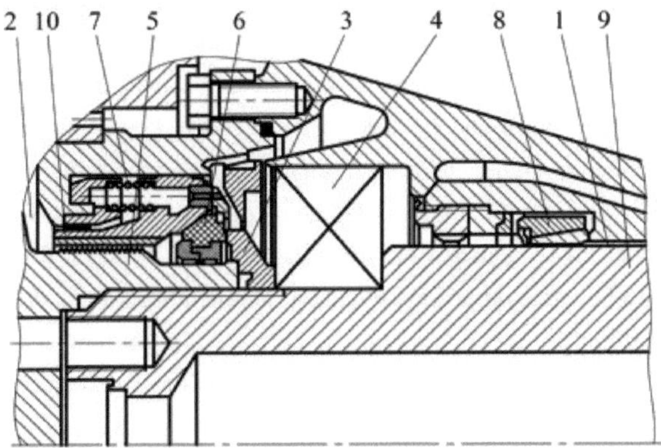

Fig. 6.19. Montagem do selo mecânico de estacionamento da turbina de TPU reutilizável

Quando o eixo TPU está parado, o selo mecânico separa a cavidade de oxigénio líquido do lado da cavidade 7 da bomba e a cavidade de gás 2 da turbina, cujo fluido de trabalho é um gás com excesso de oxigénio. O anel rotativo 2 é pressionado contra a chumaceira 4 pelo cubo 5 da turbina. Com combustível ácido na bomba e gás ácido na turbina adjacente à bomba, as fugas da bomba para a turbina e a mistura destas fugas com o gás da turbina não criam misturas explosivas. Com um veio não rotativo, o anel de grafite não rotativo 6 é pressionado pela força das molas 7 contra o anel rotativo 3. No processo em que a TPU atinge o modo nominal, quando a queda de pressão calculada através do vedante é atingida, o que ocorre a uma determinada frequência de rotação do veio (cerca de metade da frequência de rotação nominal), o anel móvel axial 6 é removido do contacto final com o anel rotativo 3 pela força axial da influência da pressão do meio a partir do lado da cavidade da bomba.

A perda de carga durante o funcionamento sem contacto da junta de estanquidade rotativa é mantida pela relação entre as resistências hidráulicas de uma fenda final estreita entre as superfícies da junta de estanquidade rotativa, a resistência da fenda radial entre o anel flutuante 8 e o rotor 9, bem como a fenda 10 entre o bloco axialmente móvel e o cubo 5 da turbina.

Com este esquema de funcionamento da unidade de vedação mecânica, uma certa quantidade de oxigénio líquido após o anel flutuante 8, através da ranhura do vedante final e da ranhura radial 10, entra na cavidade da turbina, desempenhando a função de arrefecimento do disco da roda da turbina. No entanto, uma fuga excessiva neste ponto pode causar grandes deformações térmicas no rotor da turbina devido à diferença de temperatura elevada no seu corpo (a temperatura do oxigénio líquido é de cerca de 40...50 K e o fluido de trabalho da turbina é de cerca de 800...900 K). A redução das fugas através do conjunto de vedação melhora a eficiência da turbina e baixa a temperatura do gás do gerador antes da turbina.

A Fig. 6.20 mostra um diagrama de conceção da unidade de separação dos vedantes TPU entre a bomba de oxigénio e a turbina TPU do motor do vaivém espacial, acionada por gás quente com excesso de hidrogénio (gás "doce"). Com um ambiente de combustível "ácido" na bomba e gás "doce" na turbina adjacente à bomba, as fugas da bomba para a turbina e a mistura destas fugas com o gás da turbina são inaceitáveis, uma vez que esta mistura é explosiva.

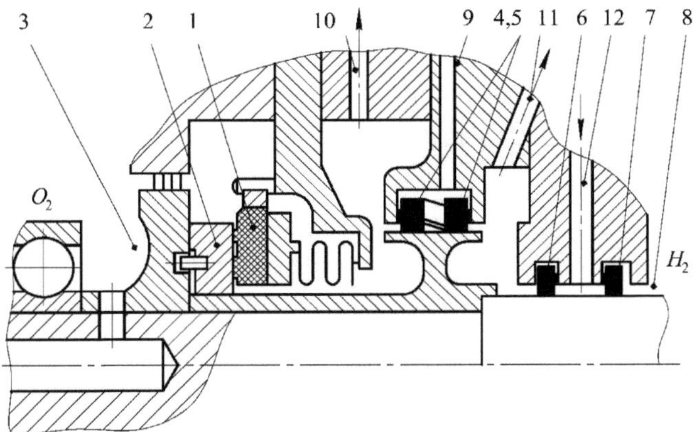

Fig. 6.20. O sistema de vedação entre a bomba de oxigénio e a turbina com meios redutores:

1, *2* - anéis rotativos e não rotativos de um par de fricção; *3* - cavidade de oxigênio líquido; *4*, *5* - bloco de anéis flutuantes do lado da cavidade de oxigênio; *6*, *7* - um bloco de anéis flutuantes do lado da cavidade com hidrogênio gasoso; *8* - cavidade com hidrogênio gasoso; *9* - câmara para fornecer gás de barreira de hélio; *10* - canais de drenagem para remover vazamentos de mistura de hélio e oxigênio; *11*, *12* - canais de drenagem para remover uma mistura de hélio e gás enriquecido com hidrogênio

O bloco de separação do sistema de vedação, neste caso, é um elemento muito importante da bomba e é composto por várias unidades de vedação: uma junta mecânica de fole com um par de fricção 1, 2 do lado da cavidade 3 com oxigénio líquido, um bloco de anéis flutuantes 4, 5 e um bloco de anéis flutuantes 6, 7 do lado da cavidade 8 com hidrogénio gasoso, entre os quais existe uma câmara 9 para fornecer gás de barreira de hélio. Na superfície de contacto do anel rotativo 1 são feitas ranhuras em espiral. Os canais de drenagem 10 servem para drenar a mistura de hélio e as fugas de oxigénio, e os canais 11 e 12 - drenam a mistura de hélio e a mistura de gás enriquecido com hidrogénio para o exterior do motor.

O hélio comprimido a bordo do navio é armazenado num cilindro, e o seu consumo pode determinar o número de arranques do motor e a duração total do voo do navio.

Os parâmetros de funcionamento de um tal vedante mecânico de estacionamento TPU LRE: queda de pressão de vedação de 3,1 MPa, velocidade de deslizamento de 180 m/s; o recurso necessário é de 10 h com o número de inclusões de TPU da ordem de 300.

6.3. Conclusão

Os exemplos acima mostram que a criação de produtos altamente carregados com sistemas de vedação para condições de funcionamento não normalizadas é impossível sem uma cooperação estreita entre o criador desse produto e um especialista na conceção de unidades de vedação. Um exemplo deste tipo de produtos não normalizados são as unidades de turbobomba para motores de foguetões ou de aviões. Os sucessos neste tipo de desenvolvimento são o resultado da cooperação entre os criadores da própria unidade e os especialistas em conjuntos de vedação.

Propõe-se o método de modelação de sistemas de vedação complexos de máquinas centrífugas sob a forma de um algoritmo e a ordem de construção do sistema.

O desenvolvimento de sistemas de vedação complexos deve ser efectuado com base na configuração das vedações dos componentes para obter uma harmonização entre a vedação e a fiabilidade das vibrações, tendo em conta os processos oscilatórios provocados pelas caraterísticas hidrodinâmicas das vedações.

Conclusão

Como os estudos demonstraram, não existem selos absolutamente herméticos. De acordo com a lei universal de Murphy, todos os selos deixam passar pelo menos alguma coisa. É praticamente impossível garantir a estanquicidade total dos equipamentos modernos, mesmo utilizando sistemas de vedação complexos.

As vedações dos rotores devem satisfazer duas condições principais: a estanquidade necessária, por um lado, e uma maior fiabilidade, por outro, para determinadas quedas de pressão, velocidades, temperaturas e propriedades físicas do meio vedado. A procura de um compromisso entre estes dois requisitos contraditórios resultou na formação de duas classes de vedantes de rotores: de contacto e sem contacto.

Melhorar a conceção da vedação de contacto é a forma mais promissora e universal de aumentar a vida útil do conjunto, uma vez que permite uma vasta escolha de opções de conceção para reduzir eficazmente a intensidade do desgaste por fricção. A conceção do vedante determina as caraterísticas do processo de vedação, ou seja, o principal objetivo funcional do nó.

A investigação realizada baseou-se na construção de modelos matemáticos de vedações de contacto: solução conjunta de sistemas de equações diferenciais de movimento do fluido de trabalho, continuidade do escoamento, estado e energia, descrevendo processos hidro e termodinâmicos. no percurso de vedação e alterações nos parâmetros de movimento do sistema.

Estudos sobre vedantes de caixas de empanque mostraram que o desenvolvimento de novas concepções eficazes de vedantes de caixas de empanque permite eliminar as principais desvantagens da conceção normalizada, mantendo as suas principais vantagens - facilidade de manutenção e custo relativamente baixo.

Os vedantes de contacto concebidos com um sistema de autorregulação da carga mantêm automaticamente o modo de fricção ideal no par de contactos, o que aumenta significativamente a vida útil das unidades de vedação.

O diagrama de funcionamento da junta de estanquidade rotativa descrito no livro permitiu oferecer recomendações para o cálculo da unidade de estanquidade rotativa. Os métodos de cálculo resultantes permitem obter, com precisão suficiente para a prática, uma ligação entre os parâmetros geométricos e as condições de funcionamento e as principais caraterísticas operacionais da junta. A importância do cálculo das deformações dos anéis de vedação causadas tanto pela pressão do meio de vedação como pelos efeitos térmicos é demonstrada para prever o tamanho e a direção do cone radial e evitar o funcionamento instável da vedação.

Os resultados exaustivos de estudos teóricos e experimentais de vedantes mecânicos promissores mostraram que os vedantes de impulso têm vantagens significativas em relação a outros tipos de vedantes mecânicos sem contacto e são os mais promissores para utilização em condições de funcionamento difíceis. É apresentado um método moderno para calcular as principais caraterísticas dos selos mecânicos de impulso, que permite obter com elevada precisão as dimensões geométricas dos anéis de atrito, que melhor correspondem às condições de funcionamento exigidas.

Os estudos de vedações sem contacto realizados mostraram que todas as unidades de vedação com fendas de estrangulamento ou vias de vedação preenchidas com um meio de alta pressão a vedar devem ser consideradas sistemas dinâmicos. O meio a selar, actuando sobre as paredes das vias de selagem, afecta o estado dinâmico do rotor.

Em particular, os vedantes radiais e axiais sem contacto, nos quais é estrangulada uma enorme queda de pressão, podem desempenhar o papel de suportes estáticos e, com as abordagens corretas de conceção e dinâmicos. Este facto deve ser tido em conta na conceção de equipamentos críticos.

A procura de máquinas centrífugas com parâmetros unitários elevados, tais como a pressão do meio a vedar e a velocidade de rotação do rotor, está em constante crescimento e os problemas associados à garantia de uma vedação eficaz aumentam em conformidade.

O rotor de uma máquina centrífuga moderna, girando em selos, juntamente com o sistema de descarga automática de forças axiais, representa um sistema hidromecânico fechado especial. Forças hidrodinâmicas (e momentos) de várias naturezas actuam no rotor a partir do lado dos selos: inerciais, dissipativas, giroscópicas, potenciais e de circulação. Todas estas forças afectam as oscilações do rotor de diferentes formas e, ao mesmo tempo, elas próprias dependem da natureza dessas oscilações.

Na tecnologia aeronáutica e espacial, onde, para além das elevadas pressões de vedação e velocidades do rotor, existem grandes restrições ao peso e às dimensões do equipamento, a utilização de vedantes como suportes dinâmicos é especialmente importante.

A seleção intencional dos parâmetros de conceção dos vedantes melhora o estado de vibração do rotor. Neste caso, o rotor dinâmico inicialmente "flexível", em combinação com vedantes corretamente concebidos, torna-se "rígido".

Propõe-se um algoritmo para o desenvolvimento de sistemas de vedação complexos, que se baseia na configuração dos vedantes incluídos na sua composição para conseguir a coordenação da fiabilidade da vedação e da vibração, tendo em conta os processos oscilatórios causados pelas caraterísticas hidrodinâmicas dos vedantes. O autor espera que os métodos propostos para calcular e projetar sistemas de vedação, tendo em conta os processos oscilatórios causados pelas caraterísticas hidrodinâmicas das vedações, sejam úteis para os criadores de máquinas centrífugas.

Bibliografia

1. Adamczak S., Kundera C., Swiderski J. Avaliação do estado da textura geométrica da superfície dos anéis de vedação através de vários métodos de medição. *Série de Conferências do IOP: Ciência e Engenharia de Materiais*. 2017. Vol. 233 (1). P. 12-31. http://dx.doi.org/10.1088/1757-899X/233/1/012031
2. Bai C., Zhang H., Xu Q. Ressonância sub-harmónica de um sistema simétrico rolamento-rotor. *Revista* Internacional *de Mecânica Não-Linear*. 2013. Vol. 50. P 1-10. https://doi.org/10.1016/j.ijnonlinmec.2012.11.002
3. Berezhnoy I., Postnikov I., Pshik V. Estudo do fluxo e das caraterísticas dinâmicas das vedações de labirinto. *Boletim de engenharia mecânica*. 1985. No. 11. P. 15-17. [em russo].
4. Berezhnoy I., Shevchenko S. Otimização de vedantes de glândulas. *Palestras VIII Intern. Dichtungstagung*. Dresden, 1986. B137-B149.
5. Black M., Jenssen D. Dynamic hybrid bearing characteristics of annular controlled leakage seals (Caraterísticas dinâmicas de rolamentos híbridos de vedantes anulares de fuga controlada). *Proc. J.M.E*, 1970. Vol. 184. P. 92-100.
6. Błasiak S., Kundera C. Uma análise numérica dos efeitos da superfície ranhurada no comportamento térmico de uma vedação de face sem contacto. *Procedia Engineering*, 2012. Vol. 39. P. 315-326. https://doi.org/10.1016/j.proeng.2012.07.037
7. Childs D. Finite length solutions for rotor dynamic coefficients of turbulent annular seals. ASME, 1982. 82-LUB-42.
8. Childs D., Dressman J. Convergent tapered annular seals analysis and testing for rotor dynamic coefficients. *J. Of Tribology*. ASME, 1985. Vol. 107. P. 307-317.
9. Daly J. Os selos mecânicos atingem a marca de 660 MW no serviço europeu de caldeiras - bomba de alimentação. *Power*. 1980. Vol. 124 (7). P. 41-45.
10. Denny D., Turnbull D. Sealing characteristics of stuffing-box seals for rotating shafts. *Proc. Instn. Mech. Engrs*. 1960. Vol. 174 (6). P. 271-291.
11. EagleBurgmann. (2006). Tecnologia e seleção de vedantes mecânicos. URL: http://www.boyser.sk/prislusenstvo/EagleBurgmann.com
12. Falaleev S., Chegodaev D. Face-to-face contactless sealing of aircraft engines (selagem de motores de aeronaves sem contacto). Moscovo. MAI Publishing House, 1998. 276 p. [em russo].
13. Flow-Serve-Mechanical-Seals-Catalog (Borg Warner - Flowserve). (2022). https://www.mechanical seals.net/pdf/Flow-Serve-Mechanical-Seals-Catalog
14. Forsyth I., Hanson M., Gawlinski M., Switalski P. Sobre o estado e as perspectivas de desenvolvimento da técnica de selagem. *Bombas-estações de bombagem*. 1998. No.11(73). P. 44-46. [em

polaco].
15. Gadyaka V., Leikykh D., Simonovskiy V. Fenómenos de perda de estabilidade da rotação do rotor em rolamentos de almofada basculante. *Procedia Eng.* 2012. Vol. 39. P. 244-253. https://doi.org/10.1016/j.proeng.2012.07.031
16. Gaft J. Experimental investigation of Shaft-Gland Packing Friction Pair Wearing Characteristics. *II Conferência Internacional de Vedação.* Dresden, 1999. P. 33-40.
17. Gaft J., Marzinkovski W. Avaliação da rigidez radial e angular das vedações da caixa de empanque. *Análise e aplicação de elementos de vedação. XI Dichtungskollokuium.* Vulkan-Verlag, Essen, Alemanha, 1999. P. 212-220.
18. Gaft J., Marzinkovski W. A investigação de novos projectos de vedantes de embalagem radiais e axiais. *X International Sealing Colloquium Investigação e aplicação de elementos de vedação.* Palestras. Steinburg, Alemanha, 1997. P. 182-205.
19. Gaft J., Zahorulko A., Martsynkovskyy V., Kundera Cz. Investigações teóricas e experimentais das vedações por impulso da face do amortecedor. *11º Workshop EDF/Prime: "Comportamento das vedações dinâmicas em condições de funcionamento inesperadas".* Futuroscope, 2012. P. 70-80. http://doi.org/10.13140/RG.2.1.4062.9204
20. Gaft J., Zahorulko A., Martsynkovskyy V., Shevchenko S. Face packing seals: new opportunities for pump rotor hermetic sealing. *Proc. da 16ª Conferência Internacional sobre Vedação de Fluidos.* Brugge, Bélgica, 2000. P. 335-349.
21. Gao R. Estudo computacional da dinâmica dos fluidos e da dinâmica do rotor na vedação de labirinto. Dissertação de doutoramento em Engenharia Mecânica. Instituto Politécnico e Universidade Estadual da Virgínia, 2012.
22. Goldin A. Vibrações de máquinas rotativas. Moscovo, Mashinostroenie, 2000. 344 p. [em russo].
23. Golubev A.I., Kondakov L.A. (Eds.). (1994). Seals and sealing technology: reference book. Moscovo, Mashinostroenie. [em russo].
24. Gorovoy S., Golovchenko G. (2023). Ensaios dinâmicos de bombas de rotores de configuração cilíndrica e de disco em vedantes com ranhuras. *Boletim da Universidade Nacional Agrária de Sumy. A série: Mecanização e automatização dos processos de produção,* 3 (49), 27-32. https://doi.org/10.32845/msnau.2022.3.4
25. Gromyko B., Kolpakov A., Marcinkovsky V., et al. Experiência de conceção e resultados do desenvolvimento de turbinas de gás TNA com vedação final por impulso que funcionam em ambientes criogénicos. *Actas da ONG Energomash com o nome do Académico V. P. Glushko (GDL-OKB).* 2000. No. 18. P. 279-293.
26. Grundfos. (2013). Vedantes mecânicos de veio para bombas.

URL: https://www.yumpu.com/user/dk.grundfos.com
27. Gudkow S., Marcinkowski W., Korczak A., Kundera Cz. (2013) Bomba centrífuga com um rolamento do impulsor nas ranhuras de vedação. *Proc. XIII Int. Conferência Técnica Científica "Vedações e Tecnologia de Vedação de Máquinas e Dispositivos".* Wroclaw, 2013. P. 178-187.
28. Gulyi A. Rigidez hidrodinâmica de compactados sem contacto. *Herald of machine-building.* 1987. No. 2. P. 21-25.
29. Ishida Y., Yamamoto T. Rotordinâmica linear e não linear. Um tratamento moderno com aplicações. Segunda Edição. 2012. https://doi.org/10.1002/9783527651894 .
30. Jin C., Xu Y., Zhou J., Cheng C. Identificação da rigidez e do amortecimento dos rolamentos magnéticos activos a partir das caraterísticas de frequência do sistema de controlo. *Shock Vib.*, 2016. https://doi.org/10.1155/2016/1067506 .
31. Key W., Dickau R., Carlson R. (2004). Mechanical Seals with Wavy Faces for a Severe Duty NGL/Crude Pipeline Application (Vedantes mecânicos com faces onduladas para uma aplicação em condutas de GNL/crude de serviço severo). *Actas do 21st Simpósio Internacional de Utilizadores de Bombas, Laboratório de Turbomáquinas*, Universidade A&M do Texas, College Station, Texas, 77-87.
32. Kim S., Ha T. Prediction of leakage and rotor dynamic coefficients for the circumferential-groove-pump seal using CFD analysis (Previsão dos coeficientes de fuga e dinâmicos do rotor para a vedação da bomba com ranhura circunferencial utilizando a análise CFD). *Jornal de Ciência e Tecnologia Mecânica.* 2016. Vol. 30(5). P. 2037-2043. https://doi.org/10.1007/s12206-016-0410-4
33. Krevsun E. Vedantes de extremidades de veios rotativos. Minsk, Arty-Flex, 1998. 148 p. [em russo].
34. KSB. (2017). *Conhecimento especializado em que pode confiar: bombas, válvulas e serviços para centrais nucleares.* URL: https://www.ksb.com/en-sk/applications/energy-technology/nuclear-power-plants
35. Kundera Cz., Marcinkowski W. O efeito dos parâmetros do vedante anular na dinâmica do sistema do rotor. *Jornal de Mecânica Aplicada e Engenharia.* 2010. Vol. 15 (3). P. 719-730. https://www.ijame-poland.com/
36. Kundera Cz., Martsinkovsky V. Análise estática e dinâmica de um impulsor de bomba com um dispositivo de equilíbrio. Parte 1: Análise estática. *Jornal de Mecânica Aplicada e Engenharia.* 2014. Vol. 19(3). P. 609-619. http://dx.doi.org/10.2478/ijame-2014-0042
37. Lebeck A. Principles and Design of Mechanical Face Seals. Nova Iorque, 1991. 764 p.
38. Loenhout, G. (2005). Selos mecânicos com faces onduladas de

SiC maquinadas a laser para aplicações de água de alimentação de caldeiras e geradores de vapor de alto rendimento. *Flowserve Flow Solutions Division.*
39. Lomakin A. Cálculo do número crítico de rotações do rotor e das condições para assegurar a estabilidade dinâmica dos rotores de máquinas hidráulicas de alta pressão tendo em conta as forças que surgem nos vedantes. *Energomashinostroenie.* 1958. Vol. 4. p. 1-5. [em russo].
40. Lu C., Shevchenko S., Geichuk V., Korchak M., Topalov A. Research on Improving Seals to Suppress Vibration of Rotary Machines. *C. R. Acad. Bulg. Sci.*, 2024, vol. 77, 6, pp. 881-891. https://doi.org/10.7546/CRABS.2024.06.11
41. Ma C., Bai S., Peng X. Caraterísticas termo-hidrodinâmicas de vedantes de face de gás com ranhura em espiral a funcionar a baixa pressão. *Tribologia Internacional.* 2016. Vol. 95. P. 44-54. https://doi.org/10.1016/j.triboint.2015.11.001
42. Makarov A., Zaitsev N. Problemas de engenharia e teóricos da aplicação de vedantes de labirinto em máquinas rotativas de alta velocidade. *Engenharia aeroespacial.* 2015. Vol. 3(42). P. 45-50. [em russo].
43. Marcinkovsky V. Dinâmica dos rotores de máquinas centrífugas: monografia. Sumy, Universidade Estatal de Sumy, 2012. 562 p. [em russo].
44. Marcinkovsky V. Hidrodinâmica e durabilidade das bombas centrífugas. Moscovo, Mashinostroenie, 1970. 270 p. [em russo].
45. Marcinkovsky V. Hydrodynamics of throttling channels (Hidrodinâmica de canais de estrangulamento). Sumy, Universidade Estatal de Sumy, 2002. 377 p. [em russo].
46. Marcinkowski W., Korczak A. Ranhuras do disco que aliviam o impulso axial e a sua influência na dinâmica do conjunto rotativo de uma bomba centrífuga multiestágio. *Proc. X Int. Conf. "Vedações e Tecnologia de Vedação em Máquinas e Dispositivos"*. Wroclaw, 2004. P. 318-328.
47. Marcinkowski W., Korczak A., Peczkis G. Dinâmica do conjunto rotativo de uma bomba centrífuga multiestágio com um disco de alívio. Universidade de Tecnologia de Kielce. *Terotecnologia.* 2009. Vol. 10. P. 245-263.
48. Marcinkowski W., Kundera Cz. Teoria da construção de vedantes sem contacto. Kielce, Editora da Universidade de Tecnologia de Swiętokrzyska, 2008. 443 p.
49. Marcinkowski W., Kundera Cz., Gaft J. Vedantes de duplo impulso. *Hidráulica e Pneumática.* 2005. Vol. 5. p. 8-11.
50. Marcinkowski W.; Kundera, C. Teoria da conceção de vedantes sem contacto. Kielce, 2008. 443 p.
51. Marshall D. Redução da água - o próximo grande desafio. *Tecnologia de vedação.* 1997. Vol. 37. P. 8-9.
52. Martsinkovsky V. Hermomecânica, o seu papel para garantir a

eficiência e o respeito pelo ambiente do equipamento de bombagem e compressão. *Boletim da Universidade Estatal de Sumy. Série de ciências técnicas.* 2005. Vol. 1 (73). P. 5-10. [em russo].

53. Martsinkovsky V., Chernov A., Kovalenko S., Gromyko B., Matveev E. Novos sistemas de vedação para bombas na indústria química. *VIII Conferência Internacional "Vedantes e Tecnologia de Vedação em Máquinas e Dispositivos".* Wroclaw, Polanica Zdroj, 1998. P. 123-131.
54. Martsinkovsky V., Gaft J., Zagorulko A., Gromyko B. Projeto e cálculo de vedantes mecânicos com folga auto-ajustável. *Documentos apresentados na 17ª Conferência Internacional sobre Vedação de Fluidos.* York, Reino Unido, 2003. P. 505-520.
55. Martsinkovsky V., Shevchenko S. Conceção e cálculo de vedantes de caixa auto-ajustáveis. *Investigação em engenharia soviética.* 1989. Vol. 9(10). P. 32-36. [em russo].
56. Martsinkovsky V., Shevchenko S. Pumps of Nuclear Power Plants: Cálculo, projeto, funcionamento. (Ed. Shevchenko S.). Editora de livros universitários, Sumy, 2018. 472 p.
57. Martsinkovsky V., Zhulyov A., Kundera Cz. Análise estática e dinâmica de um impulsor de bomba com um dispositivo de equilíbrio. Parte II: Análise dinâmica. *Mecânica Aplicada e Engenharia.* 2014. Vol. 19(3). P. 621-631. http://dx.doi.org/10.2478/ijame-2014-0043
58. Martsynkovsky V. Vedantes de lacunas: teoria e prática. Sumy, Universidade Estatal de Sumy, 2005. 416 p. [em russo].
59. Martsynkovsky V., Gaft J., Shevchenko S. Calculation of Flow and Power Losses to Friction in Radial Stuffing Box Seal. *Seals and Sealing Technology in Machines and Devices: Proc. IX Conferência Internacional.* Wroclaw, Polanica Zdroj, 2001. P. 108-115.
60. Martsynkovskyy V., Gaft Y., Gromyko B., Chernov O. Desenvolvimento e aplicação de selos gás-líquido de pulso duplo. *Proc. da 16ª Conferência Internacional sobre Vedação de Fluidos.* Brugge, Bélgica, 2000. P. 255-260.
61. Martsynkovskyy V., Zahorulko A., Gudkov S., Mischenko S. Analysis of buffer impulse seal. *Procedia Engineering.* 2012. Vol. 39. P. 43-50. https://doi.org/10.1016/j.proeng.2012.07.006
62. Martsynovsky V. Oscilações radial-angulares do rotor de uma máquina centrífuga em rolamentos-vedantes ranhurados. *Actas da Mecânica.* Kielce, 1995. Vol. 54. P. 247-259.
63. Marzinkovski V. Caraterísticas dinâmicas das vedações de fendas. Investigação e aplicação de elementos de vedação. *XI. Dichtungskollokuium.* Essen, Vulkan-Verlag, 1999. P. 251-261.
64. Marzinkovski V., Gaft J., Gawlinsky M. Tendências contemporâneas de melhoramento da vedação de bucins. *VIII Conferência Internacional "Vedantes e Tecnologia de Vedação*

em Máquinas e Dispositivos". Wroclaw, Polanica Zdroj, 1998. P. 151-165.

65. Marzinkovski V.A., Zagorulko A.V., Gaft J.Z., Kovalenko S.A. Cartridge Packing of Face Seal with Contact Pressure Equalization. *VIII Conferência Internacional "Vedantes e Tecnologia de Vedação em Máquinas e Dispositivos"*. Wroclaw, Polanica Zdroj, 1998. P. 136-141.
66. Marzinkovski W., Gaft J., Shevchenko S. Construção e cálculo de vedações com anéis flutuantes. *Estudo e aplicação de elementos de vedação: XII Int. Dichtungskollokuium*. Essen, Vulkan-Verlag, 2001. P. 147-155.
67. Mayer E. Selos faciais. Moscovo, Mashinostroenie, 1978. 288 p. [em russo].
68. Mayer, E. (1982 Reprint). Mechanical seals. Terceira edição. Tradução inglesa editada pelo Dr. B.S. Nau. Butterworth Scientific. Londres-Boston. 304 p.
69. McNally W. Quando as bombas com enchimento devem ser convertidas em selos mecânicos. *Tecnologia de vedação*. 1997. Vol. 44. P. 9-12.
70. Meck K.-D., Zhu G. Improving mechanical seal reliability with advanced computational engineering tools, part 1: FEA. *Tecnologia de vedação*. 2008. Vol. 1. P. 8-11. https://doi.org/10.1016/S1350-4789(08)70023-0
71. Meck K.-D., Zhu G. Improving mechanical seal reliability with advanced computational engineering tools, part 2: CFD and application examples. *Tecnologia de vedação*. 2008. Vol. 2. P. 7-10. https://doi.org/10.1016/s1350-4789(08)70120-x
72. Melnyk V. Um método simplificado de cálculo das caraterísticas de funcionamento de uma junta de estanquidade rotativa. *Engenharia química e de petróleo e gás*. 2003. No. 9. P. 31-33. [em russo].
73. Melnyk V. Cálculo das deformações em anéis de par terminal quando o conjunto de vedação terminal é carregado por uma queda de pressão. *Engenharia química e de petróleo e gás*. 2004. No. 8. P. 28-31. [em russo].
74. Melnyk V. Vedantes de extremidades de veios. Livro de referência. Moscovo, Mashinostroenie, 2008. 320 p. [em russo].
75. Melnyk V. Geração de calor num fluxo turbulento de um meio compactável a partir de fricção de disco numa câmara de vedação facial. *Engenharia química e de petróleo e gás*. 2004. No. 12. P. 28-29. [em russo].
76. Melnyk V. Campo de temperatura e deformação térmica de anéis de vedação de face. *Engenharia química e de petróleo e gás*. 2002. No. 8. P. 29-32. [em russo].
77. Mueller H., Nau B. Fluid sealing technology. Nova Iorque, Marcel Dekker Inc., 1998. 485 p.
78. Muller H. Vedação de peças móveis de máquinas. Waiblingen,

editora Media, 1990. 256 p.

79. Muszynska A. Improvements in lightly loaded rotor/bearing and rotor/seal models. *Jornal de Vibrações. Acoustics and Reliability in Design*. 1988. Vol. 110(2). P. 129-136.

80. Muszynska A., Bently D. Técnicas de perturbação de entrada rotativa com varrimento de frequência e identificação dos modelos de força de fluido em sistemas de rotor/rolamento/vedante e máquinas de manuseamento de fluidos. *Journal of Sound and Vibration*. 1990. Vol. 143 (1). P. 103-124.

81. Nau B. Observações experimentais e análise das caraterísticas da película de vedação mecânica. *Problemas de fricção e de lubrificação*. 1980. Vol. 3. p. 84-93.

82. Pavlenko I., Simonovskiy V., Pitel' J., Verbovyi A., Demianenko M. (2017) Investigação das frequências críticas do rotor do compressor centrífugo tendo em conta a rigidez dos rolamentos e vedantes. *Jornal de Ciências da Engenharia*. 2017. Vol. 4. P. 1-6. . https://doi.org/10.21272/jes.2017.4(1).c1 .

83. Philips J. A solução de problemas difíceis de vedação de veios. *Engenheiro Químico*. 1979. Vol. 341. P. 87-90.

84. Pozovnyi O., Deineka A., Lisovenko D. Cálculo das forças hidrostáticas de vedantes de múltiplas aberturas e sua dependência do deslocamento do veio. *Notas de aula em Engenharia Mecânica*. 2020, P. 661-670. https://doi.org/10.1007/978-3-030-22365-6_66.

85. Pozovnyi O., Zahorulko A., Krmela J., Artyukhov A., Krmelová V. Cálculo das caraterísticas da junta de estanquidade rotativa da bomba centrífuga em função das dimensões das câmaras. *Tecnologia de fabrico*. 2020. Vol 20. P. 361-367. https://doi.org/10.21062/MFT.2020.048.

86. Qiu Y., Khonsari M.M. Thermohydrodynamic Analysis of Spiral Groove Mechanical Face Seal for Liquid Applications (Análise termo-hidrodinâmica da vedação mecânica de ranhura em espiral para aplicações líquidas). *Jornal de Tribologia*. 2012. Vol. 134 (2): 021703 (11 páginas) https://doi.org/10.1115/1.4006063

87. Salant R., Miller A., Kay P., et al. Desenvolvimento de um selo mecânico controlado eletronicamente. *11ª Conferência Internacional sobre Vedação de Fluidos*. Cannes, 1987. P. 576-595.

88. Shevchenko O., Shevchenko S. Formas de melhorar os vedantes para aumentar a segurança operacional das bombas das centrais nucleares. *Universidade Técnica Estatal de Priazovskyi. Secção: Ciências Técnicas*. 2020. Vol. 41. P. 145—154. https://doi.org/10.31498/2225-6733.41.2020.226199.

89. Shevchenko S. (2022). Princípios gerais e métodos de modelação de sistemas de vedação complexos. *Modelação eletrónica*, 44 (2), 15-25. https://doi.org/10.15407/emodel.44.02.015

90. Shevchenko S. (2023) Sealing systems and dynamics of

centrifugal machines. Instituto G.E. Pukhov de Modelação em Engenharia Energética do NAS da Ucrânia. - Kyiv: Akademperiodyka, 266 p. ISBN 978-966-360-479-4. https://doi.org/10.15407/akademperiodyka. 479.266

91. Shevchenko S. Análise do impacto de construções especiais de vedantes de fendas na dinâmica de máquinas centrífugas. *Aumento da ciência.* 2020, No. 5. P. 3-13. https://doi.org/10.21303/2313-8416.2020.001485 .

92. Shevchenko S. Desenvolvimento de um modelo matemático para o sistema dinâmico de máquinas centrífugas "rotor-groove seals". *Coleção de resumos da XXXIX Conferência Científica e Técnica de Jovens Cientistas e Especialistas do IPME.* Academia Nacional de Ciências G.E. Pukhov da Ucrânia, 2021. P. 29-31.

93. Shevchenko S. Método computacional para a vedação mecânica como um sistema dinâmico. *Modelação eletrónica.* 2020. Vol. 45(5), P. 66-81. https://doi.org/10.15407/emodel.42.05.066 .

94. Shevchenko S. Design Improvement of Stuffing Box Seals of Centrifugal Pump Shafts, Based on the Study of the Sealing Mechanism Physical Model. *Jornal de Engenharia Mecânica.* 2020. Vol. 23(2). P. 41-52. https://doi.org/10.15407/pmach2020.02.041.

95. Shevchenko S. Development of a Mechanical Seal Closed Design Model (Desenvolvimento de um modelo de projeto fechado de vedação mecânica). *IgMin Res.* 20 de fevereiro de 2024; 2(2): 113-120. IgMin ID: igmin152; https://doi.org/10.61927/igmin152

96. Shevchenko S. Desenvolvimento de modelos matemáticos de sistemas de vedação. *Notas Científicas da Universidade Nacional de Taurida V.I. Vernadsky. Série: Ciências Técnicas.* 2020. Vol. 1(6). P. 165—172. https://doi.org/10.32838/TNU-2663-5941/2020.6-1/27. [em russo].

97. Shevchenko S. General approach to modeling non-contact seals of centrifugal machines (Abordagem geral à modelação de vedantes sem contacto de máquinas centrífugas). *Coletânea de resumos da XL Conferência Científica e Técnica de Jovens Cientistas e Especialistas do IPME.* Academia Nacional de Ciências G.E. Pukhov da Ucrânia, 2022. P. 6-10.

98. Shevchenko S. General Approach to Modeling of Non-Contact Seals and their Effect on the Dynamics of a Centrifugal Machine Rotor (Abordagem geral à modelação de vedantes sem contacto e o seu efeito na dinâmica de um rotor de máquina centrífuga). *Jornal de Engenharia Mecânica.* 2022. Vol. 25(1). P. 32-39. https://doi.org/10.15407/pmach2022.01.032

99. Shevchenko S. Mathematical modeling of centrifugal machines rotors seals for the purpose of assessing their influence on dynamic characteristics. *Mathematical Modeling and Computing (Modelação Matemática e Computação).* 2021. Vol. 8(3). P. 422-431. https://doi.org/10.23939/mmc2021.03.422 .

100. Shevchenko S. Mathematical Modelling of Dynamic System Rotor - Groove Seals. *Modelação eletrónica.* 2021. Vol. 43(3). P. 17-35. https://doi.org/10.15407/emodel.43.03.017 .
101. Shevchenko S. Modelo e cálculo do sistema hidromecânico rotor - vedantes de ranhura. *Problemas de Mecânica Computacional e Resistência de Estruturas.* 2020. Vol 2(32). P. 95-111. https://doi.org/10.15421/4220019. [em russo].
102. Shevchenko S. Modelação e cálculo do sistema dinâmico de vedantes de rotor-ranhura. *A Segunda Conferência Internacional de Ciência e Tecnologia "Dinâmica, Força e Modelagem em Engenharia Mecânica".* 2020. P. 302-306.
103. Shevchenko S. Modelação de sistemas de vedação de rotores de máquinas centrífugas. Editora de livros universitários, Sumy, 2021. 545 p. [em russo].
104. Shevchenko S. Modelos de processos de funcionamento de vedantes de embalagens para melhorar os mecanismos de vedação. *Modelação eletrónica.* 2020. Vol. 42(6). P. 91-107. https://doi.org/10.15407/emodel.42.06.091. [em ucraniano].
105. Shevchenko S. Bombas de centrais nucleares: Instalação, funcionamento, manutenção e reparação. Editora de livros universitários, Sumy, 2019. 196 p. [em russo].
106. Shevchenko S. Physical Model and Calculation of Face Packing Seals (Modelo físico e cálculo de vedações de embalagem). *Jornal de Engenharia Mecânica.* 2020. Vol. 23(4). P. 45-51. https://doi.org/10.15407/pmach2020.04.045 .
107. Shevchenko S. Vedação do veio. Patente 152297 U; F16J 15/18, 2023. Bula. No. 2.
108. Shevchenko S. Vedação do veio. Patente UA 151398 U; F16J 15/18, 2022. Bula. No. 28.
109. Shevchenko S. Princípio de funcionamento e método de cálculo de vedantes com anéis flutuantes. *A série: Mecanização e automatização dos processos de produção.* 2020. Vol. 1(39). P. 49-53.
110. Shevchenko S., Chernov A. Development of pulse mechanical seal calculation methods on the basis of its physical model construction (Desenvolvimento de métodos de cálculo de vedantes mecânicos de impulso com base na construção do seu modelo físico). *Jornal da Europa de Leste de Tecnologias Empresariais.* 2020. Vol. 3, No. 2(105), P. 58-69. https://doi.org/10.15587/1729-4061.2020.206721
111. Shevchenko S., Chernov O. (2024) Mechanical Seals for Energy Pumps. G.E. Pukhov Institute for Modelling in Energy Engineering of the NAS of Ukraine. - Kyiv: Akademperiodyka, 205 p. ISBN 978-966-360-503-6. https://doi.org/10.15407/akademperiodyka. 503.205
112. Shevchenko S., et al. Selo mecânico. Patente (Soviética) 1712717. 1991.

113. Shevchenko S., Gaft Y. Stuffing box seals of dynamic pumps (Ed. Shevchenko S.). Editora de Livros Universitários, 2020. 215 p. [em russo].
114. Shevchenko S., Martsinkovsky V., Berezhnoy I. Um método de controlo automático do modo de fricção de um vedante de um veio rotativo e um dispositivo para a sua implementação. Patente (Soviética) 1413340. 1988.
115. Shevchenko S., Shevchenko M. Cálculo de vedantes de contacto como sistemas de controlo automático com realimentação inversa. *Modelação eletrónica*. 2020. Vol. 42(3). P. 99-110. https://doi.org/10.15407/emodel.42.03.099. [em russo].
116. Shevchenko S., Shevchenko M. Mathematical modeling of centrifugal machines rotors seals as dynamic systems. *Boletim da Universidade Técnica Nacional "KhPI". Uma série de "Informação e Modelação"*. 2020. Vol. 2 (4). P. 85-102. https://doi.org/10.20998/2411-0558.2020.02.05. [em russo].
117. Shevchenko S., Shevchenko O. Determinação das frequências naturais do rotor da máquina centrífuga com um sistema de equilíbrio automático das forças axiais. *Modelação eletrónica*. 2020. Vol. 42(2). P. 41-58. https://doi.org/10.15407/emodel.42.02.041. [em russo].
118. Shevchenko S., Shevchenko O. General Approach to Modeling of Non-Contact Seals and their Effect on the Dynamics of a Centrifugal Machine Rotor and Environmental Safety. *Conferência Internacional sobre Engenharia Mecânica e de Energia Avançada (CAMPE)*. Kharkiv, Ucrânia, 2021.
119. Shevchenko S., Shevchenko O. Improvement of Reliability and Ecological Safety of NPP Reator Coolant Pump Seals (Melhoria da fiabilidade e segurança ecológica dos vedantes da bomba de refrigeração do reator da central nuclear). *Nuclear and Radiation Safety*. 2020. Vol. 4(88). P. 47-55. https://doi.org/10.32918/nrs.2020.4(88).06 .
120. Shevchenko S., Shevchenko O. Increasing Tightness and Environmental Safety of NPP Pump Seals (Aumentar a estanquicidade e a segurança ambiental dos vedantes da bomba da central nuclear). *Visnyk do Instituto Politécnico de Vinnitsa*. 2020. Vol. 152(5). P. 89—96. https://doi.org/10.31649/1997-9266-2020-152-5-89-96. [em ucraniano].
121. Shevchenko S., Shevchenko O. Modelo matemático e método de cálculo de uma bomba sem veio com vedantes e rolamentos. *Modelação eletrónica*. 2021. Vol. 43(1). P. 03-16. https://doi.org/10.15407/emodel.43.01.003. [em ucraniano].
122. Shevchenko S., Shevchenko O., Radchenko M. Assessment of Sealing Systems Impact on the Vibration and Environmental Safety of Rotary Machines. *Proc. da Conferência Interdisciplinar sobre Mecânica, Computadores e Eletrónica (ICMECE)*. Barcelona, Espanha, 2022.

123. Shevchenko S., Shevchenko O., Vynnychuk S. Mathematical Modelling of Dynamic System Rotor-Groove Seals for the Purposes of Increasing the Vibration Reliability of NPP Pumps. *Nuclear and Radiation Safety*. 2021. Vol. 1(89). P. 80-87. https://doi.org/10.32918/NRS.2021.1(89).09.
124. Shevchenko S., Shevchenko S. (2024) Increasing the Operational Safety of NPP Pumping Equipment by Using Interactive Automated Remote Educational and Training Systems. *Nuclear and Radiation Safety*. (1(101), 19-27. https://doi.org/10.32918/nrs.2024.1(101).02
125. Suleymanov R., Nazarov V. Análise da possibilidade de utilizar a vedação ranhurada do rotor TNA com uma manga deformável. *Problemas actuais da aviação e da cosmonáutica*. 2011. No. 7. P. 33-37. [em russo].
126. Świtalski P. Seleção óptima, funcionamento racional das bombas. *VII Fórum de utilizadores de bombas*. 2001. P. 5-11.
127. Tran H., Haselbacher P. Vedantes dinâmicos de aumento de elevação de alto desempenho para compartimentos de rolamentos de turbinas. *Tecnologia de vedação*. 2004. No. 1. P. 5-10. http://dx.doi.org/10.1016/S1350-4789(04)00187-4
128. Vasylenko M., Alekseychuk, O. Teoria das oscilações e estabilidade do movimento. Kyiv, Escola Superior, 2004. 525 p. [em ucraniano].
129. Wang Y., Yang H., Wang J., Liu Y., Wang H., Feng X. Análises teóricas e aplicações no terreno de vedantes mecânicos de face lubrificados por película de gás com ranhuras em espiral em espinha. *Tribology Transactions*. 2009. Vol. 52. P. 800-806. https://doi.org/10.1080/10402000903115445
130. Warring R. H. Seals and sealing handbook. 1.ª ed. Tr. e Tecn. Pr. Ltd., Inglaterra, 1984. 458 p.
131. Yashchenko A., Rudenko A., Simonovskiy V., Kozlov O. Effect of Bearing Housings on Centrifugal Pump Rotor Dynamics (Efeito das caixas de rolamentos na dinâmica do rotor da bomba centrífuga). *Série de Conferências do IOP: Ciência e Engenharia de Materiais*. 2017. Vol. 233. https://doi.org/10.1088/1757-899X/233/1/012054
132. Yu Z, Shevchenko S, Radchenko M, Shevchenko O, Radchenko A. Metodologia de Conceção de Sistemas de Vedação para Máquinas Rotativas com Elevada Carga. *Sustainability*. 2022, 14(23):15828. https://doi.org/10.3390/su142315828
133. Yuan Z., Shevchenko S., Radchenko M., Shevchenko O., Pavlenko A., Radchenko A., Radchenko R. Studies on Improving Seals for Enhancing the Vibration and Environmental Safety of Rotary Machines. *Vibration*. 2024, 7, 776-791. https://doi.org/10.3390/vibration7030041
134. Zhang K., Yang Z. Identificação de categorias de carga no sistema de rotor com base na análise de vibrações. *Sensors*. 2017. Vol.

17(7). https://doi.org/10.3390/s17071676

135. Zhu W., Wang H., Zhou S. Investigação sobre o desempenho de vedação do selo mecânico de pressão hidrostática. *Jornal de Ciência e Tecnologia Marinha*. 2014. Vol. 22(6). P. 673-679. https://doi.org/10.6119/JMST-014-0321-1

Printed by Books on Demand GmbH, Norderstedt / Germany